21世纪普通高校计算机公共课程规划教材

网页设计与制作实例教程（第2版）

袁　磊　陈伟卫　编著

清华大学出版社
北京

内容简介

本书适合初级和中级读者，实例选择、实现方法及内容编排等方面融合了作者多年教学与实践经验，能够使读者在较短的时间内完成基于Web标准的网页设计与相关内容制作的学习。

本书以实例为主线，通过实例讲解网页设计与制作的相关知识，加深读者对网页设计相关内容的理解与掌握。本书的实例基于现实网页，包括现实中应用到的大多数网页的显示效果。本书内容丰富，循序渐进，深入浅出，不需要任何基础。读者通过学习，既能够掌握网页设计的基础和本质，也能够掌握基于Web标准的高级网页设计方法。本书可以为网页设计师、专业网站开发者、动态网页开发者奠定良好的网页代码基础，便于读者进一步提升自己。

本书可作为本科、高职高专的计算机、电子商务、信息管理等专业网页设计与相关课程制作的教材。

图书在版编目(CIP)数据

网页设计与制作实例教程/袁磊，陈伟卫编著. —2版. —北京：清华大学出版社，2013(2024.1重印)
(21世纪普通高校计算机公共课程规划教材)
ISBN 978-7-302-32188-0

Ⅰ. ①网… Ⅱ. ①袁… ②陈… Ⅲ. ①网页制作工具－高等学校－教材 Ⅳ. ①TP393.092

中国版本图书馆CIP数据核字(2013)第083367号

责任编辑：魏江江　薛　阳
封面设计：何凤霞
责任校对：李建庄
责任印制：沈　露

出版发行：清华大学出版社
　网　　址：https://www.tup.com.cn，https://www.wqxuetang.com
　地　　址：北京清华大学学研大厦A座　　**邮　　编**：100084
　社 总 机：010-83470000　　**邮　　购**：010-62786544
　投稿与读者服务：010-62776969，c-service@tup.tsinghua.edu.cn
　质量反馈：010-62772015，zhiliang@tup.tsinghua.edu.cn
　课件下载：https://www.tup.com.cn，010-83470236
印 装 者：涿州市般润文化传播有限公司
经　　销：全国新华书店
开　　本：185mm×260mm　　**印　张**：16.75　　**字　　数**：418千字
版　　次：2008年10月第1版　2013年11月第2版　　**印　　次**：2024年1月第14次印刷
印　　数：41301～41600
定　　价：29.50元

产品编号：053651-01

出版说明

随着我国改革开放的进一步深化，高等教育也得到了快速发展，各地高校紧密结合地方经济建设发展需要，科学运用市场调节机制，加大了使用信息科学等现代科学技术提升、改造传统学科专业的投入力度，通过教育改革合理调整和配置了教育资源，优化了传统学科专业，积极为地方经济建设输送人才，为我国经济社会的快速、健康和可持续发展以及高等教育自身的改革发展做出了巨大贡献。但是，高等教育质量还需要进一步提高以适应经济社会发展的需要，不少高校的专业设置和结构不尽合理，教师队伍整体素质亟待提高，人才培养模式、教学内容和方法需要进一步转变，学生的实践能力和创新精神亟待加强。

教育部一直十分重视高等教育质量工作。2007 年 1 月，教育部下发了《关于实施高等学校本科教学质量与教学改革工程的意见》，计划实施“高等学校本科教学质量与教学改革工程(简称‘质量工程’)”，通过专业结构调整、课程教材建设、实践教学改革、教学团队建设等多项内容，进一步深化高等学校教学改革，提高人才培养的能力和水平，更好地满足经济社会发展对高素质人才的需要。在贯彻和落实教育部“质量工程”的过程中，各地高校发挥师资力量强、办学经验丰富、教学资源充裕等优势，对其特色专业及特色课程(群)加以规划、整理和总结，更新教学内容、改革课程体系，建设了一大批内容新、体系新、方法新、手段新的特色课程。在此基础上，经教育部相关教学指导委员会专家的指导和建议，清华大学出版社在多个领域精选各高校的特色课程，分别规划出版系列教材，以配合“质量工程”的实施，满足各高校教学质量和教学改革的需要。

本系列教材立足于计算机公共课程领域，以公共基础课为主、专业基础课为辅，横向满足高校多层次教学的需要。在规划过程中体现了如下一些基本原则和特点。

(1) 面向多层次、多学科专业，强调计算机在各专业中的应用。教材内容坚持基本理论适度，反映各层次对基本理论和原理的需求，同时加强实践和应用环节。

(2) 反映教学需要，促进教学发展。教材要适应多样化的教学需要，正确把握教学内容和课程体系的改革方向，在选择教材内容和编写体系时注意体现素质教育、创新能力与实践能力的培养，为学生知识、能力、素质协调发展创造条件。

(3) 实施精品战略，突出重点，保证质量。规划教材把重点放在公共基础课和专业基础课的教材建设上；特别注意选择并安排一部分原来基础比较好的优秀教材或讲义修订再版，逐步形成精品教材；提倡并鼓励编写体现教学质量和教学改革成果的教材。

(4) 主张一纲多本，合理配套。基础课和专业基础课教材配套，同一门课程有针对不同层次、面向不同专业的多本具有各自内容特点的教材。处理好教材统一性与多样化，基本教材与辅助教材、教学参考书，文字教材与软件教材的关系，实现教材系列资源配套。

(5) 依靠专家，择优选用。在制订教材规划时要依靠各课程专家在调查研究本课程教材建设现状的基础上提出规划选题。在落实主编人选时，要引入竞争机制，通过申报、评审确定主题。书稿完成后要认真实行审稿程序，确保出书质量。

繁荣教材出版事业，提高教材质量的关键是教师。建立一支高水平教材编写梯队才能保证教材的编写质量和建设力度，希望有志于教材建设的教师能够加入到我们的编写队伍中来。

21世纪普通高校计算机公共课程规划教材编委会

联系人：魏江江 weijj@tup.tsinghua.edu.cn

前　言

传统的网页采用表格布局的方法进行设计，学习方法以掌握 Dreamweaver、Flash 等网页三剑客为主。但现实中基于 Web 标准的网页设计方法(DIV+CSS)已经逐渐取代了表格布局的传统方法，现实中大多数大中型网站已经采用了基于 Web 标准的设计方法。这就相应地要求改变传统网页设计的学习内容和方法，新的学习内容对 HTML 和 CSS 提出了更高的要求。

本书主要为学习网页设计与制作的初级和中级读者编写，从零开始，一直到现实中比较高级的基于 Web 标准的网页设计方法，包括了网页设计的主要内容。本书不包括美工方面的内容，美工方面的内容可以在读者有了对网页的基本概念的理解后进行学习。

国内的大多数网页设计与制作课程及教材都没有将 Web 标准纳入课程内容中，但基于 Web 标准的网页设计方法是现实中采用的最广泛的设计方法，学习网页设计，如果不涉及这一部分的内容，仍然以传统的 HTML 或 Dreamweaver 表格布局为中心，就会落后于时代。

本书完全为初学者设计，不单纯讲授 HTML 代码或工具，在内容中引入基于 Web 标准的网页设计方法，在保证学生掌握网页设计的基本内容的基础上，紧密跟进网页设计的技术发展，并且确保读者能够用一种比较简单的方法完成这部分内容的学习。

本书主要有以下特点。

(1) 基于现实岗位需求的内容设计：书中引入基于 Web 标准(DIV+CSS)的网页设计方法，并针对基于 Web 标准的网页设计方法的特点，总结给出了相应的学习方法，使读者能够比较容易地掌握这部分内容。

(2) 代码与工具相结合的讲授方法。讲授代码(HTML、CSS)保证读者从本质上掌握技术，使用工具(Dreamweaver、EditPlus)降低代码对初学者的难度。

(3) 循序渐进的学习过程。书籍内容与实例设计充分考虑了读者学习曲线，并结合作者多年丰富的教学和实践经验，精心设计案例。实例中包含了绝大多数重点、难点，实例设计简单、清晰、实用、生动，便于读者理解和练习。

(4) 任务驱动，通过实例进行学习。每章的设计采用任务驱动，读者学习每章时目标明确，任务就是完成和理解书中的实例和习题。书中内容突出实践性，以实例贯穿各个知识点，鼓励读者在实践中进行学习、思考和提高。

另外，对本书做以下说明。

本书的代码尽量遵守 XHTML 规范，但为了节省篇幅，书中的代码不包括 doctype、dtd、meta 等相关信息，完整的 XHTML 代码框架应如下所示。

```
<!DOCTYPE html PUBLIC "-//W3C//DTD XHTML 1.0 Transitional//EN"
```

```
"http://www.w3.org/TR/xhtml1/DTD/xhtml1-transitional.dtd">
<html xmlns="http://www.w3.org/1999/xhtml">
<head>
<meta http-equiv="Content-Type" content="text/html; charset=utf-8" />
<title>标题</title>
</head>
<body>
</body>
</html>
```

本书第一版出版以来,已经被百余所兄弟院校采用作为教材,课程也被评为本科和高职的省级精品课程。本次改版主要是对Dreamweaver部分和CSS部分的内容进行了优化,以适应网页设计技术发展的趋势。删除了表格布局等内容,增加了基于Web标准的设计方法的实例。

本书第10~15章由袁磊编写,第2章、第3章、第5章~7章和第9章由陈伟卫编写,第1章、第4章、第8章、第16章由李帅编写。全书由袁磊、陈伟卫、李帅统一修订。

在编写本书的过程中,尽管编写者都尽了最大的努力,但由于水平有限和时间仓促,本书在很多方面上还需要进一步提高,不足和错误之处,欢迎广大读者批评指正。

编　者

2013年10月

目 录

第1章 网页设计概述

学习目标

通过本章的学习，掌握网页设计相关的基础知识，熟悉网页设计的相关概念，了解网页设计可能用到的工具，了解课程的内容安排和学习方法。

核心要点

- 基础知识。
- 常用网页设计技术。
- 常用网页设计工具。

网络现在逐渐成为人们生活的一部分，网上冲浪、浏览各种各样的网页已经成为很多人每天的习惯，信息系统也越来越多地采用网页作为用户接口。那么你是否考虑过这些缤纷多彩的网页是如何设计制作出来的呢？网页背后有哪些相关的技术呢？你是否能够制作出这些美观大方的网页呢？当然可以，从本章开始，进入我们的网页设计与制作的学习之旅。

1.1 基础知识

在正式学习网页设计与制作之前，需要先了解下面的基本概念。

1.1.1 WWW

WWW 是 World Wide Web 的缩写，也可以简称为 Web，中文名字为“万维网”。

WWW 是当前 Internet 上最受欢迎、最为流行、最新的信息检索服务系统。它把 Internet 上的现有资源连接起来，使用户能够访问 Internet 上所有站点的超文本媒体资源文档。WWW 诞生于 Internet 之中，后来成为 Internet 的一部分，而今天 WWW 几乎成了 Internet 的代名词。

用户主要通过网页的形式访问 WWW。

1.1.2 URL

URL(Uniform Resource Locator，统一资源定位符)是一种地址，指定协议(如 HTTP 或 FTP)以及对象、文档、WWW 网页或其他目标在 Internet 或 Intranet 上的位置，例如：http://www.microsoft.com/。

每家每户都有一个门牌地址，每个网页也有一个 URL。在浏览器的地址框中输入一个 URL 或是单击一个超级链接时，就确定了要浏览的地址。

URL有以下几种常见形式:

- ftp://219.216.128.15/
- http://baike.baidu.com/view/8972.htm
- http://bbs.runsky.com/bbs/forumdisplay.php?fid=38

1.1.3 HTTP

Internet的基本协议是TCP/IP协议,然而在TCP/IP模型最上层的是应用层,它包含所有高层的协议。高层协议有:文件传输协议FTP、电子邮件传输协议SMTP、和HTTP协议等。

HTTP(Hypertext Transfer Protocol,超文本传输协议)是用于从WWW服务器传输超文本到本地浏览器的传送协议,它保证计算机正确快速地在网络上传输超文本文档。

HTTP就是在Internet上传输网页的协议,它可以屏蔽掉传输的细节,对用户是透明的,网页编写者只要将精力集中在网页设计与制作上就可以了。

1.1.4 HTML

HTML(Hyper Text Markup Language,超文本标记语言)是WWW的描述语言。

超文本普遍以电子文档方式存在,其中的文字可以链接到其他位置或者文档,允许从当前阅读位置直接切换到超文本链接所指向的位置。

与一般文本不同的是,一个HTML文件不仅包含文本内容,还包含一些Tag,中文称为"标记"或者"标签"。

HTML文件的扩展名是htm或html。

使用文本编辑器就可以编写HTML文件,如Windows自带的记事本,也可以使用其他更高级的工具。

平时看到的网页代码都是HTML代码,这些代码有的是手工编写的,有的是Dreamweaver、FrontPage等工具自动生成的,有的是由动态网页自动生成的。但所有在浏览器中可以查看的网页都是HTML代码(包括CSS、JavaScript),网页具体的显示效果都来自浏览器对HTML代码的解释。

1.1.5 浏览器

浏览器是指可以显示网页服务器或者文件系统的HTML文件的内容,并让用户与这些文件交互的一种软件。网页浏览器主要通过HTTP协议与网页服务器交互并获取网页,这些网页由URL指定,文件格式通常为HTML。一个网页中可以包括多个文档,每个文档都是分别从服务器获取的。大部分的浏览器本身支持除了HTML之外的广泛的格式,例如JPEG、PNG、GIF等图像格式,并且能够扩展支持众多的插件。另外,许多浏览器还支持其他的URL类型及其相应的协议,如FTP、HTTPS。

下面是现有的最常用的几种浏览器:

- Internet Explorer
- Mozilla FireFox
- Opera

- Safari
- Google chrome

现实中还有一些和上述浏览器相同内核的浏览器，如 Maxthon 等。

同一个网页在不同的浏览器中可能有不同的显示效果，所以在网页设计与制作的过程中不能只考虑一种浏览器中的显示效果，应尽可能考虑在多种浏览器下的显示效果。

1.1.6 B/S

B/S(Browser/Server)即浏览器和服务器架构，它是随着 Internet 技术的兴起，对 C/S (Client/Server)架构的一种变化或者改进的架构。在这种架构下，用户工作界面是通过 WWW 浏览器来实现的，只有极少部分事务逻辑在前端(Browser)实现，主要事务逻辑在服务器端(Server)实现。

用户通过浏览器查看网页，网页(包括静态网页、动态网页)存放在 Web 服务器上。用户通过 URL 访问服务器上的网页，服务器接到请求，通过 HTTP 的方法将网页传送给客户机，本地的浏览器将网页代码解释为一种美观、直观的形式，展现在用户面前。文字与图片是构成网页的最基本的元素，网页中还可以包括 Flash 动画、音乐、流媒体等。

一般来说，Web 服务器是一台或多台性能比较高的计算机，上面安装有 WWW 服务器软件，硬件和软件相结合，通过网络向用户提供服务。

当用户通过浏览器单击网页上的一个链接，或者在地址栏中输入一个网址的时候，其实是对 Web 服务器提出了访问请求，Web 服务器经过确认，会直接把用户请求的 HTML 文件传回给浏览器，浏览器对传回的 HTML 代码进行解释，这样用户就会在浏览器中看到所请求的页面，这个过程就是 HTML 页面的执行过程，如图 1-1 所示。

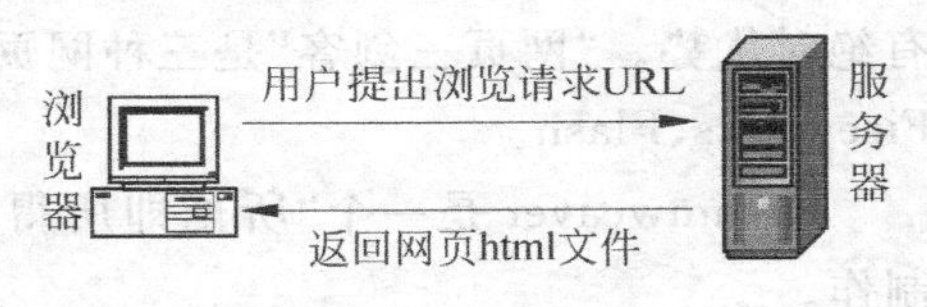

图 1-1 用户访问网页过程

1.1.7 静态网页与动态网页

静态网页就是纯粹的 HTML 页面，网页的内容是固定的、不变的。网页一经编写完成，网页的显示效果就确定了。

动态网页是内容根据具体情况变化的网页，它一般根据网页的输入参数和数据库中内容的变化而变化。

如果在某位用户登录后，要出现一个网页，显示“你好，用户”。即张三登录后可以看到一个网页显示“你好，张三”，而李四登录后见到的内容是“你好，李四”。要满足上面的要求，需要做两个静态页面，但如果有 1 万个用户，10 万个用户的时候，显然不可能提前做好那么多的页面，这就需要应用动态页面技术来实现这样的功能。

静态页面技术是动态页面技术的基础，本书主要介绍静态页面。本书注重代码，因为动态页面技术需要编写者能够从代码角度理解网页。

常用的动态网页技术有 JSP、ASP、PHP、CGI 等。

可以从文件的扩展名来看一个网页文件是动态网页还是静态网页。静态网页的 URL 后缀是 htm、html、shtml、xml 等；动态网页的 URL 的后缀是 asp、aspx、jsp、php、perl、cgi 等。

如 http://product.dangdang.com/product.aspx? product_id=20086446 是一个动态网页,而 http://bbs.v.moka.cn/subject/cage/index.htm 是一个静态网页。

1.2 常用网页设计技术

常用的网页设计技术如下,在这里只是简单地给出其名称,在后面将对这些技术进行深入的学习。

- HTML:超文本标记语言。
- CSS:层叠样式表。
- JavaScript:客户端脚本语言。
- Flash:Flash 动画。
- 美工:网站设计图的设计与制作。
- Web 标准:高级网站重构技术。

1.3 常用网页设计工具

"工欲善其事,必先利其器",要想高效率地编写网页,好的工具软件是必不可少的。Macromedia 公司一直是网页设计方向的领导者,其旗下的"网页三剑客"在网页设计领域占有绝对优势。"网页三剑客"是三种网页设计过程中最常使用的工具软件,即 Dreamweaver、Fireworks、Flash。

Dreamweaver 是一个"所见即所得"的可视化网站开发工具,主要用于网页的设计与制作。

Fireworks 是一款创建与优化 Web 图像和快速构建网站与 Web 界面原型的理想工具。主要用于编辑矢量图形与位图图像。

Flash 可以创作 Flash 动画。Flash 动画是由 Macromedia 公司推出的交互式矢量图和 Web 动画的标准。

Photoshop 是 Adobe 公司的图像处理软件,主要用于图像编辑、图像合成、校色调色及特效制作等,功能强大。

现在,Macromedia 公司已经被 Adobe 公司合并,在最新推出的版本中,Dreamweaver,Fireworks、Flash、Photoshop 均由 Adobe 公司出品,可以在工作过程中非常方便地集成在一起。

1.4 课程内容安排

1.4.1 课程内容

本书主要讲授网页设计与制作技术本身,主要包括 HTML、Dreamweaver、CSS、JavaScript 等。

另外,本书并不仅仅学习网页设计与制作技术,还包括学习怎样使用计算机、怎样使用计算机进行有目的的设计与开发。

随着网页设计与制作技术的发展,单纯使用 Dreamweaver 制作网页已经满足不了现实的要求,需要花费更多的时间来学习网页设计与制作的深层次内容,如 HTML、CSS、JavaScript 等,学习从代码角度去理解网页的设计与制作。

本书不包括网页设计与制作过程中美工、动画制作部分的内容。但美工、动画部分的工具如 Flash、Fireworks、Photoshop 等也是网页设计与制作过程中不可缺少的。

JavaScript 需要一定的语言基础,在学习过程中最好结合具体的 JavaScript 库(如 jQuery),可在理解本书内容的基础上进一步学习。

1.4.2 选择理由

为什么选择上述的课程内容,主要基于以下理由。

(1) 本书的目标读者为专业网站前端开发者或者还要继续学习后台动态网页设计、网站设计的读者。在动态网页设计(如 JSP、PHP)和网站设计的内容中,对代码有着很高的要求,仅仅会用 Dreamweaver,而不能从代码的角度理解网页是不行的。

(2) 真正掌握 Dreamweaver 需要理解代码。Dreamweaver 仅仅是自动生成代码(HTML、CSS、JavaScript 等)的工具,但工具毕竟是工具,其功能是有限的,有很多功能 Dreamweaver 本身不能完成;很多错误在 Dreamweaver 的功能范围内不能修改;Dreamweaver 自动生成的代码可能有很多冗余代码,在很多情况下需要进行优化。

使用 Dreamweaver 的过程中生成的很多效果都不尽如人意,需要与代码结合才能完成满足需求的设计。

(3) 学习 Web 标准(网站标准)。目前所说的 Web 标准一般指网站建设采用基于 XHTML 语言的网站设计语言,Web 标准中典型的应用模式是 DIV+CSS。传统的网站都是采用表格布局,但随着网页设计与制作技术的发展,绝大多数大中型网站都进行了网站重构,采用基于 Web 标准的网站设计方法代替表格布局。

表 1-1 中的网站都采用了 DIV+CSS 的设计方法,现实中绝大多数常见的大中型网站也采用了这种方法;而没有采用这种设计方法的网站,很多也都在进行网站重构的策划中。这种方法对代码的要求比较高,其学习方法和传统的网页设计的学习方法有所不同。

表 1-1 应用 DIV+CSS 的部分网站

网站名称	说明	网站名称	说明
新浪	http://www.sina.com.cn/	中华网	http://www.china.com/
网易	http://www.163.com/	中华英才网	http://www.chinahr.com/
当当网	http://home.dangdang.com/	Microsoft	http://www.microsoft.com/
阿里巴巴	http://china.alibaba.com/	Yahoo	http://cn.yahoo.com/
淘宝	http://www.taobao.com/	亚马逊书店	http://www.amazon.com/
中央电视台	http://www.cctv.com/	MSN	http://www.msn.com

总的说来,网页设计与制作的技术发生了较大的变革,网页设计与制作的学习内容也必须相应地做出变革。传统的以工具或 HTML 为中心的网页设计与制作的教学内容和教学方法已经不能满足现实的需要和学习的需求,本书适应网页设计与制作技术的变革和发展,

将现实中广泛应用的Web标准纳入学习内容,培养实用型人才。

在网页设计的入门级教材中引入基于Web标准的网页设计方法,是一个大胆的尝试。为了学以致用,与现实技术发展密切结合,把这一部分内容引入网页设计与制作的学习内容中,是完全必要的;并且这一部分的内容完全可以在学习的初始阶段掌握,没有必要作为一种高阶的技术与网页设计基础内容的学习分开。

1.5 小　结

网页设计与制作是一门动手性很强的课程,需要大量的实践。实践的过程需要多和周围的人交流。

要想学好网页设计与制作,首先要循序渐进,按照本书安排的顺序学习、实践;然后要培养设计与制作网页的兴趣,经常观察现实中的网页,尝试模仿完成现实中网页的显示效果。这样,在学习结束的时候,就可以模仿完成现实中绝大多数网页的显示效果,并且理解网页背后的相关技术,实现自我扩展、提高。

好了,网页设计与制作之旅就要开始了,享受这个过程吧!

1.6 习　题

1. 安装Firefox、Chrome或Opera浏览器,并用它们浏览网页。
2. 参考第2章实例2-1来编写自己的第一个HTML页面,并在浏览器中查看。

第2章 HTML基础

学习目标

本章主要是学习基本HTML标签和属性、HTML颜色、字符实体等基础知识。

核心要点

- 基本HTML标签。
- HTML属性。
- HTML颜色。
- 字符实体。

2.1 HTML元素

HTML元素指的是从开始标签(Start Tag)到结束标签(End Tag)的所有代码。元素的内容是开始标签与结束标签之间的内容，大多数HTML元素可拥有属性，具体如表2-1所示。

表2-1 HTML元素

开始标签	元素内容	结束标签
<p>	这是段落文字	</p>
<a href="link.html">	这是一个超链接	</a>

2.2 第一个HTML页面

网页其实就是HTML文件。一个HTML文件不仅包含文本、图片这些内容，还包含一些Tag，中文称为“标签”，有时也称为“标记”。

HTML元素最基本的格式是：<标签>内容</标签>，标签通常成对使用，<标签>表示某种格式的开始，</标签>表示这种格式的结束，效果如图2-1所示。

开始标签 结束标签

<p>这是段落文字</p>

图2-1 HTML元素的基本格式

【实例2-1】

【实例描述】

现在通过一个简单的例子，来学习HTML的基本结构。图2-2是一个最简单的网页在浏览器中的显示效果，注意网页的标题和内容。

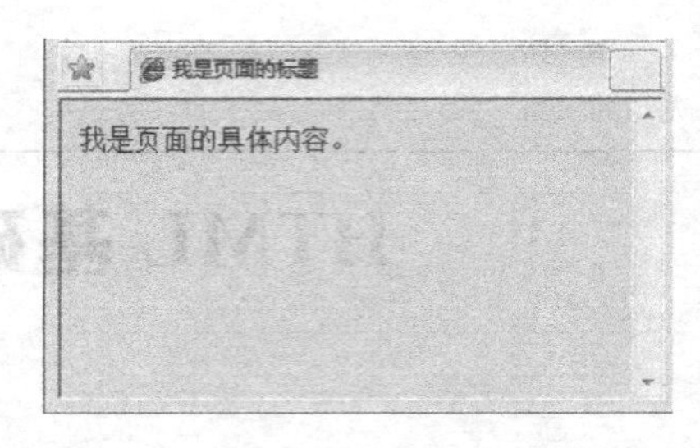

图 2-2　一个简单的 HTML 网页

【实例分析】

(1) 打开文本编辑器

第一个 HTML 文件可以在 Windows 自带的“记事本”中完成，具体步骤如下：单击桌面左下角的“开始”菜单→“所有程序”→“附件”→“记事本”，如图 2-3 所示。

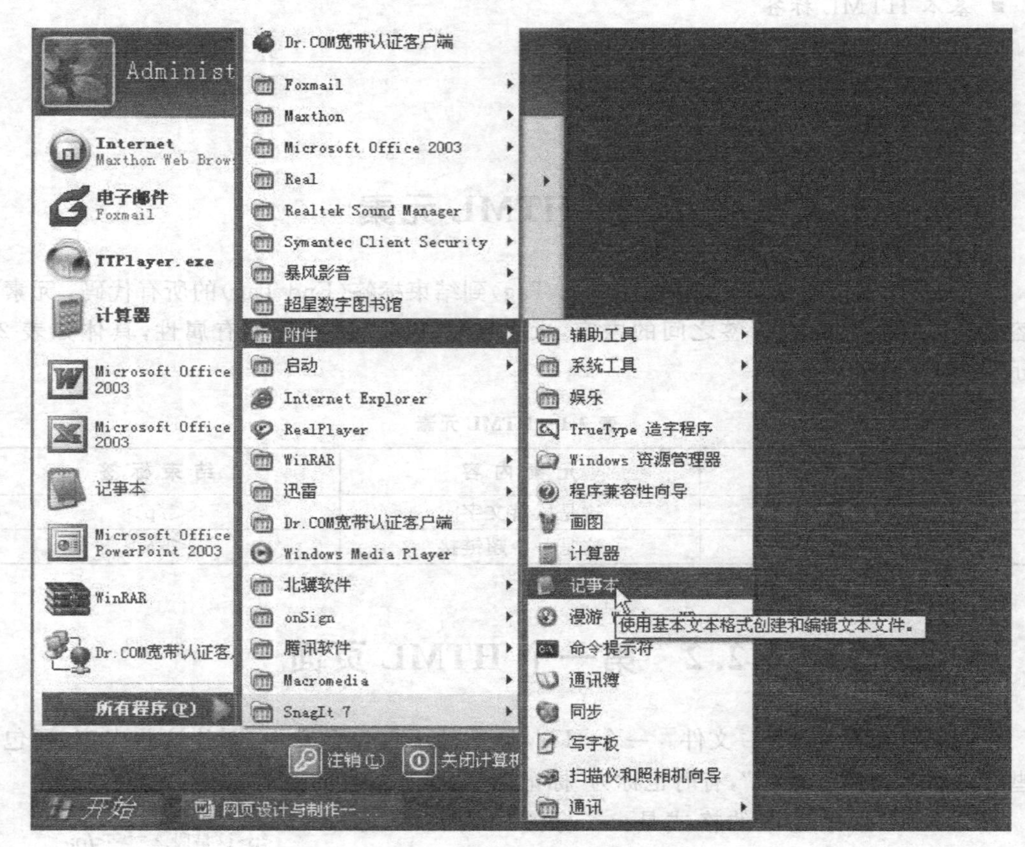

图 2-3　选择“记事本”程序

(2) 用 Windows 自带的文本编辑器就可以编写 HTML 文件

在记事本中输入如下代码。

```
<html>
<head>
   <title>我是页面的标题</title>
```

```
</head>
<body>
    我是页面的具体内容。
</body>
</html>
```

【注意事项】

在记事本中输入代码时，所有的<>符号，包括在<>中的英文字母都必须使用英文半角状态。

(3) 保存页面

现在将记事本中的代码保存为 HTML 文件，有两种方法。

方法一：在记事本中单击左上角的"文件"→"另存为"，如图 2-4 所示。

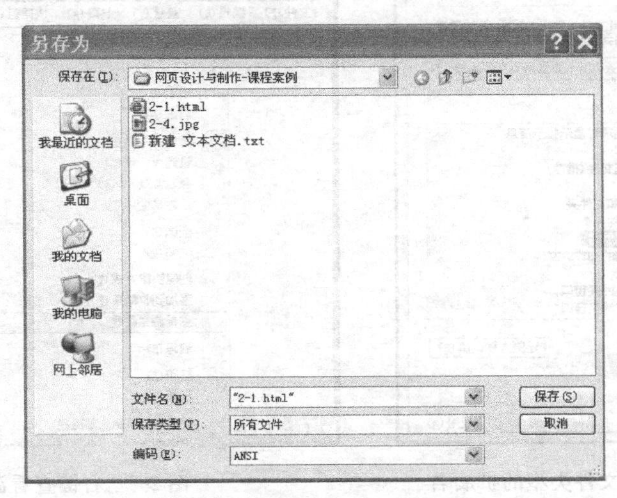

图 2-4 保存为 HTML 文件

【注意事项】

① 保存时注意修改文件的扩展名，HTML 文件的扩展名为.html 或.htm。

② 保存类型选择"所有文件"。

③ 不允许使用汉字或特殊字符作为文件名。

方法二：可以保存完记事本文件后，直接修改文件的扩展名，从.txt 改为.html，如图 2-5 所示。

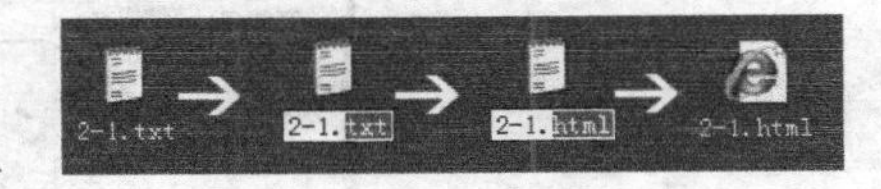

图 2-5 txt 文件变身为 html 文件

【小技巧】

为了更直观地查看文件类型或者扩展名，可以用下面的方法显示所有文件的扩展名，然后再做修改，如图 2-6 所示，具体的步骤如下。

① 对于 Windows XP 的系统，打开任意文件夹，选择菜单栏中的"工具"→"文件夹选项"，会弹出如图 2-6 所示的界面，单击"查看"选项卡，将"隐藏已知文件类型的扩展名"选项前的对钩去掉即可。

② 对于 Win7 的系统，打开任意文件夹，选择菜单栏中的"组织"→"文件夹和搜索选项"，会弹出如图 2-6 所示的界面，操作同上。

(4) 显示和查看 HTML 网页

找到刚才保存的文件,显示为浏览器的标志,至此,第一个 HTML 文件已经保存成功。双击 2-1.html 文件,会自动弹出一个浏览器窗口,显示效果如图 2-2 所示。

所有的 HTML 标签浏览器都没有显示出来,在浏览器中显示的内容是标签中间的文字,文字按照 HTML 标签规定的样式显示,这就是"标记语言"的基本特点。

(5) 打开 HTML 页面,查看源代码

方法一:在页面空白处,单击鼠标右键,选择"查看源文件"命令,即可看到 HTML 代码,如图 2-7 所示。

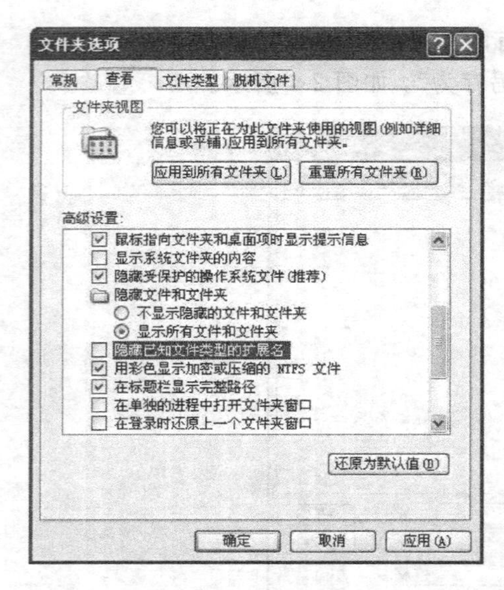

图 2-6 显示已知文件类型的扩展名

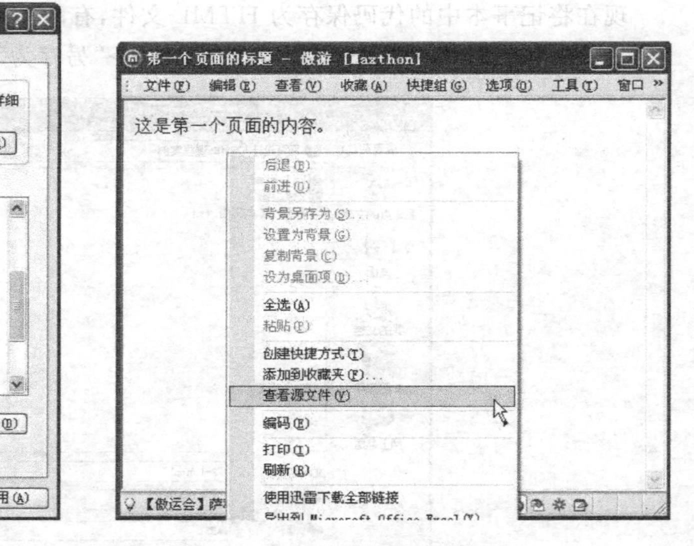

图 2-7 右键查看源代码

方法二:单击浏览器工具栏上的"查看"→"查看源文件",也可以看到网页的源文件,如图 2-8 所示。

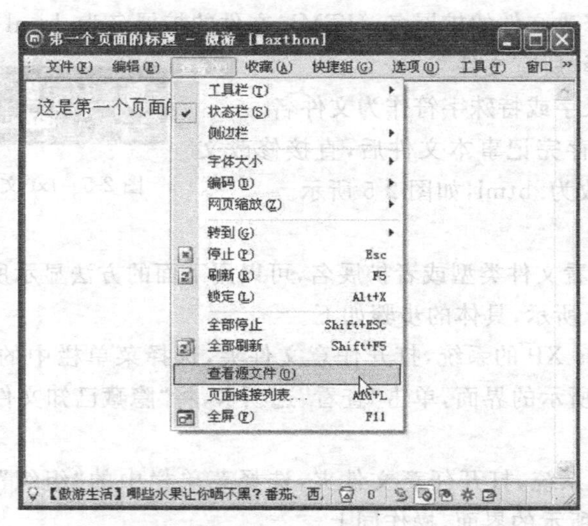

图 2-8 单击查看源文件

(6) 修改源代码

在上一步骤里，学习了如何查看源代码，但是很多浏览器里并不支持直接修改代码的功能。所以需要在记事本里打开文件，然后进行修改，如图 2-9 所示。

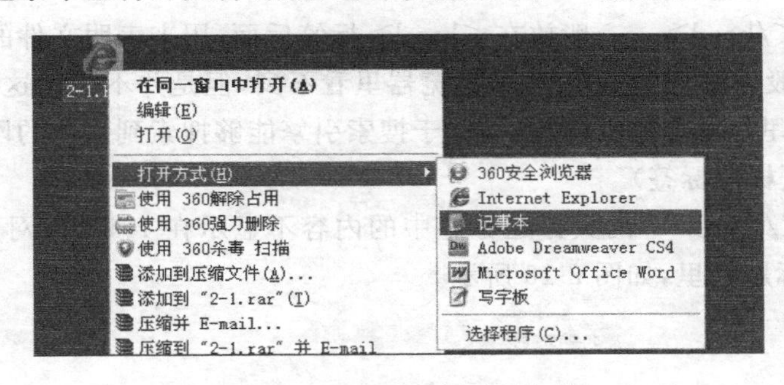

图 2-9 用记事本打开源文件

具体步骤如下：选中网页文件，单击右键，在弹出的快捷操作中选择“打开方式”→“记事本”，然后修改代码，保存。

【小技巧】

如果右键的“打开方式”中没有“记事本”选项，需要自己添加进来。具体步骤如下：选中网页文件，单击右键，在弹出的快捷操作中选择“打开方式”→单击最下面的“选择程序”→“其他程序”→“记事本”。如果“其他程序”中仍然没有记事本文件，需要单击“浏览”按钮，在 C:\Windows 目录下，直接选择 notepad.exe 文件。

【注意事项】

① 所有网页中用到的文件夹、页面、图片、音乐、视频和 Flash 等，都不要用中文或特殊字符命名，因为许多情况下服务器不能识别这些中文或者特殊字符，很容易出错。

② HTML 代码需要在英文半角状态下输入，所以写完中文后要记得切换输入状态。

③ 推荐 HTML 代码统一用小写字母。HTML 代码不区分大小写，<html>与<HTML>效果是一样的，但是使用小写代码更加符合 XHTML 的书写规范。

【知识拓展】

如何更好地命名网页？

① 字母、数字和下划线都可以用来命名网页。

② 以最简短的名称体现清晰的含义。

③ 尽量以英文单词为主，单个单词文件名称全部小写。

【常见错误】

文件扩展名仍然为.txt，没有把真正的文件扩展名更改为.html 或.htm。显示已知文件类型的扩展名方法，参见图 2-6。

2.3 HTML 文件的结构

分析刚才实例 2-1 中的 HTML 代码，可以发现，这个文件有 4 对标签，它们组成了一个标准的 HTML 文件，分别是：

1. html(html 标签)

＜html＞…＜/html＞ 告诉浏览器,这个文件是 HTML 网页文件。

2. head(头部信息标签)

＜head＞…＜/head＞ 一般放在＜html＞标签后面,用来表明文件的题目或者定义部分。head 信息一般是不显示出来的,在浏览器里看不到,但是并不表示这些信息没有用处,例如可以在 head 里加上一些关键词,有助于搜索引擎能够搜索到用户的网页。

3. title(网页标题标签)

＜title＞…＜/title＞ 网页标题标签中的内容不显示在 HTML 网页正文里,它显示在浏览器窗口的标题栏里,如图 2-10 所示。

图 2-10 网页的标题

4. body(主体标签)

＜body＞…＜/body＞ 页面需要显示的主要内容都写在这个标签里面,如文字、图片、超链接、Flash 动画和视频等。

2.4 基本 HTML 标签

HTML 标签是 HTML 语言学习的主要内容,下面介绍最基本的 HTML 标签。

2.4.1 标题标签

＜h?＞标签(headline)的作用是设置标题字的大小,按照字号从大到小依次为＜h1＞、＜h2＞、＜h3＞、＜h4＞、＜h5＞和＜h6＞,具体请参看实例 2-2。

【实例 2-2】

【实例描述】

图 2-11 是 6 种标题字在浏览器中的显示效果,注意观察标题字的样式和大小规律。

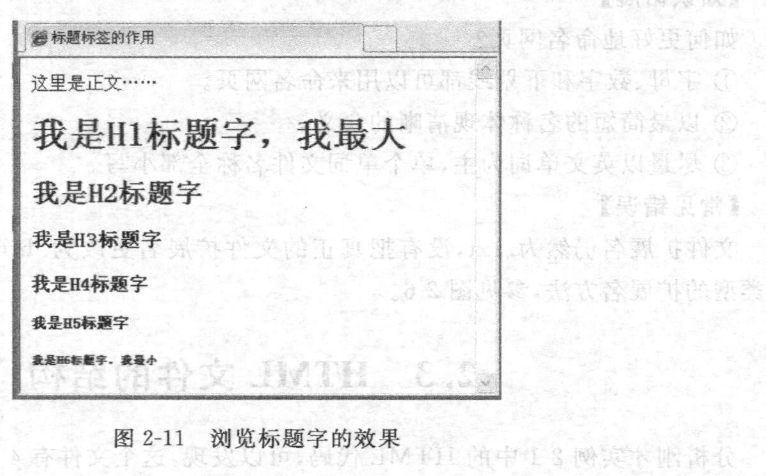

图 2-11 浏览标题字的效果

【实例分析】

在文本编辑器中输入如下代码。

```
<html>
<head>
<title>标题标签的作用 </title>
</head>
<body>
    这里是正文……
    <h1>我是 H1 标题字,我最大 </h1>
    <h2>我是 H2 标题字 </h2>
    <h3>我是 H3 标题字 </h3>
    <h4>我是 H4 标题字 </h4>
    <h5>我是 H5 标题字 </h5>
    <h6>我是 H6 标题字,我最小 </h6>
</body>
</html>
```

【实例说明】

通过上面的实例,可以发现标题标签有如下特点:

(1) <h1>到<h6>的内容都自动加粗并且显示为黑体字。

(2) <h1>到<h6>都独占一行,下面的内容会自动换行。

2.4.2 分段标签<p>和换行标签

<p>标签(paragraph)的作用是分段,
标签(breakline)的作用是换行,另起一行。

【实例 2-3】

【实例描述】

图 2-12 是分段标签和换行标签在浏览器中的显示效果,注意区分两种标签的不同。

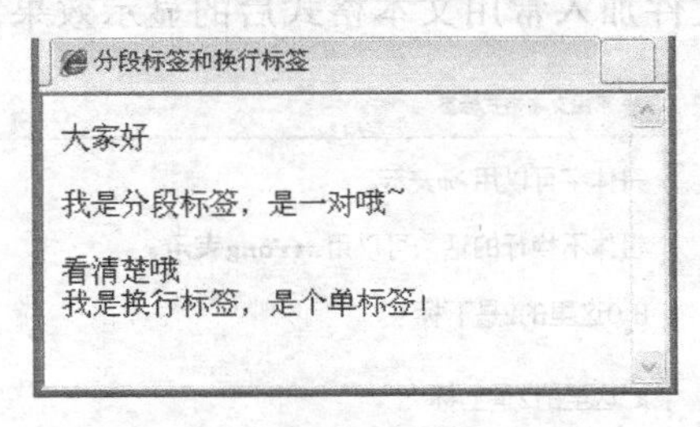

图 2-12 分段标签和换行标签

【实例分析】

在文本编辑器中输入如下代码。

```
<html>
<head>
    <title>分段标签和换行标签 </title>
</head>
<body>
    大家好<p>我是分段标签,是一对哦~</p>
```

```
看清楚哦<br />我是换行标签,是个单标签!
</body>
</html>
```


【实例说明】

通过实例 2-3 可以明显感觉到分段标签和换行标签的差别如下:

<p>…</p> 是分段标签,它是一个成对的标签,段之间的距离较大,相当于换行后又空一行。

 是换行标签,它是一个单标签,表示换行。

【注意事项】

HTML 文件会自动截去多余的空格,所以不管加多少空格,都被看做一个空格,即使是一个空行也会被看做一个空格。

2.4.3 常用文本格式标签

HTML 还定义了一些文本格式的标签,在它们的帮助下,可以更加灵活地控制各种文本格式,如表 2-2 所示。

表 2-2 常用文本格式标签

文本标签	含义说明
<em>	把文本定义为强调的内容,通常以斜体显示
<strong>	把文本定义为语气更强的强调内容,通常加粗显示
<sub>	下标
<sup>	上标

【实例 2-4】

【实例描述】

图 2-13 是在 HTML 文件加入常用文本格式后的显示效果。

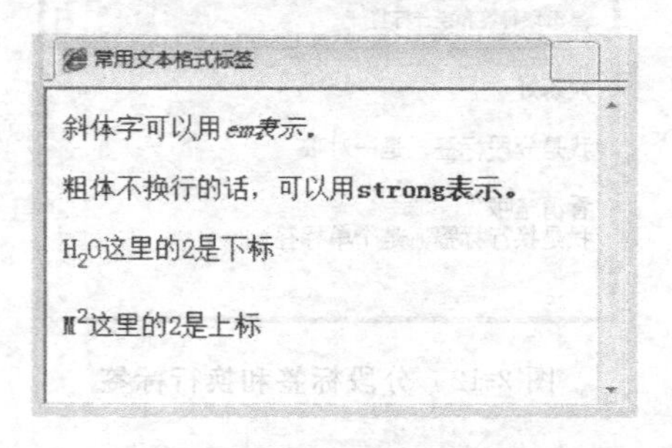

图 2-13 常用文本格式标签

【实例分析】

在文本编辑器中输入如下代码。

```
<html>
<head>
<title>常用文本格式标签</title>
</head>
```

```
<body>
    <p>斜体字可以用<em>em 表示.</em></p>
    <p>粗体不换行的话,可以用<strong>strong 表示.</strong></p>
    <p>H<sub>2</sub>0 这里的 2 是下标</p>
    <p>M<sup>2</sup>这里的 2 是上标</p>
</body>
</html>
```

【实例说明】

HTML 中大多数标签都是成对使用的,用法相同:开始标签<标签>在前,显示的内容放在中间,结束标签</标签>放在结尾。可以举一反三,实现更多的效果。

2.4.4 注释语句标签<!-- -->

<!-- 注释语句 -->这是 HTML 文件中的注释标签,可以把关于这段代码的功能、作者和注意事项等信息放入其中。注释语句中的内容会被浏览器忽略,不显示在网页上,所以设计者可以在里面放置任何内容。

【实例 2-5】

【实例描述】

图 2-14 是在 HTML 文件加入注释语句后的显示效果。

图 2-14 注释语句的应用

【实例分析】

在文本编辑器中输入如下代码。

```
<html>
<head>
<title>注释语句</title>
</head>
<body>
    这是标有制作日期的页面。  <! -- 2012 年 - 10 月 - 10 日 -->
    </body>
</html>
```

【实例说明】

在 HTML 源代码中适当加入注释语句是一种非常好的习惯,对于设计者日后的代码修改和维护工作都有很大的好处。当这段代码交给其他设计者维护时,这些注释语句可以让已有的代码更容易读懂。另外也可以将暂时不用的代码注释起来,方便程序的调试。

2.5 列表标签

HTML 有三种列表形式:有序列表(Ordered List)、无序列表(Unordered List)和定义列表(Definition List),分别对应三个标签<ol>、<ul>和<dl>。

2.5.1 有序列表

在有序列表中,每个列表项前标有数字来表示顺序。有序列表由<ol>开始,每个列表项由<li>开始。

【实例 2-6】

【实例描述】

图 2-15 是有序列表在浏览器中的显示效果。

图 2-15 有序列表

【实例分析】

在文本编辑器中输入如下代码。

```
<html>
<head>
<title>有序列表</title>
</head>
<body>
   <h2>我最喜欢的娱乐方式</h2>
   <ol>
     <li>上网</li>
     <li>看电影</li>
     <li>运动</li>
   </ol>
</body>
</html>
```

【实例说明】

<ol>标签会另起一行显示。

<ol>标签和<li>标签必须相互配合使用。

有序列表中除了默认的阿拉伯数字之外,还有很多其他排序的方式,使用方法如下:<ol type="a">…</ol>,具体排序的属性值如表 2-3 所示。

表 2-3 <ol>的 type 属性

属性值	含义
1	阿拉伯数字序列:1、2、3、…
a	小写英文字母序列:a、b、c、…
A	大写英文字母序列:A、B、C、…
i	小写罗马数字序列:ⅰ、ⅱ、ⅲ、…
I	大写罗马数字序列:Ⅰ、Ⅱ、Ⅲ、…

2.5.2 无序列表

无序列表不用数字标签每个列表项，而采用一个符号标志每个列表项，比如黑圆点、方块等。无序列表由<ul>开始，每个列表项同样由<li>开始。

【实例 2-7】

【实例描述】

图 2-16 是无序列表在浏览器中的显示效果。

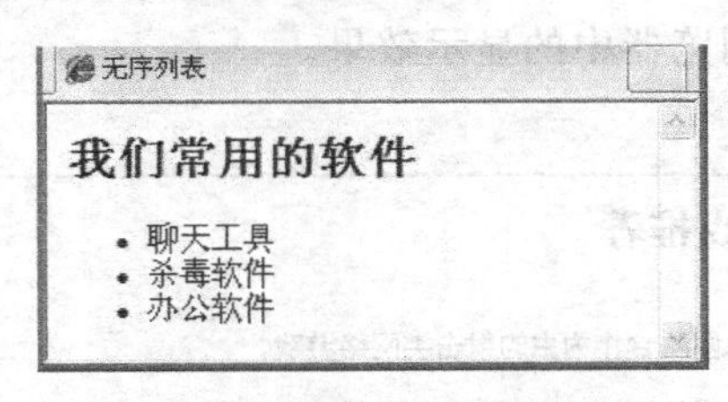

图 2-16 无序列表

【实例分析】

在文本编辑器中输入如下代码。

```
<html>
<head>
<title>无序列表</title>
</head>
<body>
   <h2>我们常用的软件</h2>
   <ul>
     <li>聊天工具 </li>
     <li>杀毒软件</li>
     <li>办公软件</li>
   </ul>
</body>
</html>
```

【实例说明】

<ul>标签会另起一行显示。

<ul>标签和<li>标签必须相互配合使用。

无序列表中除了默认的黑圆点之外，还有很多其他显示的方式，使用方法如下：

<ul type="circle">…</ul>，具体属性值如表 2-4 所示。

表 2-4 <ul>的 type 属性

属 性 值	含 义
disc	默认的圆黑点：●
circle	空心圆环：○
square	方块：□

2.5.3 定义列表

定义列表通常用于术语的定义和解释。定义列表由<dl>标签开始，<dt>标签定义了列表中的项目(即术语部分)，术语的解释用<dd>定义，<dd></dd>里的文字缩进显示。

【实例 2-8】

【实例描述】

图 2-17 是定义列表在浏览器中的显示效果。

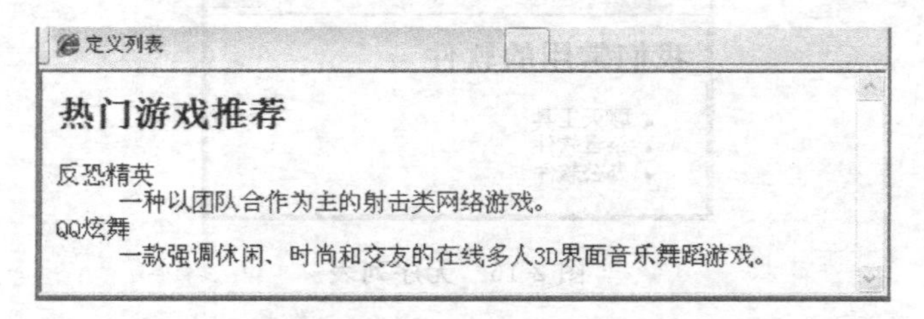

图 2-17　定义列表

【实例分析】

在文本编辑器中输入如下代码。

```
<html>
<head>
<title>定义列表</title>
</head>
<body>
   <h2>热门游戏推荐</h2>
   <dl>
     <dt>反恐精英</dt>
     <dd>一种以团队合作为主的射击类网络游戏。</dd>
     <dt>QQ 炫舞</dt>
     <dd>一款强调休闲、时尚和交友的在线多人 3D 界面音乐舞蹈游戏。</dd>
   </dl>
</body>
</html>
```

【实例说明】

<dl>标签会另起一行显示。

<dt>标签的含义是定义题目(Definition Title)，另起一行显示。

<dd>标签的含义是定义描述(Definition Description)，另起一行显示。

2.6 HTML 的属性

HTML 标签可以有很多属性，属性可以扩展 HTML 标签的功能，就像描述一个人，可以用性别、身高和体重等属性来细化。属性通常由属性名和属性值组成，语法格式如下：

<标签 属性 1 = "属性值 1" 属性 2 = "属性值 2" ……> …… </标签>

属性通常写在开始标签里面，属性值一般用双引号标签起来(注意：是英文半角状态下的双引号)，多个属性并列的时候，用空格间隔，具体例子如图 2-18 所示。

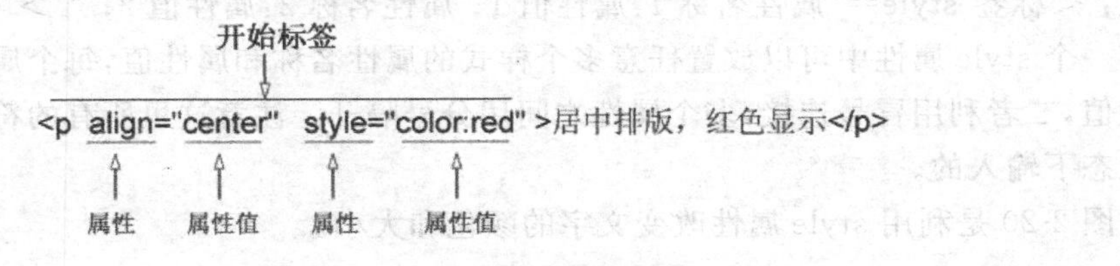

图 2-18 HTML 属性的用法

这是一个控制段落文字排版方式和字体颜色的例子，用到了常见的两个属性：align 和 style，下面就通过实例 2-9 和实例 2-10 熟悉这两个属性的用法。

【实例 2-9】

【实例描述】

align 属性的作用是定义水平对齐方式，常见属性值有 left、center 和 right 三种，能够控制大多数元素的左对齐、居中对齐和右对齐。

图 2-19 是 align 属性定义的三种对齐方式在浏览器中的显示效果。

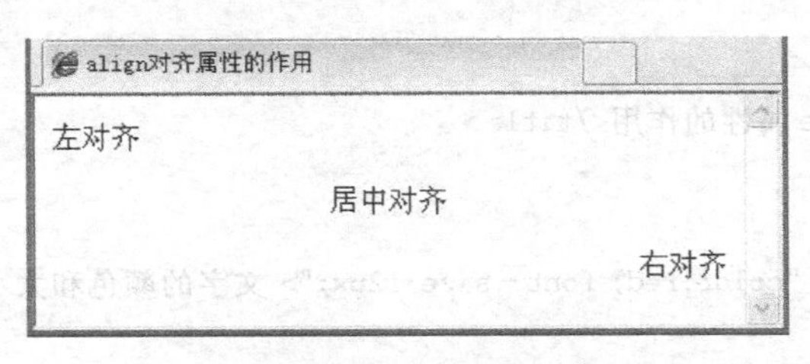

图 2-19 align 对齐属性的作用

【实例分析】

在文本编辑器中输入如下代码。

```
<html>
<head>
<title>align 对齐属性的作用</title>
</head>
<body>
    <p align = "left">左对齐</p>
    <p align = "center">居中对齐</p>
    <p align = "right">右对齐</p>
</body>
</html>
```

【实例说明】

align 属性可以定义很多元素的对齐方式，如文字、图片、动画等。

后面还会学到很多其他的属性，可以更精确地控制网页中文字和图片等内容的位置。

【实例 2-10】

【实例描述】

style 属性的作用是定义样式,如文字的大小、色彩和背景颜色等。style 属性的书写格式是: <标签 style="属性名称 1:属性值 1; 属性名称 2:属性值 2; " > …… </标签>。

一个 style 属性中可以放置任意多个样式的属性名称和属性值,每个属性名称有相应的属性值,二者利用冒号连接,多个属性之间用分号隔开。注意这里所有的符号都是在英文半角状态下输入的。

图 2-20 是利用 style 属性改变文字的颜色和大小。

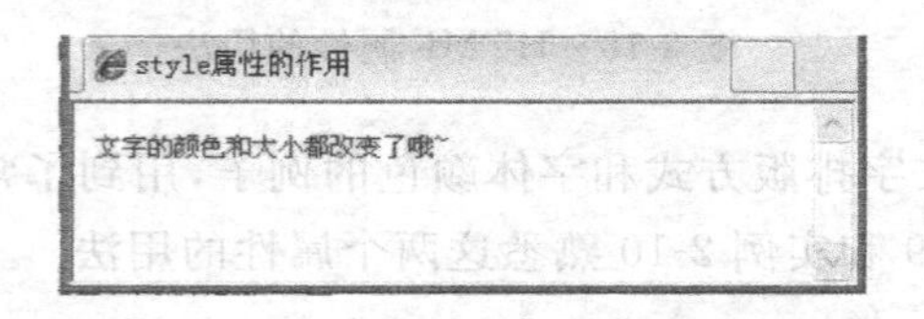

图 2-20 利用 style 属性改变文字的颜色和大小

【实例分析】

在文本编辑器中输入如下代码。

```
<html>
        <head>
        <title>style 属性的作用</title>
        </head>
        <body>
            <p style="color:red; font-size:12px;">文字的颜色和大小都改变了哦~</p>
        </body>
</html>
```

【实例说明】

color:red 表示文字的颜色为红色,当然也可以换成任意其他颜色。

font-size:12px 表示文字的大小为 12 像素,一般在网页中作为正文的字号使用。

style 属性的用途非常广泛,利用它可以控制网页内容的样式。

2.7 HTML 颜色

在 HTML 里,颜色有两种表示方式:一种是用颜色的英文名称表示,比如 Blue 表示蓝色,Red 表示红色;另外一种是用十六进制的数值表示 RGB 的颜色值。

RGB 分别是 Red、Green、Blue 的首字母,即红、绿、蓝三原色的意思。RGB 每个原色的最小值是 0(十六进制为 00),最大值是 255(十六进制为 ff)。RGB 颜色标准几乎包括了人类视力所能感知的所有颜色,是目前运用最广的颜色系统之一。

RGB 的颜色的表示方式为 #rrggbb。其中红、绿、蓝三色的对应取值范围都是从 00 到 ff,如白色的 RGB 值(255,255,255),就用 #ffffff 表示;黑色的 RGB 值(0,0,0),就用 #000000 表示。

【实例 2-11】

【实例描述】

通过在主体标签<body>中添加背景颜色的属性 background-color,可以让网页呈现出不同的背景颜色,增加色彩氛围。background-color 这个属性还可以为其他 HTML 元素添加背景颜色。图 2-21 是页面添加背景颜色后在浏览器中的显示效果。

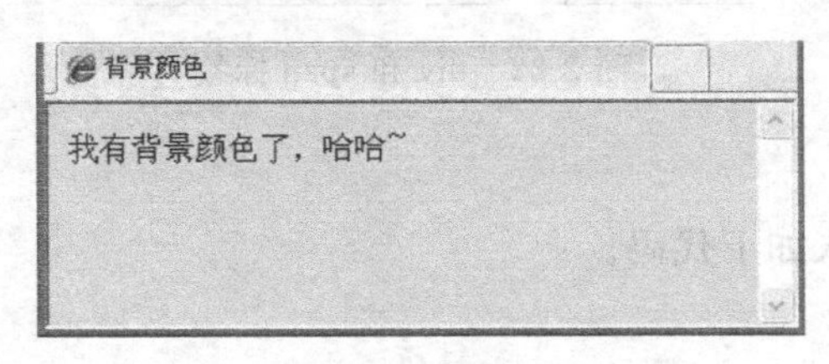

图 2-21　添加页面的背景颜色

【实例分析】

在文本编辑器中输入如下代码。

```
< html >
< head >
< title>背景颜色</title >
</head >
< body style = "background - color: # ffccff;">
   我有背景颜色了,哈哈～
</body >
</html >
```

【注意事项】

(1) HTML 网页中默认字体和边框都为黑色,背景为白色。

(2) 十六进制的数值有: 0,1,2,3,4,5,6,7,8,9,a,b,c,d,e,f。

(3) 在 W3C 制定的 HTML 4.0 标准中,只有 16 种颜色可以用颜色名称表示(Aqua, Black, Blue, Fuchsia, Gray, Green, Lime, Maroon, Navy, Olive, Purple, Red, Silver, Teal, White, Yellow),其他颜色都要用十六进制 RGB 颜色值表示。

现在的浏览器支持更多的颜色名称。不过为保险起见,建议采用十六进制 RGB 颜色值 # rrggbb 来表示颜色,如果前后两位的颜色值相同,可将值缩写一半,如实例 2-11 中的背景颜色值 # ffccff,可缩写为 # fcf。

2.8 <div>和<span>

div 和 span 标签的作用都是用于定义样式的容器,本身没有具体的显示效果,由其 style 属性或 CSS 样式来定义,不过两者在使用方法上存在着很大的差别。

【实例 2-12】

【实例描述】

图 2-22 是 div 和 span 标签在浏览器中显示效果的对比,注意观察两者的区别。

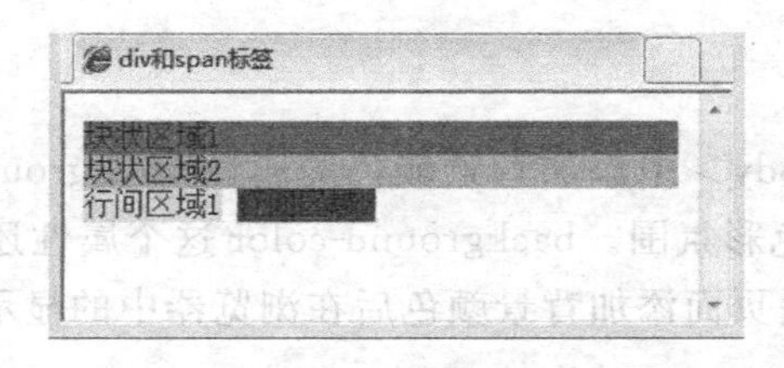

图 2-22　div 和 span 标签

【实例分析】

在文本编辑器中输入如下代码。

```
<html>
<head>
<title>div 和 span 标签</title>
</head>
<body>
    <div style="background-color:#3399ff">块状区域 1</div>
    <div style="background-color:#99ccff">块状区域 2</div>
    <span style="background-color:#ffccff">行间区域 1</span>
    <span style="background-color:#993399">行间区域 2</span>
</body>
</html>
```

【实例说明】

通过上面的实例,可以发现:

- <div>标签是一个块状的容器,其默认的状态就是占据整个一行。
- <span>标签是一个行间的容器,其默认状态是行间的一部分,占据行的长短由内容的多少来决定。
- <div>和<span>标签在后面的章节会扮演重要角色,请仔细体会两个标签的作用和差异。

2.9　滚动字幕<marquee>

滚动字幕标签的基本语法结构如下:

```
<marquee>…</marquee>
```

滚动字幕标签的基本属性设置如表 2-5 所示。

表 2-5　marquee 的基本属性

属　性	描　述	可 取 值
direction	移动方向	left,right,down,up
loop	循环次数	—1,2,…
scrollamount	移动速度	2,10,…
align	对齐方式	top, middle, bottom

【实例 2-13】

【实例描述】

图 2-23 是在 HTML 文件加入滚动字幕标签后的显示效果。

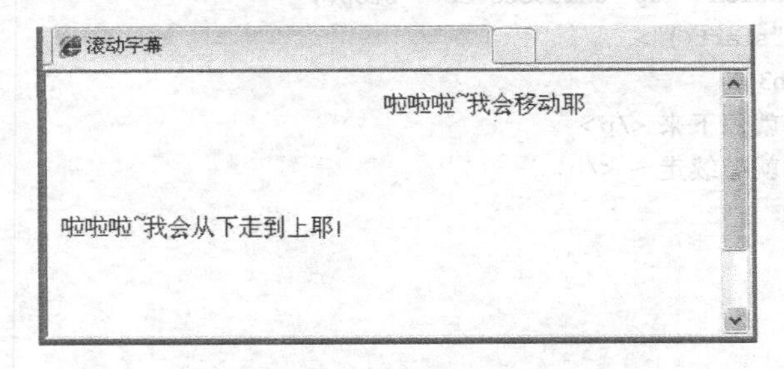

图 2-23 marquee 的应用

【实例分析】

在文本编辑器中输入如下代码。

```
<html>
<head>
<title>滚动字幕 </title>
</head>
<body>
    <marquee>啦啦啦～我会移动耶</marquee>
    <marquee direction="up">啦啦啦～我会从下走到上耶!</marquee>
    </body>
</html>
```

【实例说明】

参考表 2-5 中的属性,可以完成满足各种需求的滚动字幕效果。

【实例 2-14】

【实例描述】

图 2-24 是利用简单的 JavaScript 语句控制文字的运动状态。

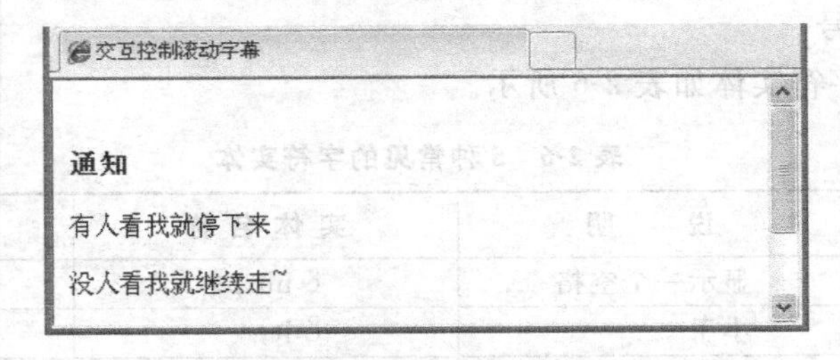

图 2-24 控制文字的运动状态

【实例分析】

在文本编辑器中输入如下代码。

```
<html>
<head>
```

```
<title>交互控制滚动字幕 </title>
</head>
<body>
  <marquee direction = "up" onmouseover = "stop()"
   onmouseout = "start()">
   <h3>通知 </h3>
   <p>有人看我就停下来 </p>
   <p>没人看我就继续走～ </p>
  </marquee>
</body>
</html>
```

【实例说明】

onmouseover 表示鼠标经过滚动字幕时，stop()意为停止滚动。

onmouseout 表示鼠标离开滚动字幕时，start()意为开始滚动。

2.10 字符实体

对于 HTML 代码而言，有些字符有特别的含义，比如小于号“<”就表示 HTML 标签的开始，它是不在网页里显示的。特殊字符有两种：

(1) 在 HTML 中有特殊含义的字符。

例如：<，>，"，&，空格等。

(2) 无法用键盘直接输入的字符。

例如：￥，£，©，×，÷，€ 等。

为了避免出现这样的问题，HTML 提供了特别的字符实体功能，专门用来显示那些有特殊含义的字符和无法直接用键盘输入的字符。

通常，一个字符实体(Character Entities)是由三部分组成的：

(1) 一个“&”符号；

(2) 字符专用名称或者字符代号；

(3) 一个“;”符号。

最常见的 5 种字符实体如表 2-6 所示。

表 2-6　5 种常见的字符实体

显示结果	说　明	实体名称	实体代码
	显示一个空格		
<	小于	<	<
>	大于	>	>
&	& 符号	&	&
"	双引号	"	"

【实例 2-15】

【实例描述】

图 2-25 是某些特殊符号在浏览器中的显示效果。

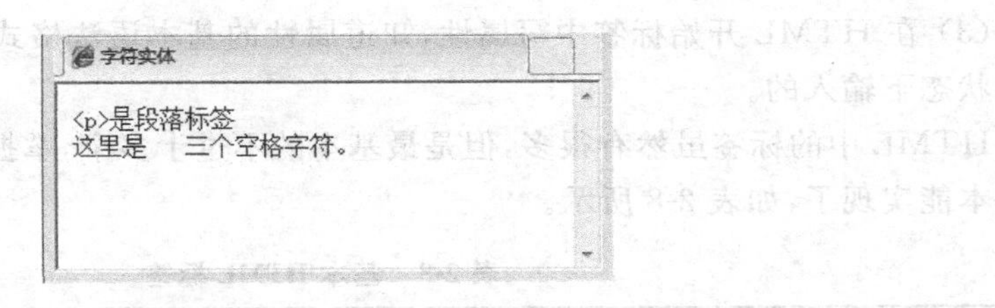

图 2-25　字符实体的效果

【实例分析】

在文本编辑器中输入如下代码。

```
<html>
<head>
<title>字符实体</title>
</head>
<body>
    &lt;p&gt;是段落标签<br />
    这里是    三个空格字符.
</body>
</html>
```

【实例说明】

除了上面说的 5 种常见字符实体外，还有很多其他的特殊字符，如表 2-7 所示。

表 2-7　其他常见的字符实体

显示结果	说　明	实体名称	实体代码
©	版权	©	©
®	注册商标	®	®
×	乘号	×	×
÷	除号	÷	÷
¥	人民币、日元	¥	¥
£	镑	£	£

【小技巧】

如何在网页中加入多个空格？

通常情况下，HTML 会自动截去多余的空格。不管加多少空格，都被看做一个空格。比如在两个字之间加了 10 个空格，HTML 会截去 9 个空格，只保留一个。

可以在 HTML 代码中使用空格的字符实体 ，添加多个空格。

2.11　小　　结

通过本章的学习，需要掌握三大重点知识：

(1) HTML 网页的标准结构，知道网页主体内容的代码是写在<body>标签中的。

(2) HTML 标签的基本格式，知道标签的语法格式，而且大部分的标签都是成对使用的。

(3) 在HTML开始标签中写属性,知道属性的基本语法格式,属性值的引号是在英文半角状态下输入的。

HTML中的标签虽然有很多,但是最基本的不过十多个,掌握了这些标签,常用的网页就基本能实现了,如表2-8所示。

表2-8　基本HTML标签

文本标签	含义说明
<h? >	设置标题字的大小
<p>	设置文本的段落
 	换行
<em>	把文本定义为强调的内容,通常以斜体显示
<strong>	把文本定义为语气更强的强调内容,通常加粗显示
<!-- 注释 -->	HTML文件中的解释和说明
<ul>	表示不排序的项目列表
<li>	表示列表中的一个项目
<div>	是一个块状的容器,默认的状态是占据整个一行
<span>	是一个行间的容器,其默认状态是行间的一部分,占据行的长短由内容的多少来决定

2.12　习　　题

1. 模仿完成下列代码,显示效果如图2-26所示。

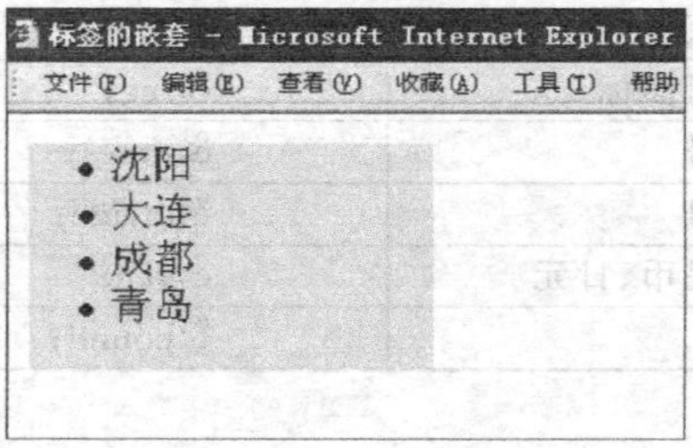

图2-26　标签的嵌套

在文本编辑器中输入如下代码。

```
<html>
<head>
  <title>标签的嵌套</title>
</head>
<body>
  <ul style="background-color:#ccff99; width:200px;
  height:100px">
   <li>沈阳</li>
   <li>大连</li>
   <li>成都</li>
```

```
    <li>青岛</li>
  </ul>
</body>
</html>
```

2. 请试着在网页中输入如下字符，并且在浏览器中查看显示效果。

```
&spades;
&clubs;
&hearts;
&diams;
```

3. 模仿完成如图 2-27 所示的电影介绍页面，给出的代码仅供参考（注意标签的含义及准确性）。

图 2-27　电影介绍页面

参考代码如下所示（其中<!-- -->是注释标签，不需要写）。

```
<html>
<head>
   <title>初恋这件小事</title>
</head>
<body>
   <h1>初恋这件小事</h1>  <!—因为是标题，所以选择大小合适的标题标签 -->
   <h3>百科名片 </h3>
<img src="love.jpg" width="139" height="200" /> <!-- 图片插入标签 -->
  <p>初恋这件小事《初恋这件小事》…… </p>  <!—电影文本段落，用段落标签 -->
   <h3>目录 </h3>
   <ul>  <!-- 简短信息的罗列，所以选择无序列表标签 -->
```

```
        <li>影片简介 </li>
        <li>剧情简介</li>
        <li>经典台词</li>
        <li>影片歌曲插曲</li>
        <li> 影片歌词中文翻译 </li>
    </ul>
    <h3>影片简介 </h3>
    <p>《初恋这件小事》海报集(9张)…… </p>
    <p>毫无疑问,《暹罗之恋》…… </p>
  </body>
  </html>
```

第3章 图　片

学习目标

本章主要是理解网络图片的概念、掌握如何在HTML中插入图片、设置图片的绝对路径和相对路径等基本知识，熟悉图文混合排版的方法。

核心要点

- 两种常用的路径。
- 网络图片的基本格式。
- 插入图片的标签<img>。
- 图文混排。

3.1 文件路径

HTML超文本标签语言能够利用URL，将不同格式、不同属性、不同位置的各种网络资源，用统一的方式互相链接起来。常见的文件路径有两种：一种是绝对路径，另一种是相对路径，下面分别来介绍。

3.1.1 绝对路径

绝对路径是指带域名文件的完整路径。一个完整的绝对路径包括以下几个部分：

- 一个传输协议(如HTTP协议)；
- 网络域名或者服务器IP地址；
- 网站结构的目录树；
- 文件名(文本、图片、音频和视频等)。

这些部分就构成了一个完整的绝对路径，例如：http://www.neusoft.edu.cn/news/2011/0801/article_3439.html。

3.1.2 相对路径

相对路径这个概念，在网页制作中经常遇到，例如超链接、图片、背景音乐、CSS文件、JS文件和数据库等，都要用到相对路径。

什么是相对路径？相对路径就是指由这个文件所在的位置引起的跟其他文件(或文件夹)的路径关系，也就是自己相对于目标的位置。

【实例 3-1】

【实例描述】

目前在本地硬盘有这样的一个文件结构,具体介绍和展示如图 3-1 所示。

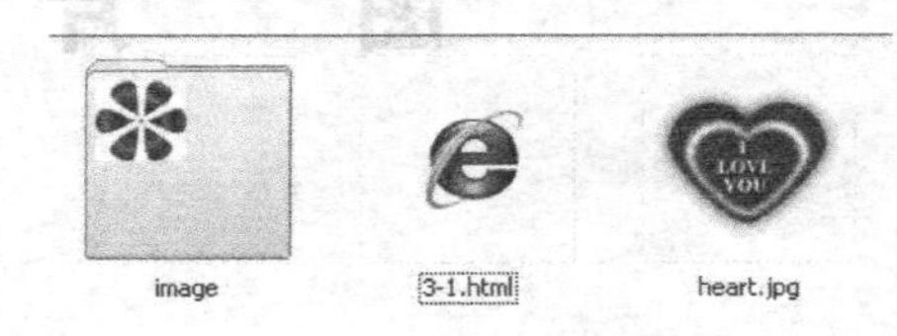

图 3-1　示例的文件结构

- 一个网页 3-1.html:需要浏览的网页。
- 一幅图片 heart.jpg:心的图片。
- 一个文件夹 image:里面有一幅花的图片 f.jpg。

图 3-2 是在页面中插入两幅图片后的显示效果,注意区分两种路径的不同。

图 3-2　在网页中插入图片

【实例分析】

在文本编辑器中输入如下代码。

```
<html>
<head>
<title>相对路径 </title>
</head>
<body>
    <img src = "heart.jpg" />这是心的图片
    <img src = "image/f.jpg" />这是那幅花的图片
</body>
</html>
```

【实例说明】

通过代码发现,两张图片的路径不相同:

(1) 对于心的图片 heart.jpg,直接写名字即可,因为这张图片和网页文件 3-1.html 放在一起,同处一个文件夹内。

(2) 对于花的图片 f.jpg,则需要先写文件夹的名字 image,然后再写图片名称。因为相对于网页 3-1.html 来说,需要先进入 image 文件夹,然后才能看见花的图片。路径真实地反映了两个文件的存储位置。

总结归纳起来,对于各种相对路径主要有三种情况。

(1) 当前目录:src=" **.jpg"

如果源文件和引用文件在同一个目录里,直接写引用文件名即可,** 代表图片的名称。

(2) 下级目录:src=" **/**.jpg"

引用下级目录中的文件,直接写下级目录文件的路径即可,其中 ** 代表具体的文件名或者目录名。

(3) 当前目录上一层:src="../**.jpg"

../表示源文件所在目录的上一级目录,../../表示源文件当前目录的上上级目录,以此类推。

【知识拓展】

现实中的网页都是先在本地计算机制作完成,然后上传到 Web 服务器。而本地计算机和服务器的目录结构是不一样的,如果使用绝对路径,浏览器就会找不到被引用的文件,而使用相对路径就不会出现这种问题。

在做网页的过程中使用到任何资源,都要先复制到网页专用的文件夹中,然后使用相对路径进行链接,路径中不能出现包含驱动器盘符的地址(如“D:\我的文件”),也不能出现中文。

【常见错误】

图片不能正常显示,如图 3-3 所示。

出现这种情况,一般有三种可能:

- 文件名称不正确,请检查图片的扩展名是 jpg、jpeg 还是 gif 等。
- 网页调用图片时,没有使用相对路径。
- 文件路径不对。路径中含有中文或者非法字符,服务器无法识别。

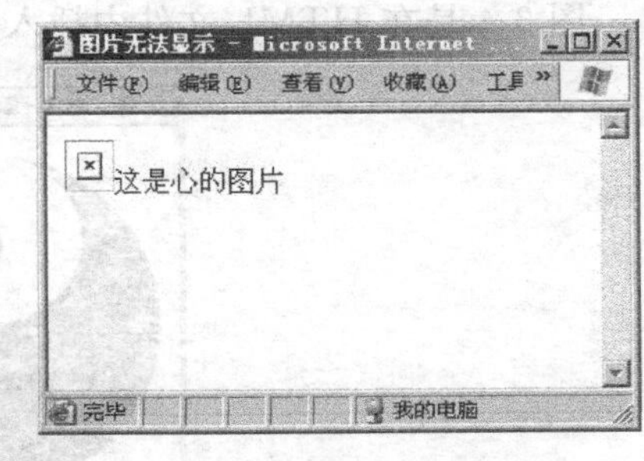

图 3-3　图片无法显示

3.2 图像格式

图片有很多格式,常见的有 JPG、GIF、BMP、PNG 等,网页设计中最常用的是 JPG 和 GIF 两种。

JPG 格式是目前网络上最流行的图像格式,它可以压缩文件,并提供多种压缩级别。JPG 格式的文件扩展名为 jpg 或 jpeg,数码相机所采用的图片格式大多是 JPG。

GIF 图像文件的数据是经过压缩的,而且是采用了可变长度等压缩算法。所以 GIF 的图像深度从 1bit 到 8bit,也就是说 GIF 最多支持 256 种色彩的图像。GIF 格式的另一个特点是可以在一个 GIF 文件中同时存多幅彩色图像,构成 GIF 动画。

BMP 是一种与硬件设备无关的图像文件格式,使用非常广泛。它采用位映射存储格式,除了图像深度可选以外,不采用其他任何形式的压缩,因此,BMP 文件占用的存储空间很大。由于 BMP 文件格式是 Windows 环境中数据的一种标准,因此在 Windows 环境中运行的图形图像软件都支持BMP图像格式,比如Windows操作系统自带的画图工具。

PNG是为了替代GIF和TIFF格式而出现的文件存储格式,它增加了一些GIF文件格式所不具备的特性。Photoshop和Fireworks都可以处理PNG图像文件,也可以用PNG文件格式存储图像。

为了加快网页的浏览速度,应避免在网页中使用体积较大的图片。

【知识拓展】

GIF和PNG的图片格式支持透明效果,可以根据需要选择保存图片的文件格式。

3.3 在网页中使用图片

HTML中插入图片用的是<img />标签,它的属性包括图片的路径、宽度、高度和替代文字等。基本语法格式如下:

```
<img  src="URL"  title=""  />
```

src的属性值URL:代表图片的路径和名称,一般都用相对路径。

title的属性值:代表鼠标经过时的文字提示,可以对图片加以解释,推荐使用。

【实例3-2】

【实例描述】

图3-4是在HTML文件中插入图片和相应的替代文字后页面的显示效果。

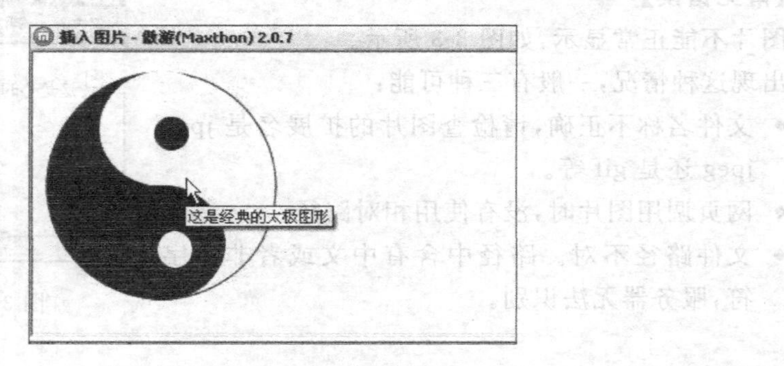

图3-4 插入图片和替代文字

【实例分析】

在文本编辑器中输入如下代码。

```
<html>
<head>
<title>插入图片 </title>
</head>
<body>
    <img src="taiji.jpg"  height="181"  width="177"
    title="这是经典的太极图形" />
</body>
</html>
```

【实例说明】

图 3-4 中通过 width 和 height 属性控制图片宽度和高度，默认的图片尺寸单位是像素。

在缺省状况下，图片显示原有的尺寸。可以用 width 和 height 属性改变图片的宽度和高度，图片会相应放大或缩小，如果比例不合适，显示出来的图片效果可能不会太好看。

【实例 3-3】

【实例描述】

图 3-5 是通过 background-image 属性在页面中添加背景图片，文字可以写在背景上面。

图 3-5　添加背景图片

【实例分析】

在文本编辑器中输入如下代码。

```
<html>
<head>
<title>背景图片 </title>
</head>
<body style = "background - image:url(bg.jpg)">
<h2>在图片上可以随心所欲地写字哦～</h2>
</body>
</html>
```

【实例说明】

background-image：url()：是 style 的一个子属性，给页面添加背景图片。url 的参数值是背景图片的路径。

3.4　习　　题

某网站文件的目录结构如图 3-6 所示。

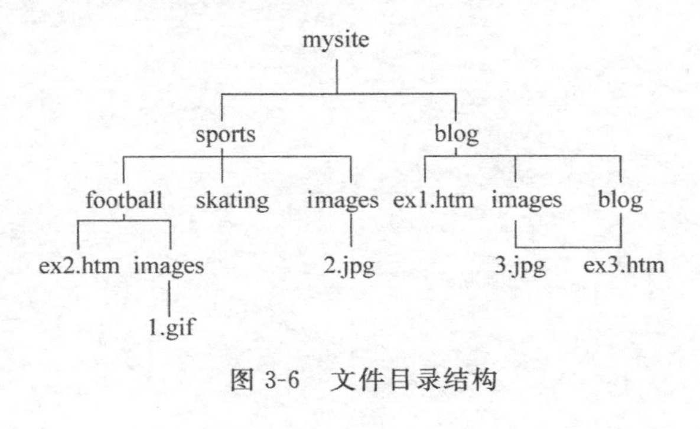

图 3-6　文件目录结构

请根据上面的目录结构,完成下面题目。

(1) 使用相对路径分别写出在 ex1. htm、ex2. htm 及 ex3. htm 中插入图片 1. gif 的代码。

(2) 使用相对路径分别写出在 ex1. htm、ex2. htm 及 ex3. htm 中插入图片 2. jpg 的代码。

(3) 使用相对路径分别写出在 ex1. htm、ex2. htm 及 ex3. htm 中插入图片 3. jpg 的代码。

第4章 超链接

学习目标

通过本章学习，掌握超链接的功能及实现方法，掌握超链接的基本用法。

核心要点

- 超链接的概念。
- 超链接的语法。
- 图片超链接。
- 锚点链接。

超链接是指从一个网页指向一个目标的链接关系，这个目标可以是另一个网页，也可以是相同网页上的不同位置，还可以是一个图片，一个电子邮件地址，一个文件，甚至是一个应用程序。而在一个网页中用来超链接的对象，可以是一段文本或者一个图片。

4.1 外部链接与内部链接

HTML中用<a>来表示超链接(anchor)。<a>可以指向任何一个文件源，如HTML网页、图片或其他任何类型的文件，基本语法格式如下：

```
<a href = "URL" > 超链接名 </a>
```

【实例 4-1】

【实例描述】

图4-1是三种超链接的显示效果，其中包括一个外部链接、一个本地链接和一个空链接。

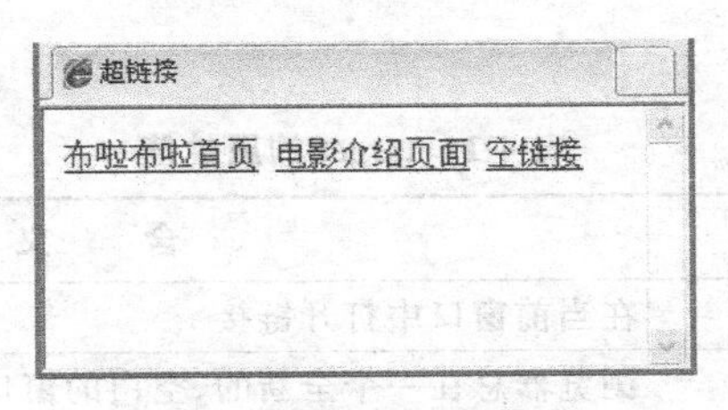

图4-1 外部链接与内部链接

【实例分析】

相关代码如下。

```
<html>
<head>
<title>超链接</title>
</head>
<body>
    <a href="http://www.blabla.cn/">布啦布啦首页</a>
    <a href="link.html">电影介绍页面</a>
    <a href="#">空链接</a>
</body>
</html>
```

【实例说明】

(1) 在第一个超链接中,<a>和</a>是超链接的标签,http://www.blabla.cn/是URL,而"布啦布啦首页"是超链接名。

(2) 标签<a>表示一个超链接的开始,</a>表示一个超链接的结束,单击<a>与</a>中间包含的内容,即可以打开href对应的URL。

(3) 超链接文本默认带下划线,并且文字颜色为蓝色,当鼠标停留在超链接上方时,指针会变成手状。

(4) 在第二个超链接中,链接到本地的一个网页文件link.html。在这里,注意link.html需要与本实例对应的HTML文件在同一目录下。

(5) 在第三个超链接中,代码中的#,代表这个超链接的地址为空,单击后页面不会跳转,应用非常广泛。

【常见错误】

(1) URL没有写完整。把URL错写成www.blabla.cn,应该写完整如:http://www.blabla.cn/,不能忽略前面的传输协议部分。

(2) 本地链接的HTML文件不能正确链接。可能是要链接的本地HTML文件没有复制到对应网页文件所在的目录下,或者是要链接的本地HTML文件名没有写正确,请注意检查HTML文件的扩展名。

4.2 title属性和target属性

超链接<a>标签的target属性规定打开链接文档的位置,相关属性值如表4-1所示。

表4-1 target的属性值

属性值	含义
_self	在当前窗口中打开链接
_blank	浏览器总在一个全新的、空白的窗口中打开链接
_top	在顶层框架中打开链接,也可理解为在根框架中打开链接
_parent	在当前窗口的上一层里打开链接
framename	在指定的框架中打开链接文档

【实例 4-2】

【实例描述】

图 4-2 是在超链接加入 title 属性和 target 属性的显示效果，注意观察方框中文字的实现方法。第一行的超链接有 title 属性，第二行的超链接有 target 属性。

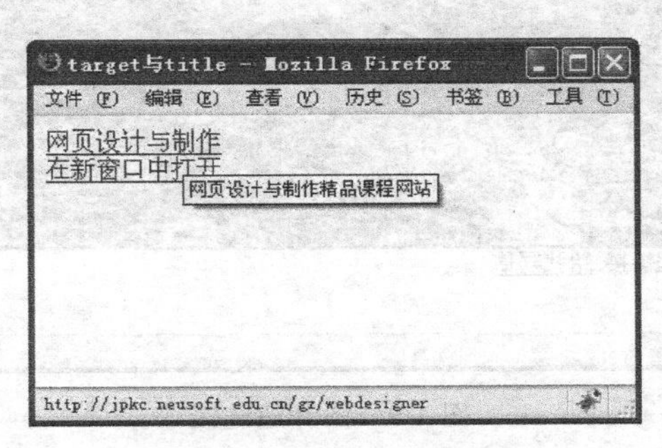

图 4-2 target 与 title 属性

【实例分析】

相关代码如下。

```
<html>
<head>
<title>target 与 title</title>
</head>
<body>
   <a title="网页设计与制作精品课程网站"
    href="http://jpkc.neusoft.edu.cn/bk/wyzz">网页设计与制作</a>
   <br />
   <a href="http://jpkc.neusoft.edu.cn/gz/webdesigner"
    target="_blank">在新窗口中打开</a>
</body>
</html>
```

【实例说明】

title 属性：超链接的说明文字，当鼠标在超链接上方悬停时，会出现对超链接进行说明的方框，如图 4-2 所示。

target="_blank"：在新的浏览窗口中打开超链接。target 属性在后面讲到的框架中也发挥着重要作用。

4.3 图片超链接

【实例 4-3】

【实例描述】

图 4-3 是图片超链接的显示效果，该实例中包括图片超链接和邮件超链接，单击图片，即可链接到对应的网页。

图 4-3 图片超链接

【实例分析】

相关代码如下。

```
<html>
<head>
<title>图片超链接</title>
</head>
<body>
   <a href = "http://www.neusoft.edu.cn"> <img src = "campus.jpg" />
   </a>  <br />
   图片超链接
   <a href = "mailto:tsingdao@163.com">给我写信</a>
</body>
</html>
```

【实例说明】

图片超链接就是在<a>和</a>之间包含图片<img src=" **.jpg" />,鼠标单击图片即可链接到 href 所对应的文件。

邮件超链接的示例语法如:<a href="mailto:tsingdao@163.com">,直接调用用户计算机上的默认邮件收发工具如 Outlook、Foxmail 等,如果用户计算机上的上述邮件收发工具已经配置好,就可以直接给指定邮件地址发送邮件。

4.4 文件的链接

在网页上可以链接到其他各种类型的文件,如果浏览器支持这种文件类型,就可以在浏览器中直接打开这种文件;否则提示是否下载该文件。其实,文件链接的实现方法就是<a href="文件名"></a>,与前面介绍的超链接稍有不同,链接的文件不是 HTML 等网页文件,而是其他类型的文件,如 Word 文档、Pdf 文档、压缩文件或 Excel 表格等。

【实例 4-4】

【实例描述】

图 4-4 是链接 5 种不同类型文件的显示效果。在图 4-4 中,单击每一个图片都会链接到

一个非网页类型的文件，直接在浏览器中打开或下载相应的文件。

图 4-4　文件的链接

【实例分析】

相关代码如下。

```
<html>
<head>
<title>文件链接</title>
</head>
<body>
  <div align="center">
    <a href="a.doc"><img src="doc.jpg" /></a>
    <a href="b.pdf"><img src="pdf.jpg" /></a>
    <a href="c.ppt"><img src="ppt.jpg" /></a>
    <a href="d.rar"><img src="rar.jpg" /></a>
    <a href="e.xls"><img src="xls.jpg" /></a>
  </div>
</body>
</html>
```

【实例说明】

在网页设计的过程中，需要考虑在多种浏览器中的显示效果，之前章节的各种标签在不同浏览器中的显示效果基本相同，但在本章，需要考虑网页在不同浏览器中的显示效果。

本书主要考虑 IE 6.0、FireFox 和 Opera 三种浏览器。

单击图 4-4 所示的图片链接后在三种浏览器中出现的窗口如图 4-5、图 4-6 和图 4-7 所示。

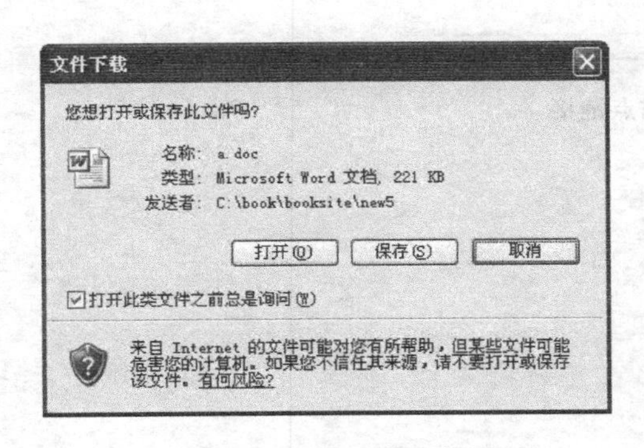

图 4-5　IE 中的文件下载窗口

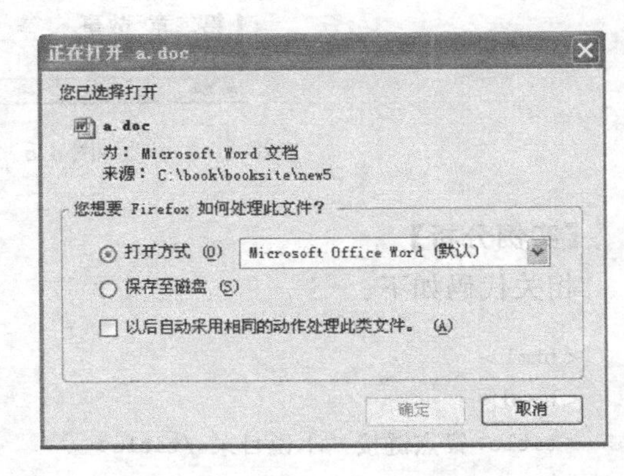

图 4-6　Firefox 的文件下载窗口

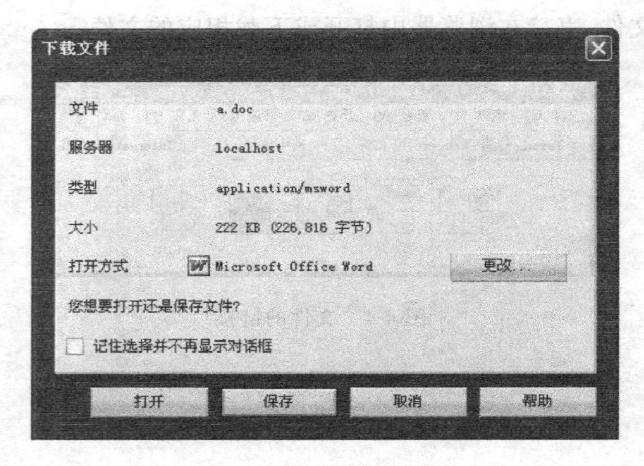

图 4-7 Opera 的文件下载窗口

4.5 锚点链接

锚点链接(也叫书签链接)常常用于那些内容庞大烦琐的网页,通过单击命名的锚点链接,不仅能指向文档,还能指向页面里的特定段落,更能当作精准链接的便利工具,让链接对象接近目标,便于浏览者查看网页内容。在需要指定到页面的特定部分时,标记锚点是最佳的方法。

【实例 4-5】

【实例描述】

图 4-8 是锚点链接的显示效果,单击章节目录,即可跳转到对应的章节内容。

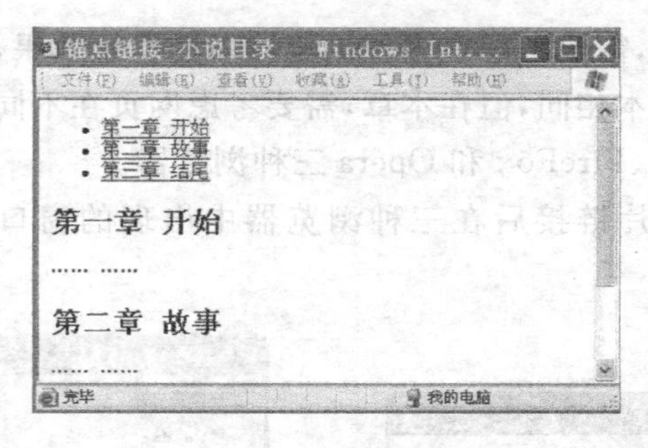

图 4-8 锚点链接

【实例分析】

相关代码如下。

```
<html>
<head>
<title>锚点链接 - 小说目录</title>
</head>
<body>
```

```
  <ul>
    <li><a href="#ch1">第一章 开始</a></li>
    <li><a href="#ch2">第二章 故事</a></li>
    <li><a href="#ch3">第三章 结尾</a></li>
  </ul>
  <h2><a id="ch1">第一章 开始</a></h2>
  ……
  ……
  <h2><a id="ch2">第二章 故事</a></h2>
  ……
  ……
  <h2><a id="ch3">第三章 结尾</a></h2>
  ……
  ……
</body>
</html>
```

【实例说明】

创建锚点链接可以分为两步：

(1) 创建命名锚点。锚点链接的常用属性是id。

<a id="锚点名称">这里是具体的内容</a>，例如：

```
<a id="ch1">第一章 开始</a>
```

(2) 链接到命名锚点。

<a href="#锚点名称">这里是超链接</a>，例如：

```
<li><a href="#ch1">第一章 开始</a></li>
```

在本例中，利用无序列表的格式，实现超链接的换行效果。

除了页面内的跳转，锚点还能实现跨页的跳转，所以锚点在现实网页中的应用非常广泛。

4.6 习　　题

1. 如图4-9所示，利用前面已完成的电影介绍页面做首页，然后分别制作男主角和女主角的介绍页面，通过超链接将这三个页面链接起来。

2. 设计一个简单的个人网站，要求如下。

- 完成个人简介、我的相册和我的作业共三个页面。
- 个人简介页面中包括个人的学号、姓名等内容。
- 我的相册页面中要包含多张图片。
- 我的作业包括至少两个自己完成的网页。

要求在上述任何一个网页中都能够链接到其他两个网页。

初恋这件小事

初恋这件小事

百科名片

初恋这件小事《初恋这件小事》是2010年8月上映的一部电影，本片是Puttipong Promsaka Na Sakolnakorn和Wasin pokpong合作导演的一部青春爱情喜剧电影，主要演员有Mario Maurer（马里奥·毛瑞尔）、Peerawat Herabat Pijittra Siriwetchapan、Tukkie等。主要讲述的是Mario在不太成功的《友谊我和你》之后主演的又一校园纯爱电影。Mario主演过的电影有喜剧《卡车烂慢旅》，剧情片《The Dog》，以及《暹罗之恋》等。

目录

- 影片简介
- 剧情简介
- 经典台词
- 影片歌曲插曲
- 影片歌词中文翻译

影片简介

《初恋这件小事》海报集(9张)《初恋这件小事》是Mario在不太成功的《友谊我和你》之后主演的又一校园纯爱电影。今年Mario共主演了三 部电影，分别是喜剧《卡车烂慢旅》，剧情片《The Dog》，以及本片《初恋这件小事》。三部电影从题材、剧情、到影片风格都毫无共通之处，而Mario的角色也不再只局限于青春期少年。

毫无疑问，《暹罗之恋》成就了Mario，片中Tong的无助与迷惘被Mario演绎得十分完美，Mario也凭藉该片成为广大影迷的最爱。或许是Tong的形象过于深入人心，《暹罗之恋》似乎也给Mario的演艺之路带上了一个无形的枷锁。无论是《友谊我和你》、《变鬼3.1》还是《变鬼3.2》，影迷看到的不过是换汤不换药的一个又一个Tong。但是Mario从未停止突破自我的尝试。在《卡车烂漫旅》中，Mario出演了一个有些傻里傻气的娘娘腔，这让所有喜欢他的影迷大跌眼镜之余，也为他的突破鼓掌叫好。在本片中，Mario饰演的男主角也不再是迷惘的乖乖牌，而是一个颇有些痞子气息的校园风云人物。

图 4-9　电影介绍页面

第5章　表　　格

学习目标

通过本章的学习，掌握组成表格的基本标签和基本结构，能够运用这些标签编写出基本的表格。

核心要点

- 表格的结构标签。
- 表格的属性标签。
- 表格的编组标签。

表格作为一种实用的数据表达方式，在网页中发挥着重要作用。掌握与表格相关的HTML代码，才能够简洁、清晰地显示各种数据信息。

本章主要介绍与表格有关的HTML标签，包括组成表格的结构标签，表格的属性标签和表格的编组标签等。

5.1　表格的应用

图5-1、图5-2和图5-3中的网页都应用了表格，表格的结构中包含了行和单元格，仔细观察，对表格的结构和作用有一定的认识。

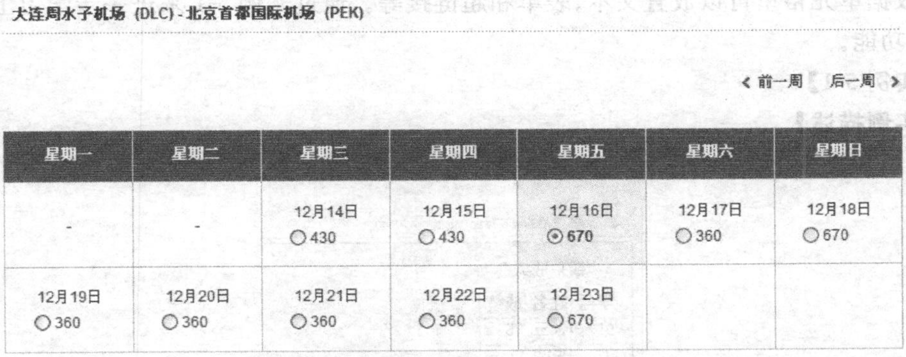

大连周水子机场 (DLC) - 北京首都国际机场 (PEK)

‹ 前一周　后一周 ›

星期一	星期二	星期三	星期四	星期五	星期六	星期日
-	-	12月14日 ○430	12月15日 ○430	12月16日 ⊙670	12月17日 ○360	12月18日 ○670
12月19日 ○360	12月20日 ○360	12月21日 ○360	12月22日 ○360	12月23日 ○670		

图5-1　机票查询表

车次	全程始发	全程终点	列车类型	出发站	发车时间	目的站	到达时间	耗时	距离
2623次	大连	满洲里	空调普快	大连	07:34	沈阳	13:18	5小时44分钟	397 公里
T5303次	大连	沈阳北	空调特快	大连	08:00	沈阳北	12:00	4小时00分钟	400 公里
2667次	大连	漠河	普快	大连	08:13	沈阳	14:40	6小时27分钟	441 公里
2083/2081次	大连	海拉尔	普快	大连	08:23	沈阳	13:26	5小时03分钟	397 公里
K7335次	大连	沈阳北	空调快速	大连	09:30	沈阳	14:28	4小时58分钟	397 公里
K715/K718次	大连	郑州	空调快速	大连	10:12	沈阳	15:30	5小时18分钟	397 公里
K7373次	大连	图们	快速	大连	10:22	沈阳	15:57	5小时35分钟	397 公里
2051次	大连	牡丹江	空调普快	大连	12:30	沈阳	17:14	4小时44分钟	397 公里

图 5-2　列车时刻表

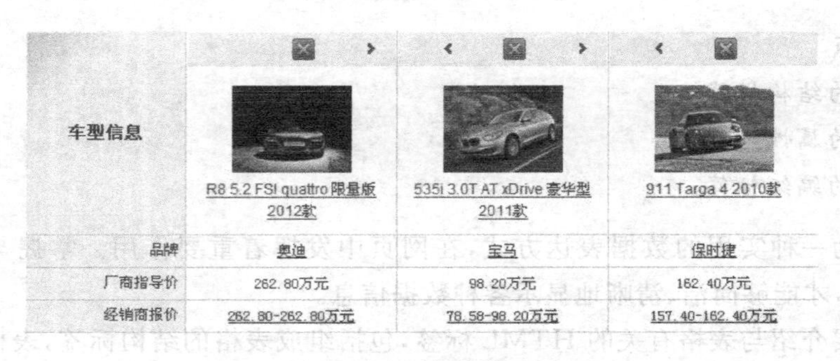

图 5-3　车型与性能对比

5.2　表格的基本标签

HTML 表格由<table>标签来定义，每个表格均由若干行(<tr>标签)组成，每行被分割为若干个单元格(<td>标签)。标签<td>指表格数据(table data)，即数据单元格的内容，数据单元格里可以放置文本、表单和超链接等。通过实例 5-1 来进一步学习上述标签的具体功能。

【实例 5-1】

【实例描述】

图 5-4 是一个简单的三行三列的表格。

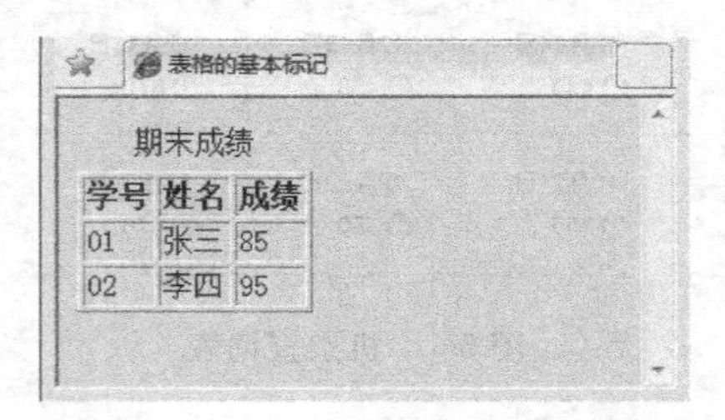

图 5-4　表格的基本标签

【实例分析】

图 5-4 是通过以下的 HTML 代码实现的(请注意从现在开始,只写出关键代码)。

```
<table border = "1">
<caption>期末成绩</caption>
    <tr>
      <th>学号</th>
      <th>姓名</th>
      <th>成绩</th>
    </tr>
    <tr>
      <td>01</td>
      <td>张三</td>
    <td>85</td>
    </tr>
      <tr>
      <td>02</td>
      <td>李四</td>
    <td>95</td>
</tr>
</table>
```

【实例说明】

从上面的实例可以发现,一个简单的表格是由 5 对标签组成的,如表 5-1 所示。

表 5-1 表格的基本标签

标签名称	功能描述
表格标签<table>	定义一个表格,每一个表格只有一对<table>和</table>,一个页面中可以有多个表格
表格标题<caption>	定义表格的标题,不会显示在表格范围内,而是默认居中显示在表格上方
行标签<tr>	定义表格的行,一个表格可以包含多行,所以<tr>和</tr>对于一个表格来说不是唯一的
单元格标签<td>	定义表格的一个单元格,每行可以包含多个单元格,在<td>和</td>之间是单元格的具体内容
表头单元格标签<th>	定义表头单元格,位于<th>与</th>之间的文本默认以粗体居中显示

一个表格是由行和组成各行的单元格组成的,在用 HTML 语言编写表格代码时需要按照一定的结构编写。表格的基本结构如下。

```
<table>
  <tr>
    <td>定义单元格</td>
  </tr>
</table>
```

【注意事项】

(1) 上述标签通常是成对使用的,单元格标签必须在行标签之内,即<td>…</td>和<th>…</th>必须在<tr>…</tr>之内。

(2) 为了显示表格的边框，可在 table 标签的后面加入边框(border)属性。

5.3 单元格的合并

浏览网页时，看到的表格并不是千篇一律的，它们经常会合并成不同的形状，那么这些效果是如何实现的呢？接下来就学习稍微复杂一些的表格结构。

【实例 5-2】

【实例描述】

图 5-5 是一个四行三列的表格，其中第一行的单元格跨越了三列，实现了单元格的横向合并。

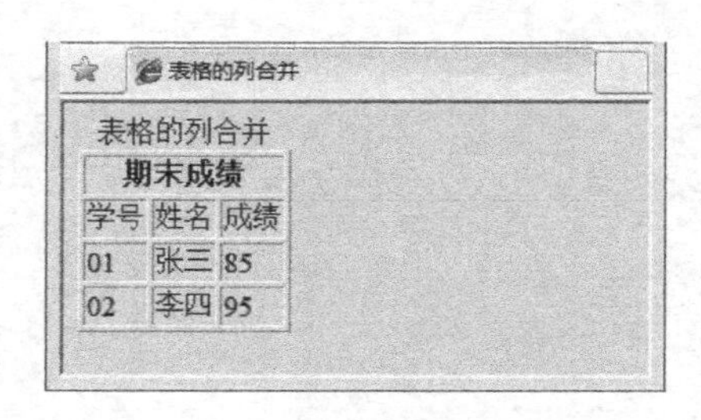

图 5-5　单元格的跨列合并

【实例分析】

图 5-2 是通过以下的 HTML 代码实现的。

```
<table border = "1">
  <caption>表格的列合并</caption>
  <tr>
    <th colspan = "3">期末成绩</th>
  </tr>
  <tr>
    <td>学号</td>
    <td>姓名</td>
    <td>成绩</td>
  </tr>
  <tr>
    <td> 01 </td>
    <td>张三</td>
    <td> 85 </td>
  </tr>
  <tr>
    <td> 02 </td>
    <td>李四</td>
    <td> 95 </td>
  </tr>
</table>
```

【实例说明】

从上面的实例可见 colspan 属性值表示当前单元格跨越的列数，格式为<td colspan="#">，

#处输入需要合并的列数值。

【实例 5-3】

【实例描述】

图 5-6 是三行三列的表格，其中第一列的单元格跨越了三行，实现了单元格纵向的合并。

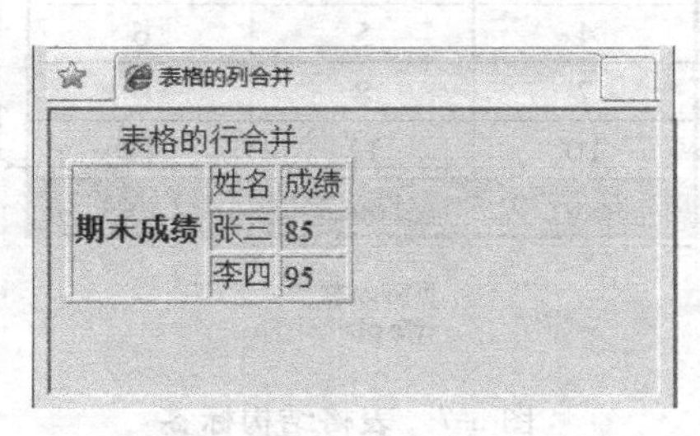

图 5-6　单元格的跨行合并

【实例分析】

图 5-6 是通过以下的 HTML 代码实现的。

```
<table border="1">
  <caption>表格的行合并</caption>
  <tr>
    <th rowspan="3">期末成绩</th>
    <td>姓名</td>
    <td>成绩</td>
  </tr>
  <tr>
    <td>张三</td>
    <td>85</td>
  </tr>
  <tr>
    <td>李四</td>
    <td>95</td>
  </tr>
</table>
```

【实例说明】

rowspan 属性值表示当前单元格跨越的行数，格式为<td rowspan="#">，#处输入需要合并的行数值。

5.4　表格的编组标签

处理大型数据的表格比较复杂，相应的表格结构也变得复杂，所以通常会将表格分割成三个部分：表头、正文和脚注。这三部分可以分别用<thead>、<tbody>和<tfoot>三个编组标签来标注。这些编组标签在传统的表格设计上没有用武之地，而在符合 Web 标准的 CSS 布局中却非常实用。

所谓编组标签，就是利用这些标签将有一些特定功能的行内单元格，编组为一种新的表格“行”，然后赋予这些行特殊的含义和样式，加以美化和区分，如图5-7所示。

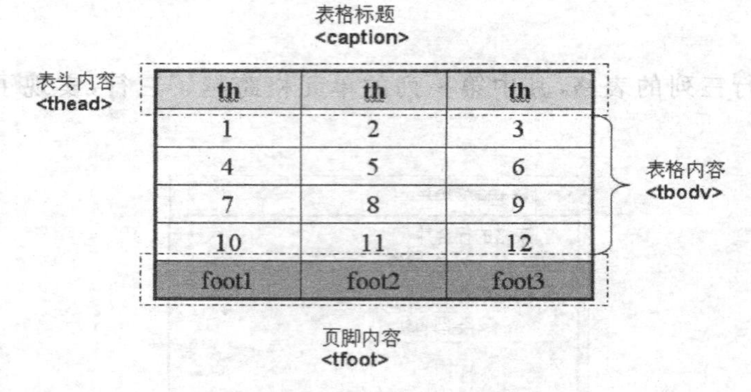

图5-7　表格结构标签

其中<thead>是表格的题头，指定表格题头部分的内容。<tbody>是表格的正文，指定位于表格主体部分的内容。<tfoot>是表的脚注，指定位于表格脚注部分的内容。

【实例5-4】

【实例描述】

图5-8是一个五行两列的表格，统计的是2012年最受欢迎的网络游戏。

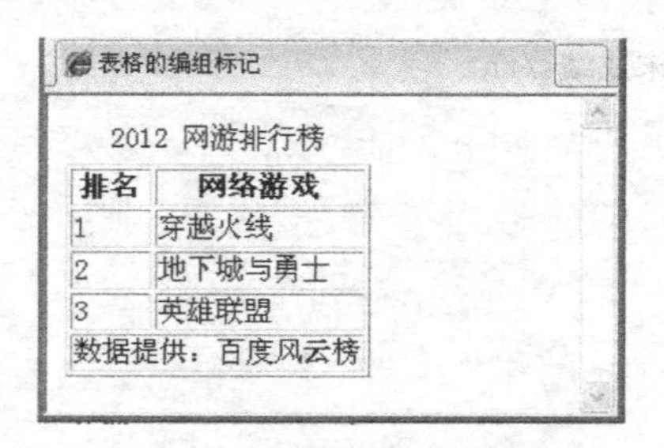

图5-8　表格的编组标签

【实例分析】

图5-8是通过以下的HTML代码实现的。

```
<table border = "1">
<caption>2012 网游排行榜</caption>
<thead>
  <tr>
    <th>排名</th>
    <th>网络游戏</th>
  </tr>
</thead>
<tbody>
  <tr>
    <td>1</td>
    <td>穿越火线</td>
  </tr>
  <tr>
```

```
      <td>2</td>
      <td>地下城与勇士</td>
    </tr>
    <tr>
      <td>3</td>
      <td>英雄联盟</td>
    </tr>
  </tbody>
  <tfoot>
    <tr>
      <td colspan="2">数据提供：百度风云榜</td>
    </tr>
  </tfoot>
</table>
```

【实例说明】

从本例可以看出，三组标签的加入，并不影响表格在页面的显示效果，只是便于后面表格样式的设置。在设置整个表格题头、主体或脚注部分的样式时，只要对 thead、tbody 或 tfoot 标签的样式进行修改，就能对整个部分的所有单元格的样式进行修改，从而省去了逐一修改单元格样式的麻烦，提高了操作效率。

5.5 习 题

用 HTML 代码完成一个六行四列的表格，如图 5-9 所示。

考核方式

考核项目	考核主要内容	考核时间	所占权重
出勤	是否旷课、迟到	平时	10%
作业	完成情况	平时	10%
项目	完成程度	15-16	20%
日常表现	回答问题	课堂	10%
上机考试	完成给定素材的网页	考试周	50%

图 5-9 考核方式

第6章　表　单

学习目标

本章主要是学习表单的功能、表单<form>标签、表单常用的控件及其属性等基础知识。

核心要点

■ 表单的功能。

■ 表单<form>标签。

■ 表单中常用的控件及其属性。

HTML 表单(form)主要用于采集和提交用户输入的信息。即网页通过表单向服务器提交信息，让用户和服务器之间进行交互，但这需要服务器端程序的支持。通过 HTML 表单的各种控件，用户可以进行输入文字信息、在选项中进行选择、提交表单数据等操作。

6.1　表单的应用

图 6-1、图 6-2 和图 6-3 中的网页都应用了表单，表单的结构中包含了多种控件，仔细观察，对表单的结构和作用有一定的认识。

图 6-1　百度搜索界面

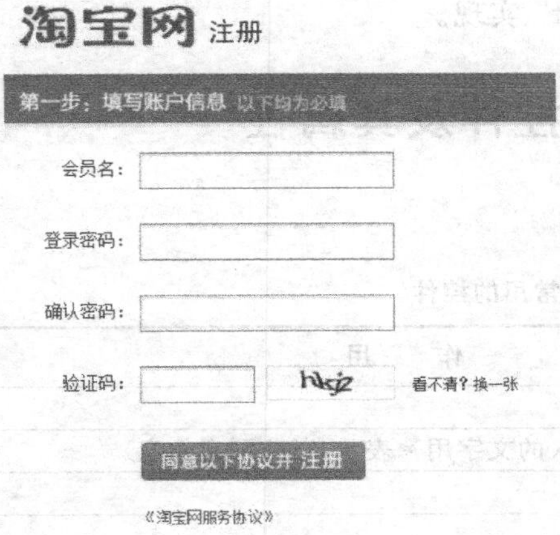

图 6-2　淘宝网注册界面 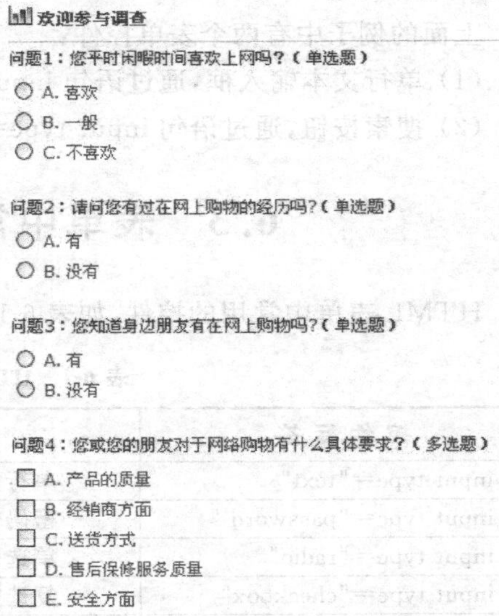　　　　图 6-3　网购调查问卷

6.2　表单标签<form>

<form>是表单的标签，可以看做一个包含很多表单控件的容器。基本语法结构是：

```
<form>
  表单的内容
</form>
```

【实例 6-1】

【实例描述】

图 6-4 是通过一个搜索输入的简单例子，学习表单的基本控件。

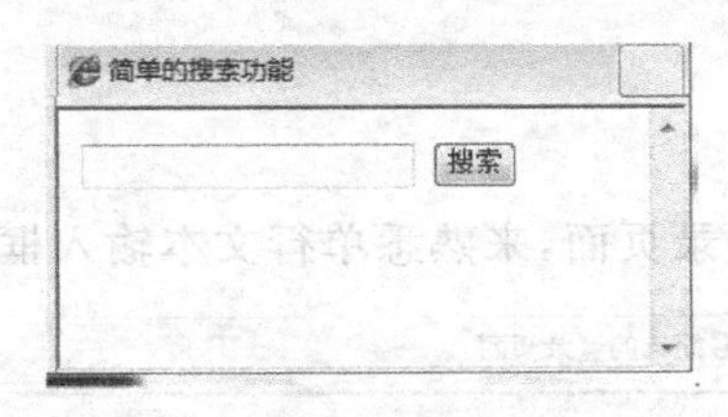

图 6-4　简单的搜索功能

【实例分析】

在文本编辑器中输入如下代码。

```
<form>
  <input type = "text" name = "search" />
  <input type = "submit" value = "搜索" />
</form>
```

【实例说明】

上面的例子中有两个表单控件:

(1) 单行文本输入框,通过语句 input type= "text" 实现;

(2) 搜索按钮,通过语句 input type= "submit" 实现。

6.3 表单中常用的控件及其属性

HTML 表单中常用的控件,如表 6-1 所示。

表 6-1 HTML 表单中常用的控件

控件标签	作 用
input type="text"	单行文本输入框
input type="password "	密码输入框(输入的文字用 * 表示,以防别人偷窥)
input type="radio"	单选框
input type="checkbox"	复选框
input type="submit"	将表单里的信息提交给表单里 action 所指向的文件
input type="reset"	清除用户填的所有信息,回到初始状态
input type="image"	图片提交按钮
input type="file"	文件选择控件,可以选择相应的文件上传
input type="button"	普通按钮
select	下拉框
textArea	多行文本输入框

由表 6-1 可以看出,<input>控件在 HTML 表单中的应用最广泛,可以根据属性值的设置,生成不同的控件,如输入框、按钮、单选框和多选框等。<input>是个单标签,具体用法如下:

```
< input type = "属性值" />。
```

6.3.1 文本域和按钮

【实例 6-2】

【实例描述】

图 6-5 通过一个简单的登录页面,来熟悉单行文本输入框和按钮控件。

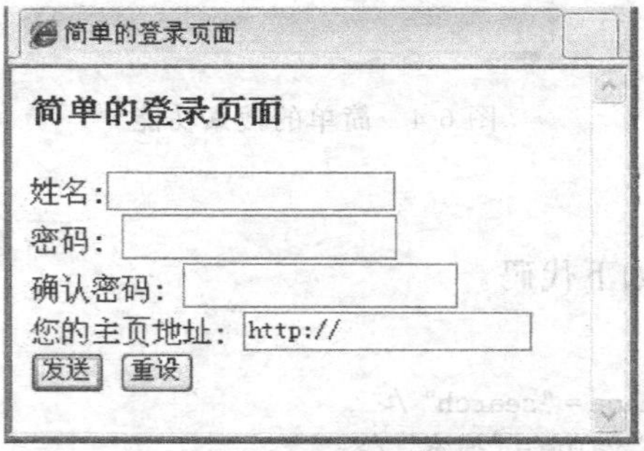

图 6-5 简单的登录页面

【实例分析】

在文本编辑器中输入如下代码。

```
<form>
  <h3>简单的登录页面</h3>
    姓名:<input type="text" name="your_name" size="20" /><br />
    密码:<input type="password" name="pas" /><br />
    确认密码:<input type="password" name="pas1" /><br />
    您的主页地址:<input type="text" name="add" value="http://" /><br />
  <input type="submit" value="发送" />
  <input type="reset" value="重设" />
</form>
```

【实例说明】

name=" your_name ",是设定单行文本输入框的名称,在后台程序中经常用到 name 属性。

size="数值",设定此控件显示的宽度或者长度。

value="预设内容",设定此控件的预填内容。

maxlength="数值",设定此控件可输入的最大长度。

上面的例句中:input type="password" name="pas" 就是密码框的控件,当用户输入时,会用"*"替代文字,提高安全性。

这里两个密码框的名字不同,一个是 pas,另一个是 pas1,这是为了后面表单校验的方便,可以通过对比这两个值是否一致,来判断用户两次输入的密码值是否相同。

【注意事项】

(1) 所有的控件标签必须放在标签<form>和</form>之间,不能单独使用。

(2) name 没有视觉显示,它是在服务器端调用表单信息的时候应用的。

(3) 属性中用到的引号是英文半角状态下输入的。

6.3.2 单选按钮和复选框

利用 type="radio"就会产生单选控件,单选控件通常是罗列好几个选项供使用者选择,一次只能从中选一个,就像听收音机时同一时间只能收听一个频道的节目,这就是单选属性 radio 名称的由来。

利用 type="checkbox "就会产生复选控件,复选控件通常是罗列好几个选项供使用者选择,一次可以同时选多个。

【实例 6-3】

【实例描述】

实例 6-3 是一个包含单选框和复选框的表单,显示效果如图 6-6 所示。

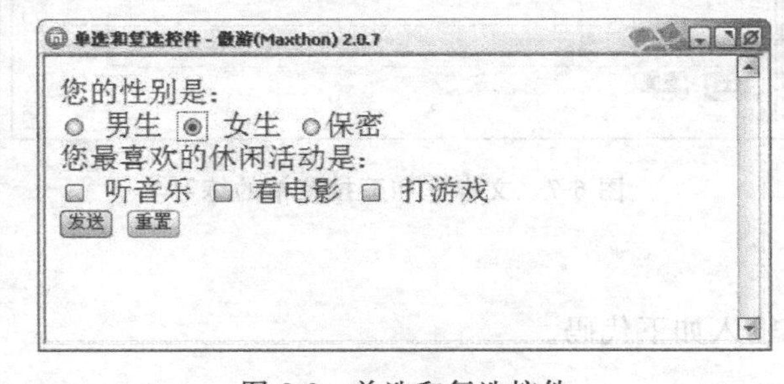

图 6-6　单选和复选控件

【实例分析】

在文本编辑器中输入如下代码。

```
<form>
    您的性别是: <br />
    <input type="radio" name="sex" value="boy" />  男生
    <input type="radio" name="sex" value="girl" checked="checked" /> 女生
    <input type="radio" name="sex"  value="secret" />保密 <br />
    您最喜欢的休闲活动是: <br />
    <input type="checkbox" name="enjoy" value="music" /> 听音乐
    <input type="checkbox" name="enjoy" value="movie" /> 看电影
    <input type="checkbox" name="enjoy" value="game" /> 打游戏<br />
    <input type="submit" value="发送" />
    <input type="reset" value="重置" />
</form>
```

【实例说明】

同一组的单选按钮控件,要保持 name 的属性值一致,否则就不能保证是单选了。同理,同一组的多选按钮控件,也要保持 name 的属性值一致。

checked="checked" 属性的作用是定义默认的选取项,可以减少部分用户的输入操作,提升表单的可用性。

6.3.3 多行文本框和下拉菜单

有时候希望输入大量的文字,可以利用多行文本输入控件<textarea>…</textarea>来产生一个可输入多行文字的控件,两个标签之间的文字会出现在文本框中,可作为预设的文字。

应用<select name="名称">就可以产生一个下拉菜单,另外还需要配合<option>标签来产生选择项。value 的值供服务器端使用,在页面上看不出效果。

【实例 6-4】

【实例描述】

图 6-7 是一个下拉菜单和多行文本输入框实例在浏览器中的显示效果。

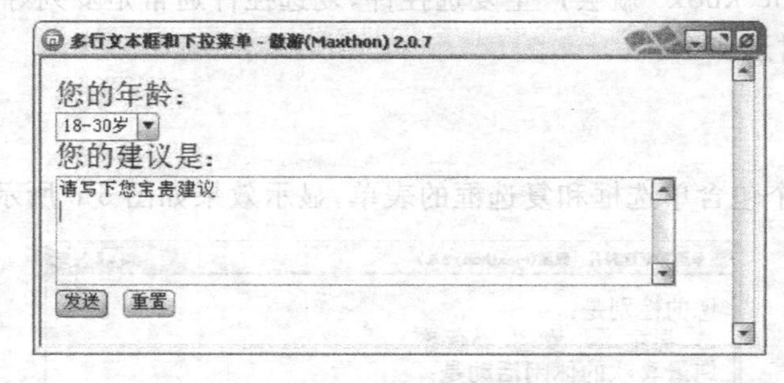

图 6-7 文本框和下拉菜单的练习

【实例分析】

在文本编辑器中输入如下代码。

```
<form>
    您的年龄: <br />
    <select name = "age">
        <option> 0 - 17 岁 </option>
        <option selected = "selected"> 18 - 30 岁</option>
        <option> 30 - 45 岁</option>
    </select><br />
    您的建议是: <br />
    <textarea name = "advice" rows = "5" cols = "60">请写下您宝贵建议
    </textarea>
    <input type = "submit" value = "发送" />
    <input type = "reset" value = "重置" />
</form>
```

【实例说明】

＜option＞标签是下拉菜单的选择项,可以按照实际情况增减。

selected＝"selected" 属性的作用是定义默认的选取项,可以减少部分用户的输入操作,提升表单的可用性。

6.4 综合实例

HTML 表单的一项重要功能就是采集用户的输入信息,提交到服务器,表单的两个重要属性是 action 和 method。

为了使表单更加美观实用,设计者经常会用表格布局表单,而且添加 label 标签。

【实例 6-5】

【实例描述】

图 6-8 是一个综合实例,包含了表单提交属性的练习、运用表格布局表单和使用 label 标签提升表单可用性三部分知识点。

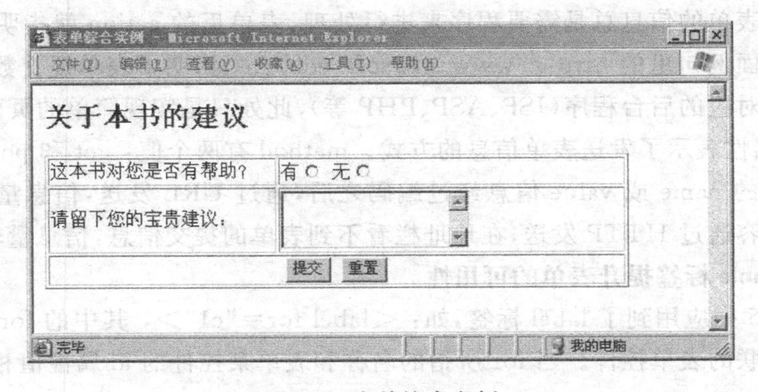

图 6-8　表单综合实例

【实例分析】

在文本编辑器中输入如下代码。

```
<h2>关于本书的建议</h2>
<form  action = "http://www.neusoft.edu.cn" method = "post">
```

```
    <table width="500" border="1">
    <tr>
      <td width="200"><label for="c1">这本书对您是否有帮助?
      </label></td>
      <td width="300">
        有<input type="radio" name="help" id="c1" />
        无<input type="radio" name="help" />
      </td>
    </tr>
    <tr>
      <td><label for="sug">请留下您的宝贵建议:</label></td>
      <td><textarea id="sug" rows="3" ></textarea>
      </td>
    </tr>
    <tr>
     <td colspan="2">
     <input type="submit" value="提交" />
     <input type="reset" value="重置" />
     </td>
     </tr>
    </table>
</form>
```

【实例说明】

1. 表格布局表单

表单的布局设计中,除了需要精心设计应用到表单中的各个控件,经常需要使用表格来帮助排版。表单和表格的正确嵌套顺序是:<form><table>…</table></form>。

2. 表单常用属性

通过HTML表单的各种控件,用户可以输入文字信息,或者从选择项中选择进行提交的操作。

用户填入表单的信息总是需要程序来进行处理,表单里的action就指明了处理表单信息的文件。上面例句里的http://www.neusoft.edu.cn,指明了表单提交数据后的处理页面。因为没有对应的后台程序(JSP、ASP、PHP等),此处只是实现简单的页面跳转功能。

method属性表示了发送表单信息的方式。method有两个值:get和post。get的方式是将表单控件的name或value信息经过编码之后,通过URL发送,信息量较小。而post则将表单的内容通过HTTP发送,在地址栏看不到表单的提交信息,信息量较大。

3. 使用lable标签提升表单的可用性

在实例6-5中应用到了label标签,如:<label for="c1">,其中的for属性用于指定与该标签相关联的表单控件。当for所指的名称和表单某控件的id属性值相同的时候,如:

```
<label for="c1">这本书对您是否有帮助?</label>
<input name="c1"  id="c1"  type="radio"  value="help" />
```

则单击label标签内的这段文字时,对应的单选控件会响应。

应用label标签后,无论用户单击文本还是单选按钮,对应的单选按钮都可以产生响应,能够提升表单的可用性,改善表单的交互问题。

6.5 习 题

1. 请制作一个问卷调查页面，制作时请参考现实中的案例，并应用表格对表单进行布局。

2. 模仿完成图 6-9 所示的用户注册页面。

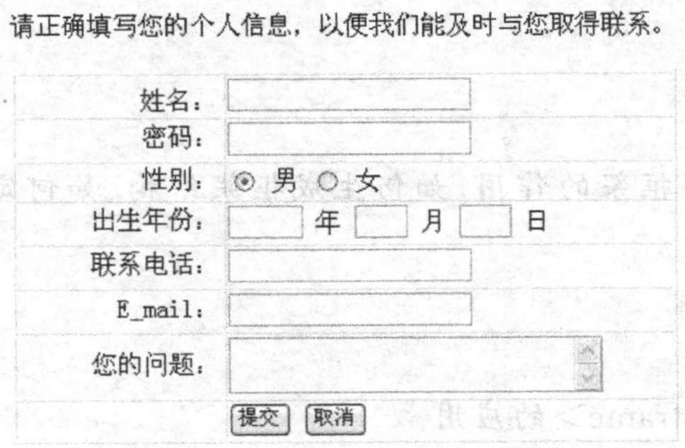

请正确填写您的个人信息，以便我们能及时与您取得联系。

姓名：
密码：
性别：男 女
出生年份：年 月 日
联系电话：
E_mail：
您的问题：
提交 取消

图 6-9 用户注册

第7章 框 架

学习目标

本章主要任务是学习框架的作用、如何生成框架结构、如何定义和使用单个框架以及<iframe>的方法。

核心要点

- 框架的作用。
- <frameset>和<frame>的应用。
- 框架的 target 属性。
- <iframe>。

7.1 框 架 集

图 7-1 和图 7-2 中的网页都使用了框架集，框架集中包含了多个框架，仔细观察，对框架的结构和作用有一定的认识。

图 7-1 大连天健网论坛页面

通过上面的实例，可以看出使用框架集(Frameset)可以在一个浏览器窗口同时显示多个网页，而且这些网页保持相对的独立，此时浏览器窗口的利用效率得到显著的提高。框架

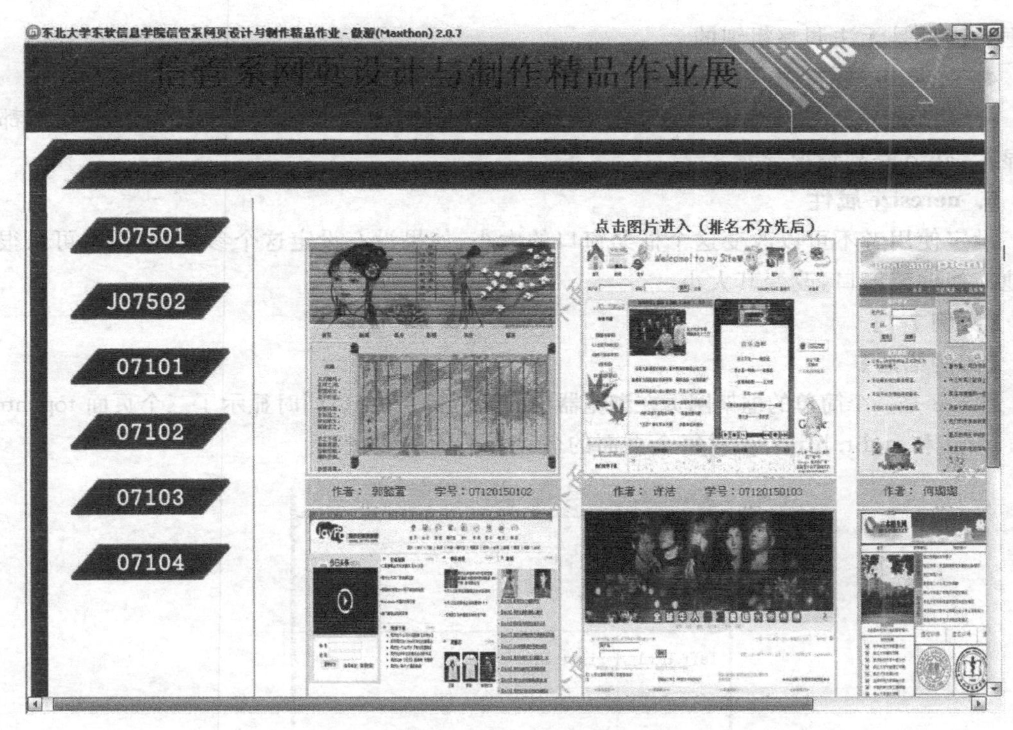

图 7-2　学生优秀作业展示页面

文档之间也能实现相互链接和跳转。

框架集是一种重要的布局方法，在论坛等动态系统中有着广泛的应用。

7.2　创建框架和框架集

7.2.1　<frameset>和<frame>

<frameset>…</frameset>用来定义如何将一个窗口划分为多个框架。<frameset>有 cols 属性和 rows 属性。使用 cols 属性，表示按列分布单个框架窗口；使用 rows 属性，表示按行分布单个框架窗口。目前浏览器所支持的框架结构全部都是矩形。

<frame >这个标签可以设定单个框架页面，它有很多属性可以控制页面的外观。

1. src 属性

<frame>里有 src 属性，src 值就是网页的路径和文件名。如：src="right. html"。

设定此框架中要显示的网页名称，每个框架一定要对应一个网页，否则就会产生错误，这里就是要填入对应网页的名称(如果网页在不同目录，注意调用路径要写正确)。

2. name 属性

name="right" 设定这个框架的名称为 right，设置了 name 属性后才能指定这个框架作为链接文件打开的窗口，如：<a href="http://www. baidu. com" target="right">显示百度网站 </a>。

3. frameborder 属性

frameborder=0，设定框架的边框，其值只有 0 和 1 两种 ，0 是不显示边框，1 是要显示边框。边框是无法调整粗细的。

4. scrolling 属性

scrolling="no",设定是否要显示滚动条效果,yes 是要显示卷轴,no 是无论如何都不要显示,auto 是视情况显示。

5. noresize 属性

设定使用者不可以改变这个框架窗口的大小,如果没有设定这个参数,使用者可以很容易地拖拽框架窗口,改变其大小。

【实例 7-1】

【实例描述】

图 7-3 是一个简单的框架网页在浏览器中的显示效果,窗口同时显示了三个页面 top. html、left. html 和 right. html,注意每个页面的名称和页面的数量。

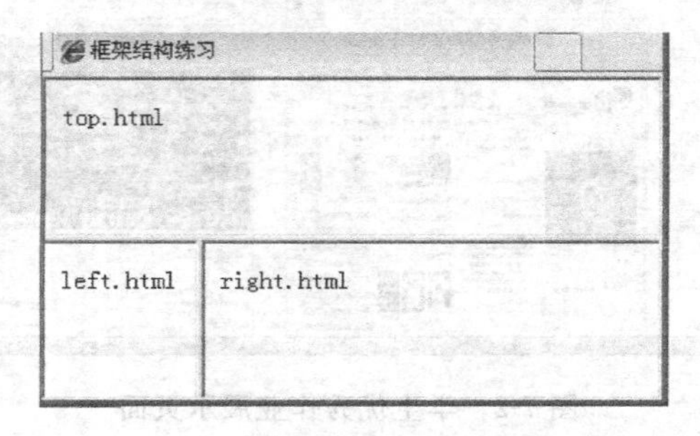

图 7-3　简单框架结构练习

【实例分析】

本实例框架结构页面 frame. html 的代码如下。

```
<html>
<head><title>框架结构练习</title></head>
  <frameset rows="50%,50%">
     <frame src="top.html"  name="top" />
  <frameset cols="25%,75%">
     <frame src="left.html" name="left" />
     <frame src="right.html" name="right" />
  </frameset>
</frameset>
</html>
```

left. html 页面的代码如下(其他两个页面的代码类似)。

```
<html>
<head>
   <title>left 页面</title>
</head>
<body>
   left.html
</body>
</html>
```

【实例说明】

这个页面窗口虽然同时显示了三个页面，实际上它是由4个页面组成的，还有一个“隐形”的文件就是框架集页面 frame. html，文件结构如图 7-4 所示。

名称	大小	类型
top.html	1 KB	HTML 文档
left.html	1 KB	HTML 文档
right.html	1 KB	HTML 文档
frame.html	1 KB	HTML 文档

图 7-4　框架的文件结构

框架集页面 frame. html 是由上面代码对应生成的页面，它只负责搭建框架结构，控制浏览器窗口中各框架的布局视图，不显示任何的文字或者图片内容，是框架的“灵魂”。

top. html：顶层的页面，标注自己的位置在最上面(top)。

left. html：左边的页面，标注自己的位置在左边(left)。

right. html：右边的页面，标注自己的位置在右边(right)。

7.2.2　框架的 target 属性

经常遇到的一种情况是，在左框架 left 窗口的内部单击某个超链接，但是希望链接的内容出现在右框架 right 窗口中(请参照图 7-5 和图 7-6)，这样的效果如何实现呢？

【实例 7-2】

【实例描述】

图 7-5 和图 7-6 显示框架页面中超链接的打开方式，注意体会超链接代码的位置。

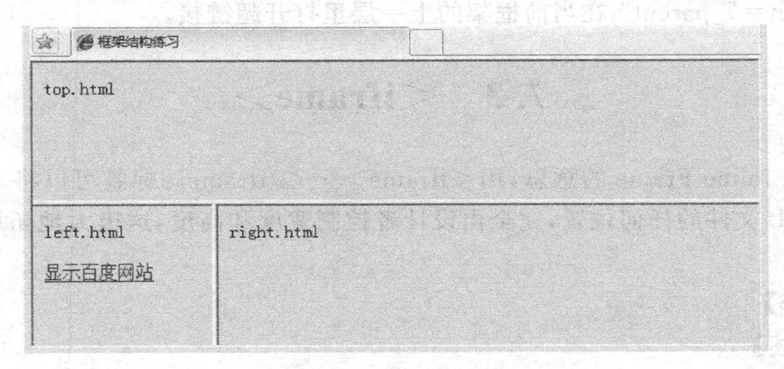

图 7-5　左页单击超链接

图 7-6　右页显示链接页面

【实例分析】

left.html页面的代码如下(框架结构页面frame.html的代码不需要改动)。

```
<html>
<head>
   <title>left页面</title>
</head>
<body>
   left.html
   <p><a href="http://www.baidu.com" target="right">显示百度网站</a>
   </p>
</body>
</html>
```

【实例说明】

这个实例的效果主要利用超链接中的target属性实现,具体方法是target="框架名称",通过赋值不同框架窗口的名称,可以让超链接页面随心所欲地在不同的框架窗口中打开。

在框架结构的应用过程中,有时会用到下面两种target的打开方式。

(1) target="_top" 在顶层框架中打开超链接。

(2) target="_parent" 在当前框架的上一层里打开超链接。

7.3 <iframe>

iframe是Inline Frame的意思,用<iframe>…</iframe>标签可以将iframe窗口置于一个HTML文件的任何位置,完全由设计者控制宽度和高度,这极大地拓展了框架页面的应用范围。

【实例7-3】

【实例描述】

图7-7和图7-8是一个应用iframe的例子,首先嵌入城市大连的天气预报,其次单击超链接,在本页面"凿开一个小窗口",显示链接页面的内容。

【实例分析】

iframe页面的代码如下。

```
<html>
<head>
<title>iframe窗口的应用</title>
</head>
<body>
<body>
  <iframe src="http://m.weather.com.cn/m/pn4/weather.htm"
  width="160" height="20" frameborder="0" scrolling="no"></iframe>
  <a href="http://www.baidu.com.cn" target="win">百度搜索</a>
  <br /><br />
  <iframe width="700" height="400" name="win"></iframe>
</body>
</html>
```

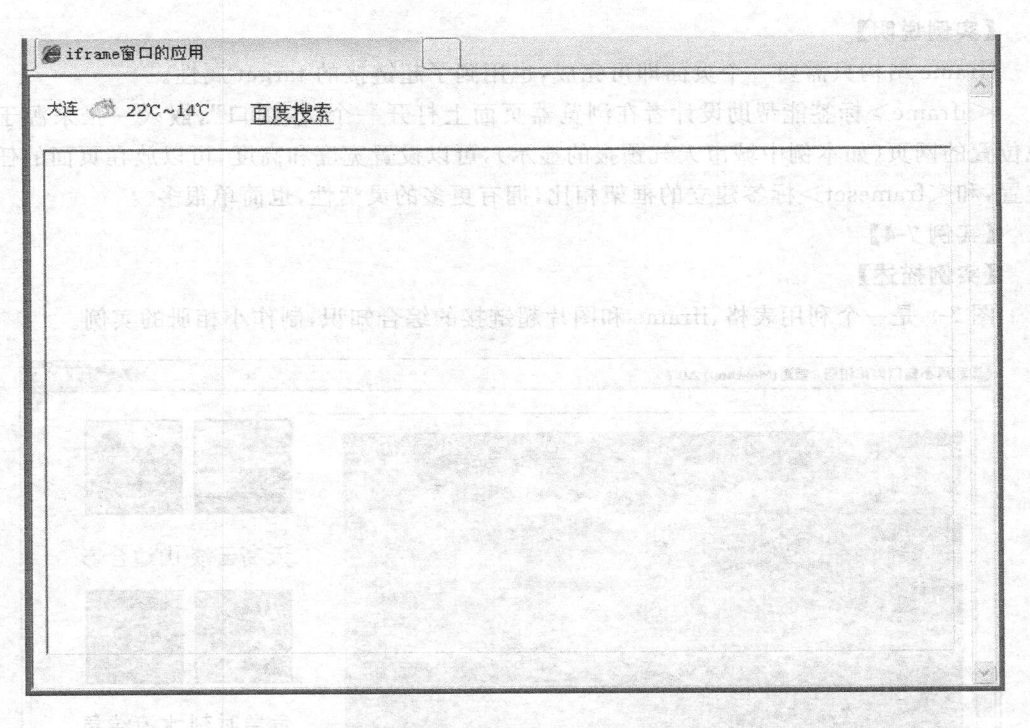

图 7-7　设置 iframe 页面

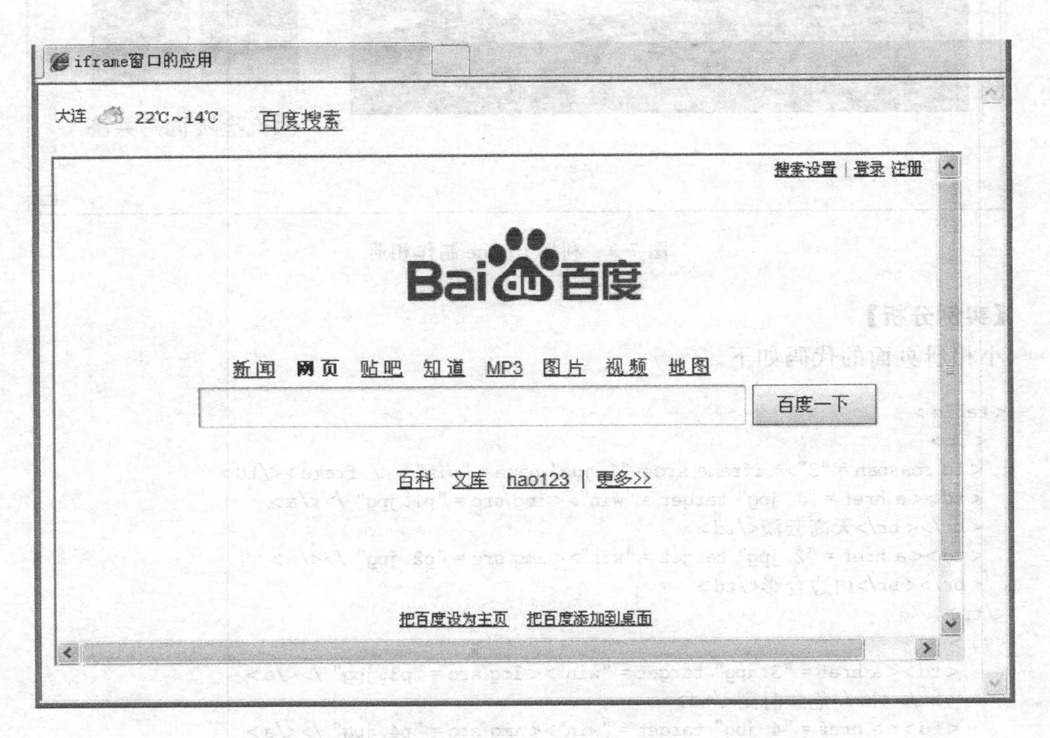

图 7-8　单击超链接打开小窗口

【实例说明】

iframe 结构只需要一个页面即可完成，也用到了超链接的 target 属性。

<iframe>标签能帮助设计者在浏览器页面上打开一个“小窗口”，嵌入一张来源于其他位置的网页(如本例中城市天气预报的显示)，可以设置宽度和高度，可以放在页面的任何位置，和<frameset>标签建立的框架相比，拥有更多的灵活性，也简单很多。

【实例 7-4】

【实例描述】

图 7-9 是一个利用表格、iframe 和图片超链接的综合知识，制作小相册的实例。

图 7-9　利用 iframe 制作相册

【实例分析】

小相册页面的代码如下。

```
<table>
  <tr>
  <td rowspan="3"><iframe src="1.jpg" name="win" ></iframe></td>
  <td><a href="1.jpg" target="win"><img src="p1.jpg" /></a>
  <br/><br/>天高云淡</td>
  <td><a href="2.jpg" target="win"><img src="p2.jpg" /></a>
  <br/><br/>山边合影</td>
</tr>
<tr>
    <td><a href="3.jpg" target="win"><img src="p3.jpg" /></a>
    <br/><br/>危急时刻</td>
    <td><a href="4.jpg" target="win"><img src="p4.jpg" /></a>
      <br/><br/>水流湍急</td>
</tr>
<tr>
```

```
        <td><a href = "5.jpg" target = "win"><img src = "p5.jpg" /></a>
        <br/><br/>激流险滩</td>
        <td><a href = "6.jpg" target = "win"><img src = "p6.jpg" /></a>
        <br/><br/>同舟共济</td>
    </tr>
    </table>
```

【实例说明】

这个实例看似复杂，实际上思路很简单：

(1) 利用三行三列的表格进行页面布局，将第一列 3 个单元格统一合并，嵌入 iframe 窗口，作为大图片的“展示区”；

(2) 在表格右边 2 列的单元格里，分别放入小图片的超链接，设置 target 值为 iframe 窗口的名字。

(3) 单击小图片，左边 iframe 窗口中迅速更新为相应的大图片，效果美观且实用。

7.4 习 题

模仿如图 7-10 所示的效果，完成一个框架结构的页面，要求所有超链接都能够链接到相应内容的网页。

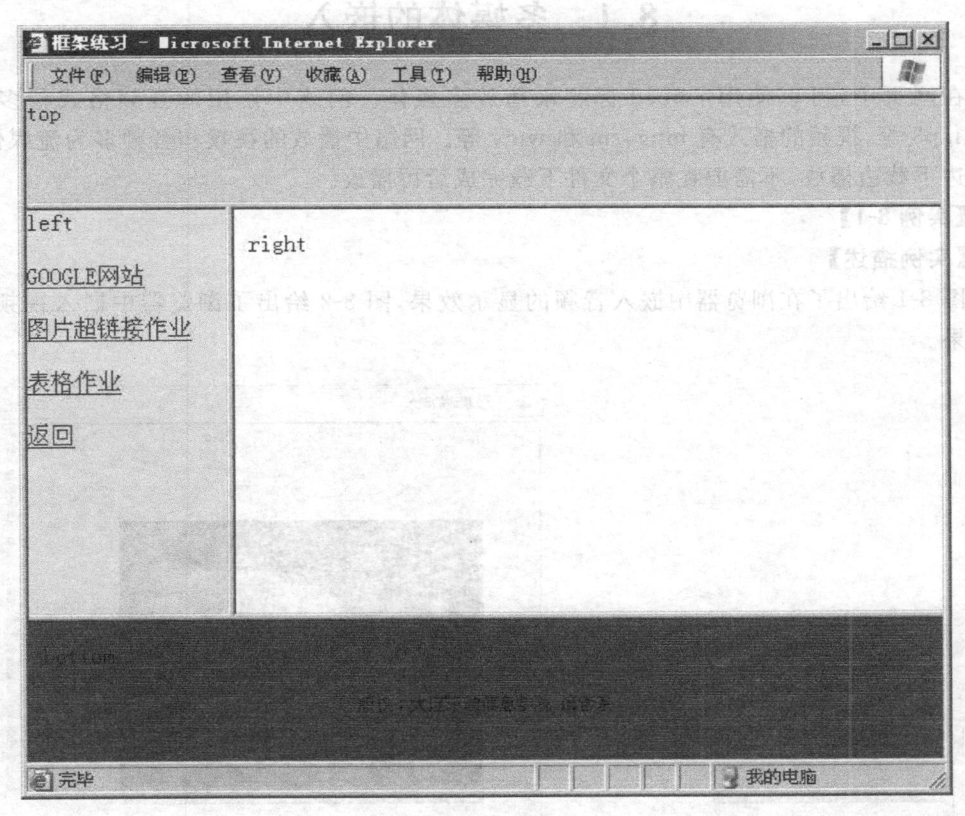

图 7-10 框架结构的页面

第8章　多　媒　体

学习目标

通过本章学习，掌握在网页中应用音频、视频和背景音乐等多媒体资源的方法。

核心要点

■ 嵌入方式播放音频和视频。

■ 背景音乐。

在网页中应用的多媒体主要包括音频、视频和 Flash 等。对于音频和视频，由于其文件较大，可能影响网络传输的速度，在现实中应该考虑实际情况，尽量减少其在网页中的使用。

8.1　多媒体的嵌入

在网页中，可以使用 embed 标签来播放多媒体。网络中使用的音频格式较多的有 wav、mp3 等，视频的格式有 mpg、rm 和 wmv 等。网络中播放的视频和音频多为流媒体，即可以边下载边播放，不需要在整个文件下载完成后再播放。

【实例 8-1】

【实例描述】

图 8-1 给出了在浏览器中嵌入音频的显示效果，图 8-2 给出了浏览器中嵌入视频的显示效果。

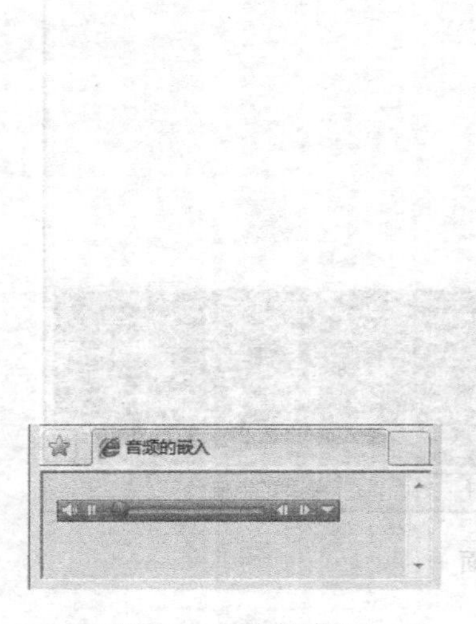

图 8-1　音频的嵌入

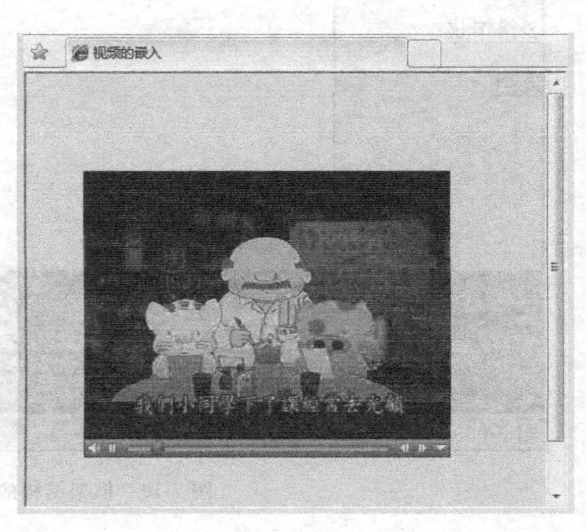

图 8-2　视频的嵌入

【实例分析】

嵌入音频和视频的相关代码如下。

音频的嵌入：

```
<html>
<head>
<title>音频的嵌入</title>
</head>
<body>
  <embed src = "love.mp3" width = "200" height = "25" autostart = "true"
    loop = "true" />
</body>
</html>
```

视频的嵌入：

```
<html>
<head>
<title>视频的嵌入</title>
</head>
<body>
  <embed src = "maidou.mpg" width = "400" height = "400" autostart = "false"
    loop = "true" />
</body>
</html>
```

【实例说明】

<embed>标签在多种浏览器中都可以正常应用。embed 标签的常用属性说明如表 8-1 所示。

表 8-1 embed 常用属性及含义

属性及取值举例	含　义	属性及取值举例	含　义
src="maidou.mpg"	播放的文件源	align="middle"	居中显示
width="480"	宽为 480 像素	quality="high"	质量为高
height="400"	高为 400 像素	allowScriptAccess="allways"	允许脚本
autostart=true	自动开始	mode(wmode)="transparent"	背景透明
loop=true	循环播放		

8.2 背景声音

背景声音是常用的网页效果，声音会在浏览网页的过程中同时存在，因为声音内容多为音乐，所以通常也把背景声音称为背景音乐。

【实例 8-2】

【实例描述】

背景音乐用 bgsound 标签来实现，完整代码如实例 8-2 所示。

【实例分析】

相关代码如下。

```
<html>
<head>
<title>背景音乐</title>
</head>
<body>
    <bgsound src="qhc.mp3" loop=-1 />
</body>
</html>
```

【实例说明】

loop=-1表示声音无限循环播放,如果是loop=5,则表示声音循环播放5次后停止。

bgsound标签有一个缺点,它只能在IE中起作用,在FireFox和Opera浏览器中不能起作用。可以采用embed标签来代替bgsound播放背景声音,代码如下:

```
<embed src="qhc.mp3" width="0" height="0" border="0" autostart="true" loop="true">
</embed>
```

这里将控件的宽和高都设为0,从而在浏览器中看不到控件;设置控件为自动播放,循环播放。这样通过对embed标签的技巧性的应用,可以实现在多种浏览器中都能正常播放背景声音的功能。

8.3 习　　题

模仿实例8-1,在网页中嵌入http://www.youku.com/等网络视频网站提供的视频。

第 9 章 Dreamweaver 基础

学习目标

通过本章学习，能够熟练使用 Dreamweaver，掌握站点、文本、图像、超链接、表格和表单等基本知识，并且能够利用该软件制作和编辑 Web 页面。

核心要点

■ 站点。

■ 文本和图像。

■ 超链接。

■ 表格。

■ 表单。

Dreamweaver 是一款专业级的网页制作软件，用于对 Web 站点、网页和 Web 应用程序进行设计、编码和开发。它是一个可视化的网页制作工具，使用方法简单。

本章以 Dreamweaver CS 5 版本为例，将带领读者认识 Dreamweaver，了解该软件的用途及其工作界面，学习使用 Dreamweaver 编辑和制作网页。

9.1 Dreamweaver 工作界面

启动 Dreamweaver 后，进入了 Dreamweaver 的起始界面，如图 9-1 所示。

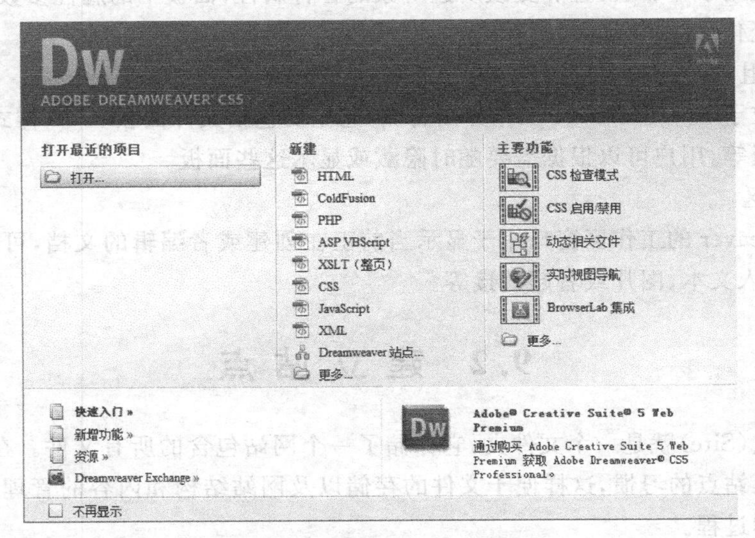

图 9-1 Dreamweaver 的起始界面

选择"新建"→HTML,进入 Dreamweaver 的工作界面,如图 9-2 所示。

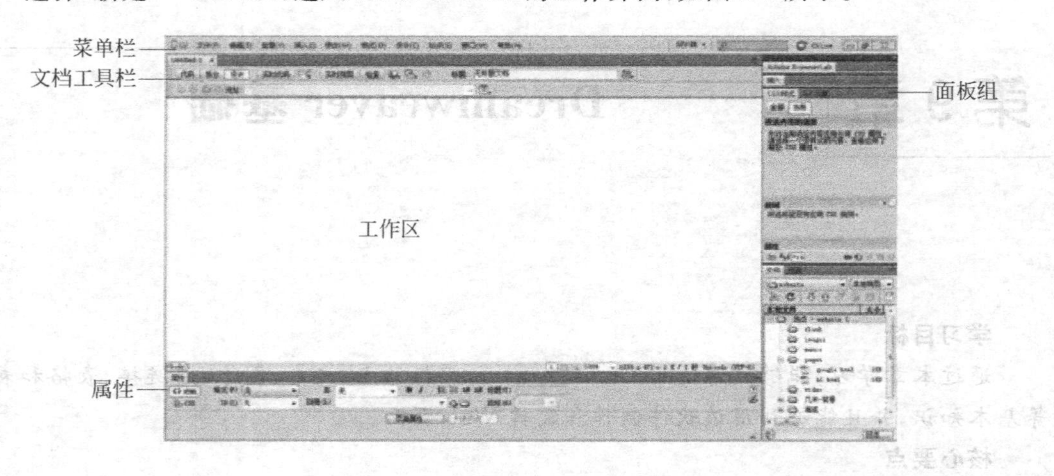

图 9-2　Dreamweaver 的工作界面

1. 菜单栏

同其他软件类似,Dreamweaver 的菜单栏位于工作界面的上方,包括各种操作的菜单命令。

2. 文档工具栏

文档工具栏包含各种视图转换按钮以及一些常用的文本操作按钮,用于实现文档工作布局的切换、网页的预览和视图的选择等操作。

在 Dreamweaver 中提供了三种视图:代码视图、拆分视图和设计视图,如图 9-3 所示,可以一边编写代码一边查看设计效果,两者可以在同一窗口中很方便地进行切换。同时达到网页编辑的准确性和直观性要求,提高设计者的工作效率。

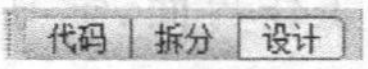

代码 | 拆分 | 设计

图 9-3　Dreamweaver 的视图

3. 属性面板

属性面板用于查看、设置和更改所选对象的各种属性,面板中的属性参数会随着选取对象的不同而变化。

4. 面板组

面板组位于 Dreamweaver 工作界面右侧,它主要包括文件面板、CSS 样式面板、插入面板和资源面板等,用户可以根据需要随时隐藏或显示这些面板。

5. 工作区

Dreamweaver 的工作区窗口用于显示当前正在创建或者编辑的文档,可以查看各种操作效果,如插入文本、图片或者超链接等。

9.2　建立站点

一个站点(Site)就是一个文件夹,它存储了一个网站包含的所有文件。在制作网站时,应该养成定义站点的习惯,这样便于文件的存储以及网站结构和内容的管理。下面就来学习建立站点的过程。

【实例 9-1】

【实例描述】

创建网站的“家”——本地站点。

【实例分析】

1. 新建站点

使用 Dreamweaver 创建站点的方法主要有以下三种，都使用了创建站点向导：

(1) 在 Dreamweaver “起始画面”中的“创建新项目”下，单击按钮 Dreamweaver 站点... 。

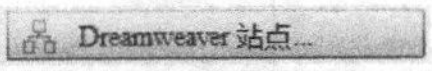

(2) 在“文件”面板中单击“管理站点”按钮，弹出如图 9-4 所示的对话框，单击对话框中的“新建”。

(3) 选择菜单栏中的“站点”→“管理站点”命令，弹出如图 9-4 所示的对话框，单击对话框中的“新建”。

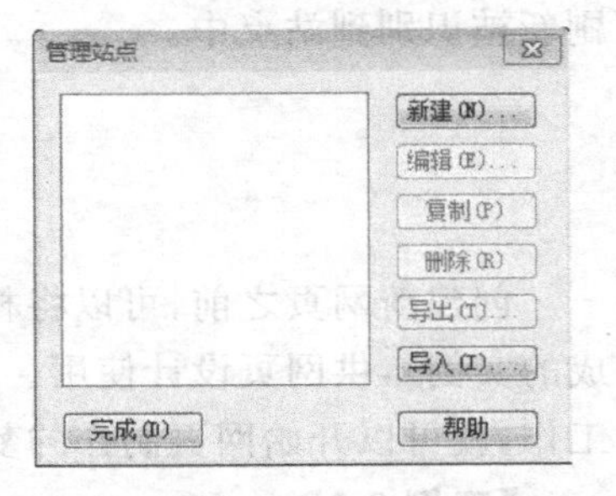

图 9-4　管理站点的界面

2. 定义站点名称

打开“站点对象设置”对话框，输入一个站点名称，该名称可以是任意的。例如，这里将“站点名称”设置为 mysite，然后单击“本地站点文件夹”文本框旁边的文件夹图标，指定一个空的文件夹(可提前建好)，站点内的所有文件都会保存在这个文件夹中，如图 9-5 所示。

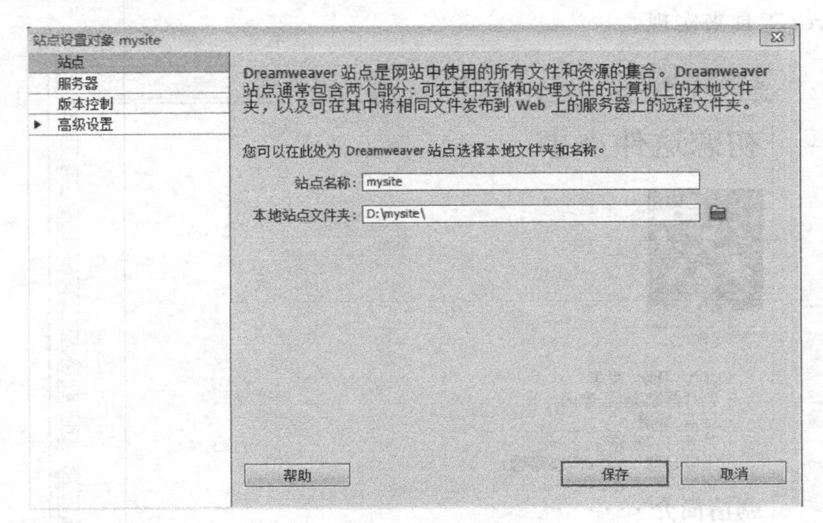

图 9-5　为站点定义名称

3. 站点建立完成

确认路径正确后，单击“保存”，第一个站点就建好了！在文件面板中显示站点中的所有文件和文件夹，目前站点中不包含任何文件或文件夹，如图 9-6 所示。

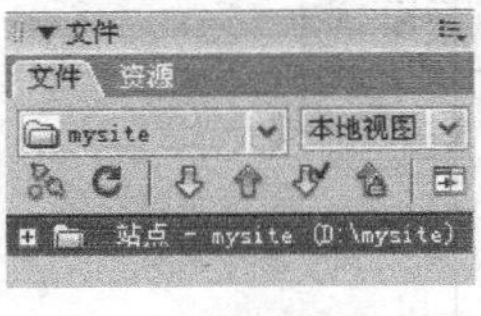

图 9-6　文件面板

【实例说明】

在 Dreamweaver 中，站点不仅可以表示 Web 站点，还可以表示 Web 站点中文档的本地存储位置。

在开始构建 Web 站点之前,用户需要先创建站点文档的本地存储位置,利用 Dreamweaver 中的站点可以管理与 Web 站点相关的所有文档、跟踪和维护链接、管理文件、共享文件,还可将站点文件传输到 Web 服务器上。

【注意事项】

(1) 站点建立后,如果不满意,可以通过“站点向导”(如图 9-4 所示),进行编辑或删除。

(2) 选择“本地站点文件夹”时,最好选择空的文件夹,否则文件夹原有的内容都会通过刷新被识别到站点中。

9.3 创建基本网页

创建新网页之前,可以将相关文件和收集的素材复制到您的网站文件夹中(如前几章完成的实例),供网页设计使用。在这里需要放在站点所在文件夹下(D:\mysite),做完了准备工作,就可以开始网页制作的梦幻之旅了。

【实例 9-2】

【实例描述】

图 9-7 是一个基本网页在浏览器中的显示效果,接下来会通过这个综合实例,学会如何在 Dreamweaver 中建立和制作网页。这个例子在第 2 章的课后题里用代码写过,现在用 Dreamweaver 工具来实现。

初恋这件小事

初恋这件小事

- 类型: 喜剧 / 爱情
- 制片国家/地区: 泰国
- 语言: 泰语
- 片长: 117分钟
- 上映日期: 2010-08-12(泰国)

剧情简介······

初中生小水相貌平平,家境一般,所以在学校里并不受重视。但是她心地善良,又有一群死党,日子过得倒也开心。某天,她遇见了帅气的学长阿亮(马里奥•毛瑞尔 Mario Maurer 饰),春心萌动,无法遏制。她喜欢看他踢足球,看他拍照,如痴如狂。上英语课时,她不停地给死党传纸条表达对阿亮的爱慕。某天,

小水买饮料时,碰到篮球队员蛮横插队。阿亮挺身而出,为她们教训了对方,并挨了校长的责骂。小水也第一次听说,阿亮的父亲因为射失点球而退役的事情,理解了他心中的隐痛。由于舞蹈队是给美女准备的,所以小水等一干姐妹准备在话剧社大展身手,没想到学长也来到这个社团。两人还扮演王子公主,他们的恋情会由此展开么?......

图 9-7 一个简单的电影网页

【实例分析】

1. 新建首页文件 index. html

在文件面板中,右键单击"站点名称"→"新建文件",如图 9-8 所示。建立网站首页,双击网页的名称,修改为 index. html,如图 9-9 所示。index. html 是常用的网站首页名称。

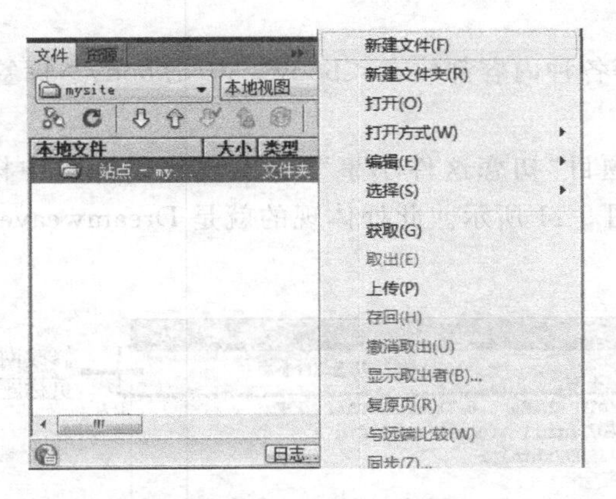

图 9-8 新建网页文件

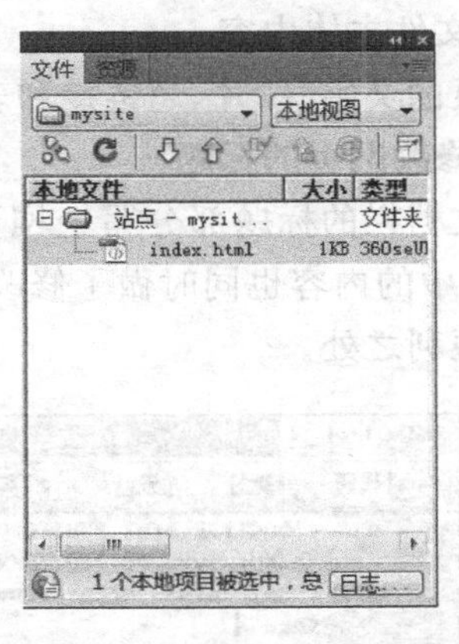

图 9-9 给首页文件命名

2. 认识 Dreamweaver 中的网页结构

在站点中双击页面名称 index. html,工作区中会出现这个文件的编辑窗口。将视图切换到"代码",查看 Dreamweaver 中新建网页的代码和结构,如图 9-10 所示。

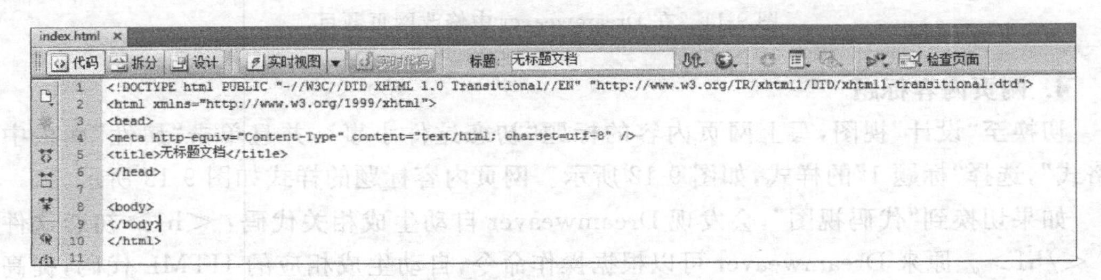

图 9-10 Dreamweaver 中的网页结构

这段代码是 Dreamweaver 自动生成的网页文件,分为三个部分。

1) 定义文档类型

```
<! DOCTYPE html PUBLIC " - //W3C//DTD XHTML 1. 0 Transitional//EN" " http://www. w3. org/TR/
xhtml1/DTD/xhtml1 - transitional.dtd">
```

上面这些代码称为 DOCTYPE 声明。DOCTYPE(document type,文档类型)用来说明网页使用的 XHTML 或者 HTML 版本。

其中 DTD(如 xhtml1-transitional. dtd)称为文档类型定义,它包含了文档的规则,浏览器根据定义的 DTD 来解释页面。

要建立符合标准的网页,必须声明 DOCTYPE。

2) 头文件

语句<html xmlns="http://www. w3. org/1999/xhtml">定义了网页的名字空间。

语句<meta http-equiv="Content-Type" content="text/html; charset=utf-8" />定义了网页的语言编码,以便被浏览器正确解释和通过标识检验,所有的XHTML文档都必须声明它们所使用的编码语言。GB2312是中文国家标准,GBK是较新的中文国家标准,可能用到的其他字符集有Unicode、ISO-8859-1等。

3) 文件主体内容

网页的文字、图片、超链接和表格等各种内容都放在<body>…</body>标签内。

3. 修改网页的标题

在文档栏的标题部分写上网页的题目"初恋这件小事",会发现代码视图中标题标签<title>中的内容也同时做了修改,如图9-11所示。此处体现的就是Dreamweaver可视化编程的便利之处。

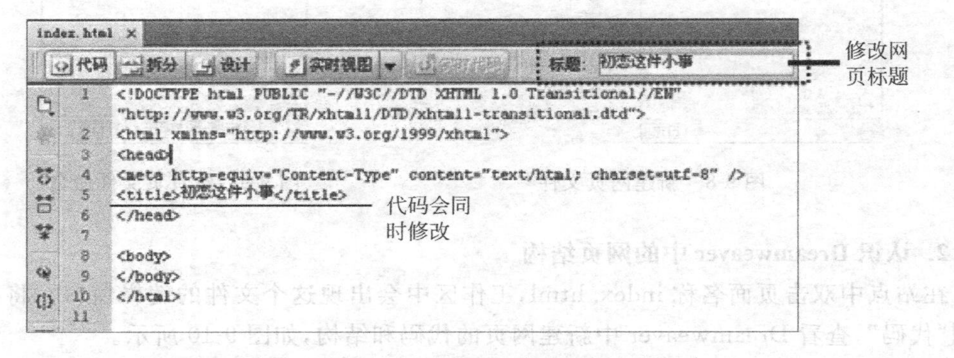

图 9-11 在Dreamweaver中修改网页题目

4. 网页内容标题

切换至"设计"视图,写上网页内容的标题"初恋这件小事",并且单击"属性"面板中的"格式",选择"标题1"的样式,如图9-12所示。网页内容标题的样式如图9-13所示。

如果切换到"代码视图",会发现Dreamweaver自动生成相关代码:<h1>初恋这件小事</h1>。原来Dreamweaver可以根据操作命令,自动生成相应的HTML代码,提高了设计者的工作效率。

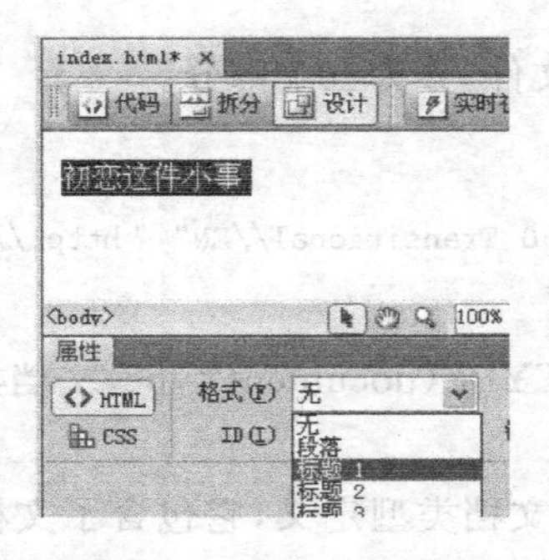

图 9-12 网页内容标题

图 9-13 网页内容标题

5. 插入图片

(1) 准备图片。首先要把图片文件复制到站点文件夹(D:\mysite)里,如图9-14所示。然后单击文件面板的刷新图标 C ,在站点目录下就看见图片了,如图9-15所示。

图 9-14　复制图片至站点文件夹

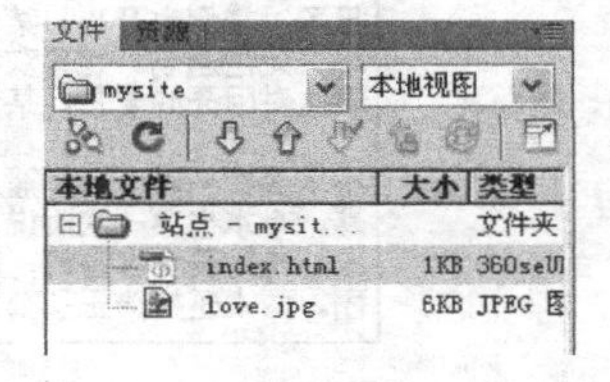

图 9-15　刷新站点文件夹

(2) 插入选中的图片。选择菜单栏上"插入"→"图像"的命令，打开如图 9-16 所示的对话框，询问图像的来源。在站点中选择自己需要的图片，单击"确定"，图片就被插入网页之中，如图 9-17 所示。代码也自动生成，如图 9-18 所示。

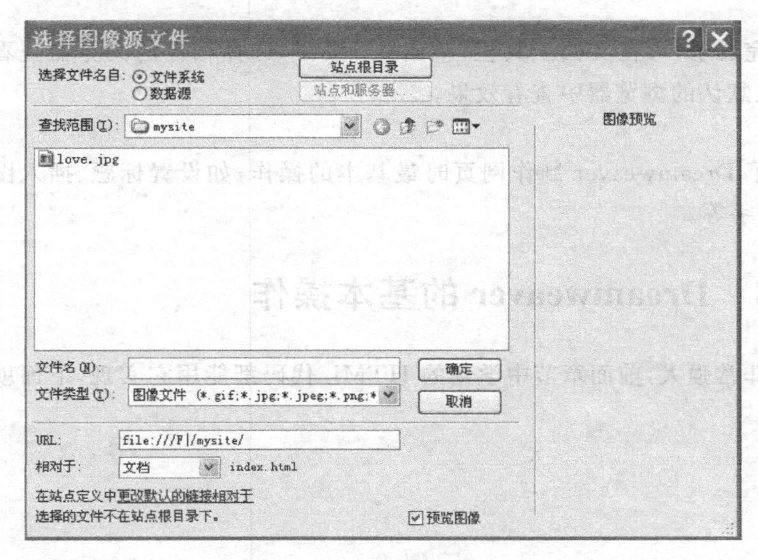

图 9-16　选择图像源文件

图 9-17　插入图片

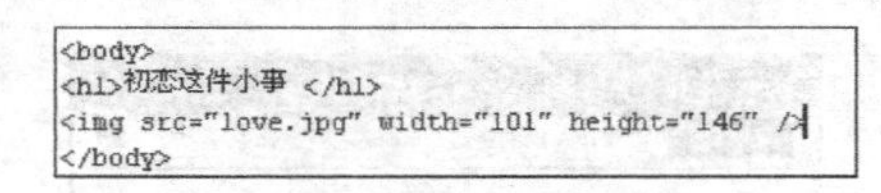

```
<body>
<h1>初恋这件小事 </h1>
<img src="love.jpg" width="101" height="146" />
</body>
```

图 9-18　html 代码

6. 插入无序列表

在"代码"视图中，输入电影文件的相关信息后，切换成"设计"视图，然后选中文字，单击"属性"面板中的项目列表按钮 ☰，然后每个列表项按 Enter 键，则自动生成无序列表结构，如图 9-19 所示。

- 类型: 喜剧/爱情
- 制片国家/地区: 泰国
- 语言: 泰语
- 片长: 117分钟
- 上映日期: 2010-08-12(泰国)

图 9-19　无序列表

7. 设置段落文字

输入"剧情简介……"后，设置为标题 2 的样式(如图 9-12 所示)，然后输入相关的文字内容,在适合分段的地方按 Enter 键,则自动添加分段标签＜p＞,效果如图 9-20 所示。

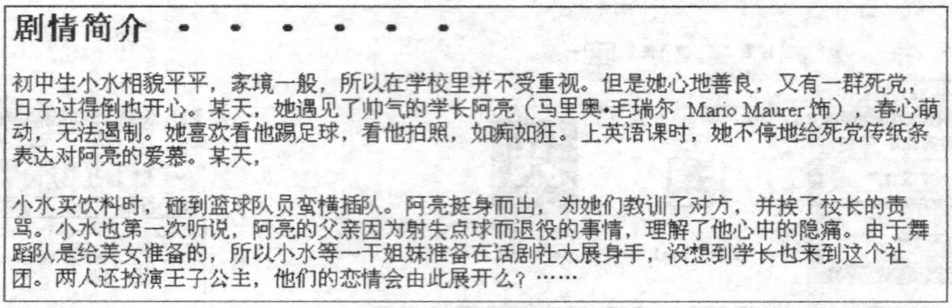

剧情简介 · · · · · · ·

初中生小水相貌平平,家境一般,所以在学校里并不受重视。但是她心地善良,又有一群死党,日子过得倒也开心。某天,她遇见了帅气的学长阿亮(马里奥·毛瑞尔 Mario Maurer 饰),春心萌动,无法遏制。她喜欢看他踢足球,看他拍照,如痴如狂。上英语课时,她不停地给死党传纸条表达对阿亮的爱慕。某天,

小水买饮料时,碰到篮球队员蛮横插队。阿亮挺身而出,为她们教训了对方,并挨了校长的责骂。小水也第一次听说,阿亮的父亲因为射失点球而退役的事情,理解了他心中的隐痛。由于舞蹈队是给美女准备的,所以小水等一干姐妹准备在话剧社大展身手,没想到学长也来到这个社团。两人还扮演王子公主,他们的恋情会由此展开么?……

图 9-20　设置段落文字

8. 保存网页

将页面编辑完成后一定要记得保存,可以选择菜单栏的“文件”→“保存”命令。当然在制作网页的过程中,为了防止意外,可按快捷键 Ctrl+S,随时保存网页。

9. 浏览网页

至此整个网页就已经完成了,可在文档工具栏,单击 按钮,选择相应的浏览器查看网页,也可按快捷键 F12 在默认的浏览器中查看效果。

【实例说明】

这个实例中综合应用了 Dreamweaver 制作网页时最基本的操作,如设置标题、插入图片、设置无序列表和段落文字等。

9.4　Dreamweaver 的基本操作

Dreamweaver 的功能非常强大,前面章节中学到的 HTML 代码都能用它实现,下面就通过实例来熟悉这些操作。

9.4.1　创建超链接

【实例 9-3】

【实例描述】

图 9-21 是一个应用超链接的综合案例,里面包含了多种链接形式。

图 9-21　超链接效果

【实例分析】

选中要做链接的文本或者图片，在属性面板的【链接】文本框中填入相应的地址，超链接就完成了，如图 9-22 所示。

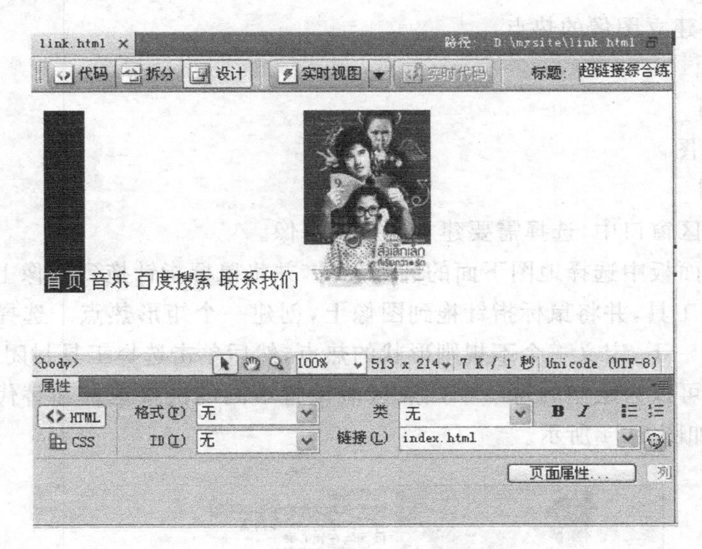

图 9-22　设置文本超链接

在本例中，应用到的超链接类型和地址如下：

(1) 内部链接。在同一个站点的不同网页之间建立文件的相互联系。首页的地址是 index.html，链接的是内部网页。

(2) 空链接。暂时不添加确切的链接地址，用＃代替。音乐的地址是＃，没有设置相应的链接页面。

(3) 外部链接。链接外网地址。百度搜索的地址是 http://www.baidu.com/。

(4) 邮件超链接。单击后直接发邮件给联系人。联系我们的地址是 mailto:tsingdao@163.com。

(5) 图片超链接。单击图片实现跳转。选中图片，在“链接”文本框中填入相应地址即可。

【实例说明】

如果还需要设置超链接的打开方式，可以选择属性面板中“目标”文本框的 target 值，如图 9-23 所示。

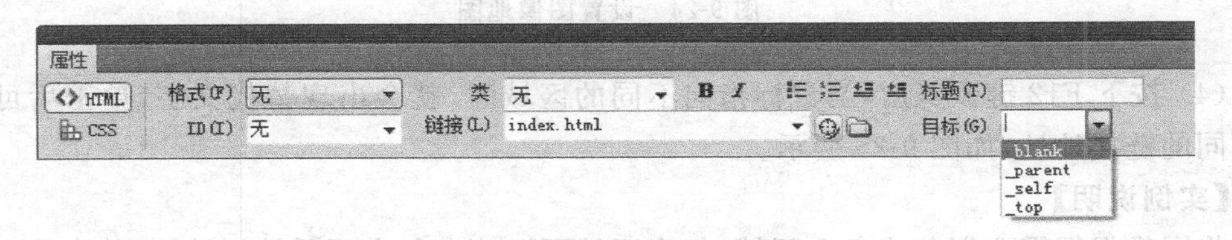

图 9-23　设置超链接打开方式

9.4.2 创建图像地图

在制作网页的过程中,可能会需要为一个图像的各个不同部分建立不同的超链接,要做到这一点就需要建立图像的热点。

【实例 9-4】

【实例描述】

创建图像地图。

【实例分析】

(1) 在工作区窗口中,选择需要建立链接的图像。

(2) 在属性面板中选择地图下面的椭圆工具,并将鼠标指针拖到图像上,创建一个圆形热点。选择矩形工具,并将鼠标指针拖到图像上,创建一个矩形热点。选择多边形工具,在各个项点上单击一下,定义一个不规则形状的热点,然后单击选择工具封闭此形状。

(3) 接下来可以为绘制的每一个热点区域设置不同的链接地址和替代文字,这样就实现了图像地图,如图 9-24 所示。

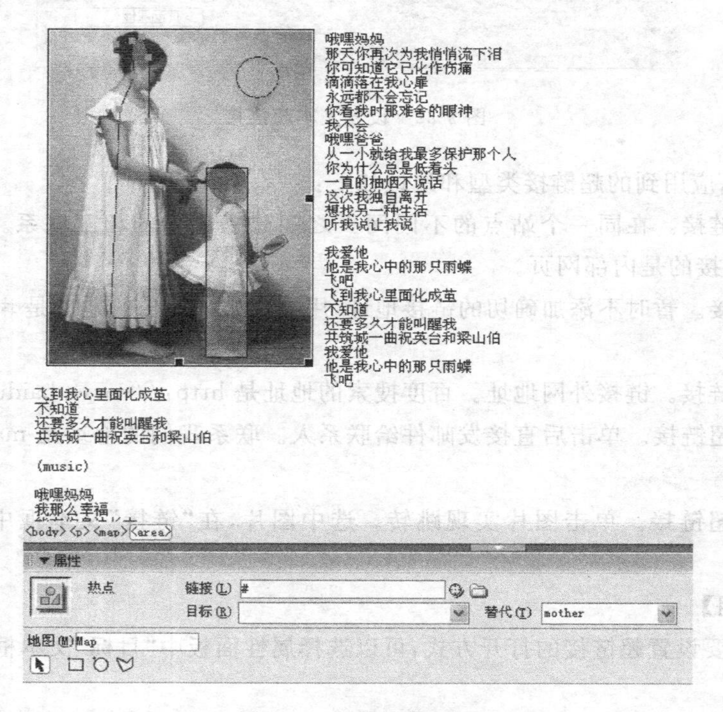

图 9-24 设置图像地图

(4) 按下 F12 键预览后,当鼠标指向不同的区域时,就会出现替代文字,单击后可以访问不同的链接地址,如图 9-25 所示。

【实例说明】

将图像根据需要划分成各个区域,每个区域可以建立各自不同的超链接,单击此区域的时候可以激活这个链接,这些不同的区域就称为图像的热点。为图像建立了热点之后,就构成了图像地图。

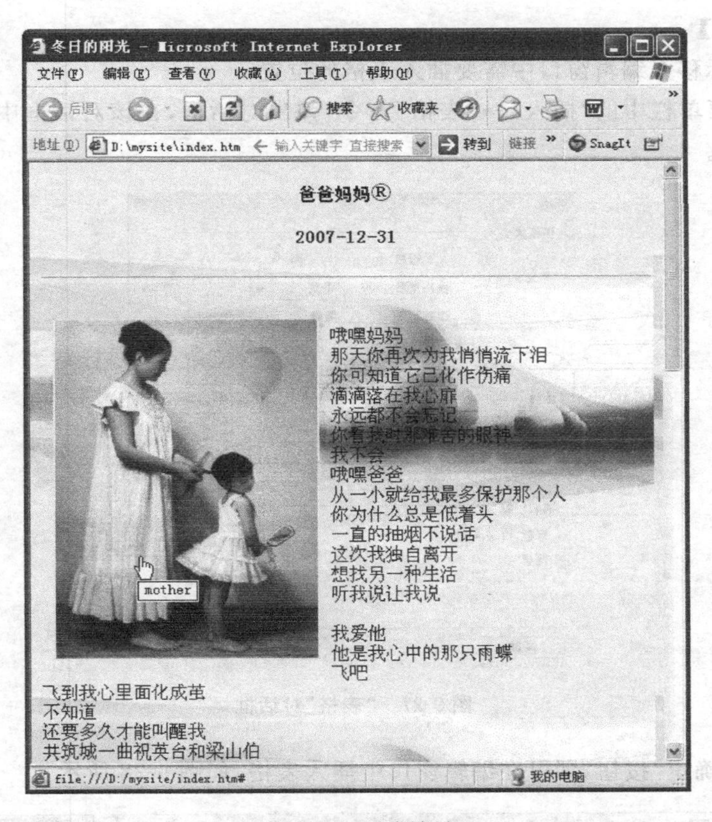

图 9-25 预览效果

9.4.3 表格操作

【实例 9-5】

【实例描述】

利用 Dreamweaver 创建表格，表格效果如图 9-26 所示。

个人简历

<table>
<tr><td colspan="6">个人简历</td></tr>
<tr><td rowspan="6">个人概况</td><td>姓名：</td><td></td><td>户口所在地：</td><td></td><td rowspan="3">照片</td></tr>
<tr><td>性别：</td><td></td><td>专业：</td><td></td></tr>
<tr><td>出生日期：</td><td></td><td>学历：</td><td></td></tr>
<tr><td>联系电话：</td><td colspan="4"></td></tr>
<tr><td>通讯地址：</td><td colspan="4"></td></tr>
<tr><td>电子邮件地址：</td><td colspan="4"></td></tr>
</table>

图 9-26 个人简历的表格

【实例分析】

(1) 将光标移至编辑窗口中需要插入表格的位置。

(2) 选择菜单栏中的"插入"→"表格"命令,弹出对话框,在该对话框中设置各项参数,如图9-27所示。

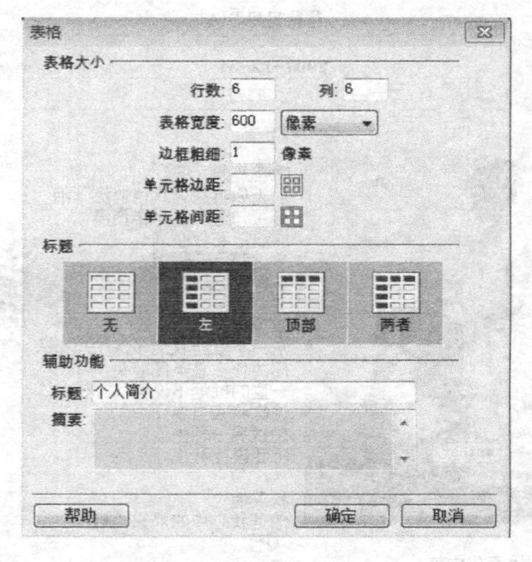

图9-27 "表格"对话框

(3) 单击"确定"按钮,即可在编辑窗口中插入表格,如图9-28所示。

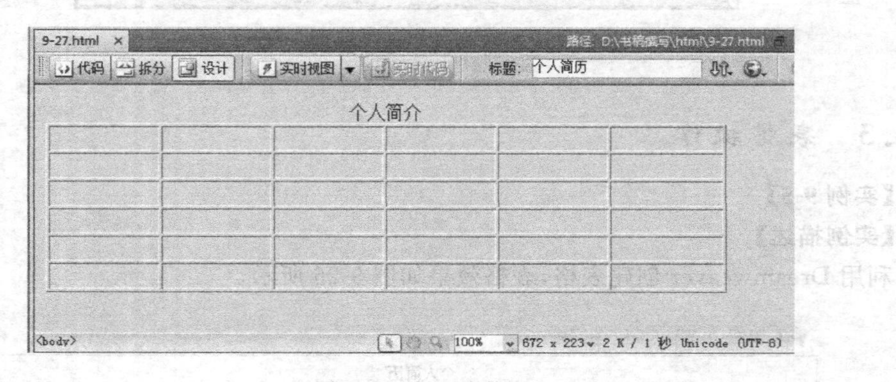

图9-28 插入表格

【实例说明】

表格是用于在HTML页上显示数据的强有力的工具。表格由一行或多行组成,每行又由一个或多个单元格组成。

1. 设置表格属性

在属性面板中对表格命名,同时对表格的宽度、对齐方式、填充、间距和边框属性进行设置,如图9-29所示。

2. 合并、拆分单元格

在Dreamweaver中,用户可以很方便地将几个相邻的单元格合并为一个单元格,或者把一个单元格拆分为几个单元格,通过合并、拆分单元格来使表格符合布局需要。

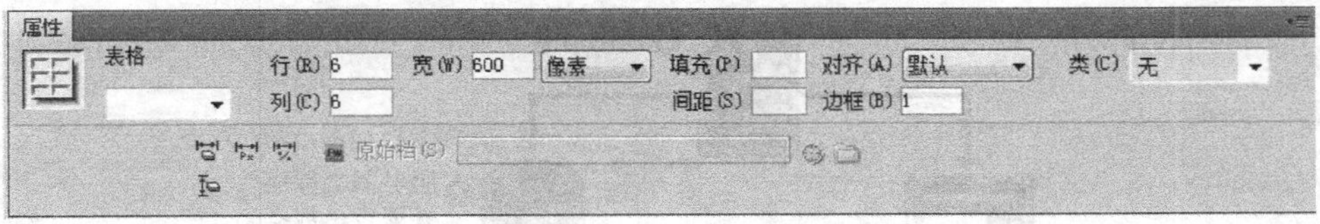

图 9-29 表格属性设置

1) 合并单元格

选中需要合并的相邻单元格，单击属性面板中左下角的“合并单元格”按钮 ，即可合并单元格，如图 9-30 所示。

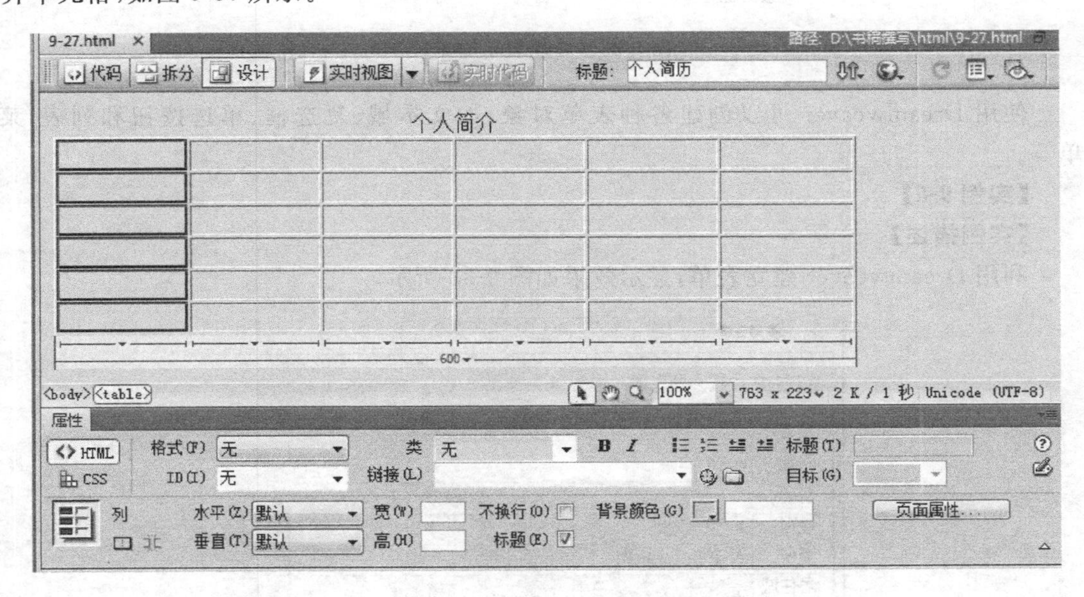

图 9-30 合并单元格

2) 拆分单元格

将光标移到某个单元格，单击属性面板中左下角的“拆分单元格”按钮 （见图 9-30），弹出“拆分单元格”对话框，如图 9-31 所示，在该对话框中设置参数拆分此单元格。

3) 填写文字

对表格的结构进行调整，输入相应的文字，则实现如图 9-26 所示的个人简历效果。

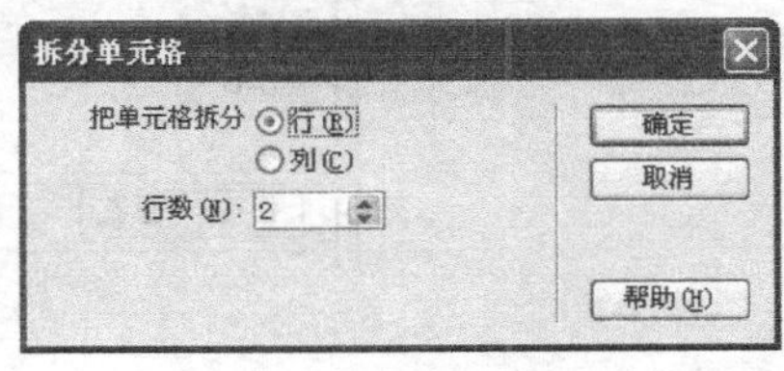

图 9-31 “拆分单元格”对话框

9.4.4 表单操作

表单架设了网站管理员和用户之间沟通的桥梁，如在线注册会员时需要填写一系列表单，用户填好这些表单之后，单击提交，这些表单数据就被发送到网站的后台服务器，交由服务器端的脚本或应用程序来处理，同时发送注册成功或失败的反馈信息，用户就可以进行登录或重新注册的操作了，如图 9-32 所示为处理表单的流程。

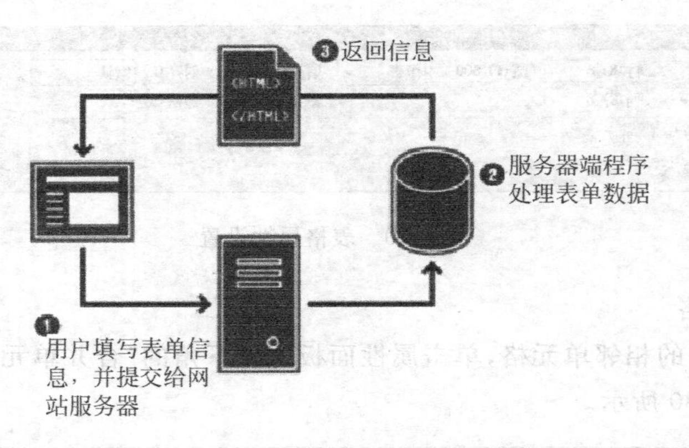

图 9-32　处理表单的流程

使用 Dreamweaver 可以创建各种表单对象，如文本域、复选框、单选按钮和列表/菜单等。

【实例 9-6】

【实例描述】

利用 Dreamweaver 建立表单，显示效果如图 9-33 所示。

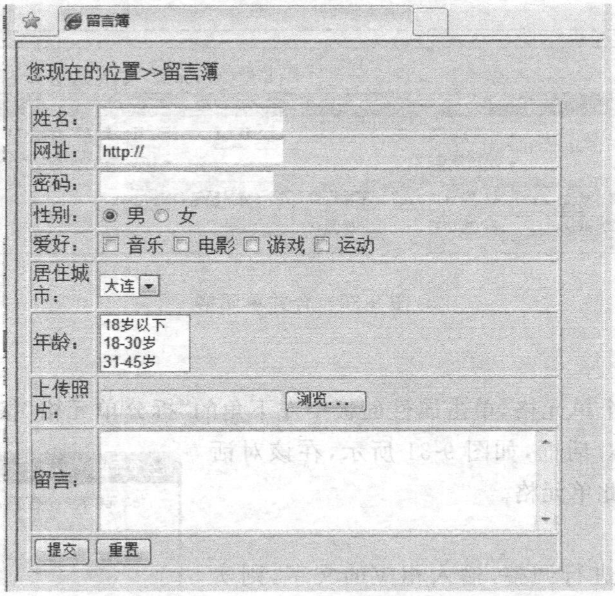

图 9-33　留言簿

【实例分析】

(1) 插入表单。

选择菜单栏中“插入”→“表单”→“表单”命令，创建好一个表单后，文件中会出现一个红色的点线轮廓，如图 9-34 所示。如果看不到这个轮廓的话，选择菜单栏中“查看”→“可视化助理”中取消“隐藏所有”。

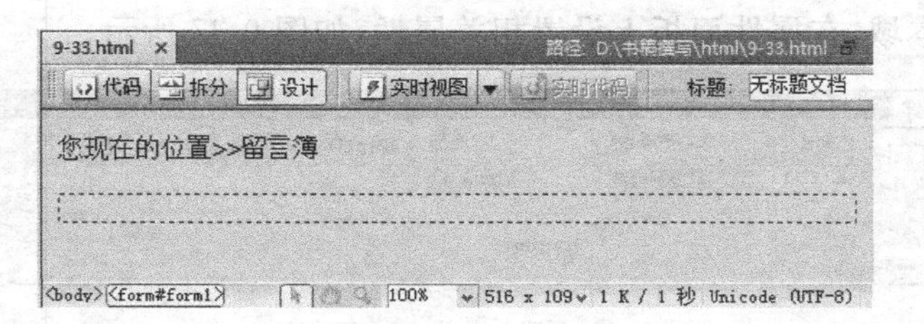

图 9-34　表单边框

（2）插入表格。

将光标放置于表单轮廓内，开始插入 10 行 2 列的表格，边框为 1，为了易于辨识，可以先在左侧单元格中输入相关文本，效果如图 9-35 所示。在这里要注意表单和表格的正确嵌套顺序是：＜form＞＜table＞…＜/table＞＜/form＞。

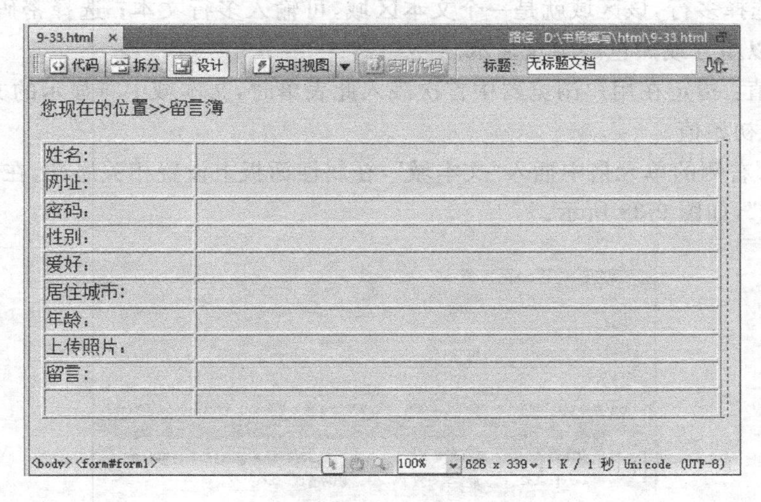

图 9-35　插入表格

（3）插入文本域。

选择菜单栏中"插入"→"表单"→"文本域"命令，在"姓名"右侧的单元格中输入文本域，文档就会中出现一个文本域，如图 9-36 所示。

您现在的位置>>留言簿

姓名：	
网址：	
密码：	
性别：	
爱好：	
居住城市：	
年龄：	
上传照片：	
留言：	

图 9-36　单行文本域

选中这个文本域,在属性面板上设置相关属性,如图 9-37 所示。

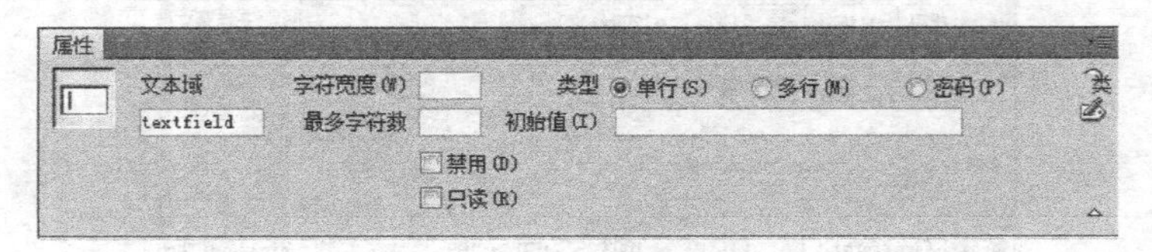

图 9-37 “文本字段”的属性面板

属性面板中各项参数的作用如下：

- 字符宽度：指定文本域的最大长度。
- 最多字符数：指定在该文本域中可以输入的最多字符数量。
- 类型：指定文本区域的类型,选择单行,该区域就是一个文本字段,只能输入一行文本；选择多行,该区域就是一个文本区域,可输入多行文本；选择密码,该区域的文本会以星号或黑色的圆点显示。
- 初始值：指定在用户浏览器中首次载入此表单时,文本域中将显示的文本。

(4) 设置初始值。

在“网址”右侧的单元格中插入“文本域”,在属性面板上设置相关属性,在初始值字段中输入“http://”,如图 9-38 所示。

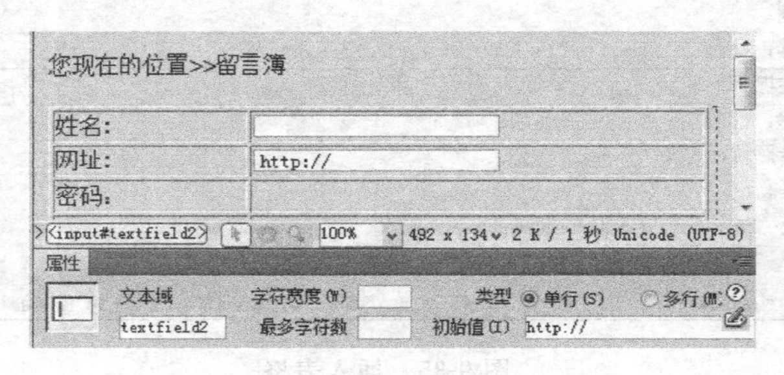

图 9-38 设定初始值

(5) 插入密码框。

在“密码”右侧的单元格中插入“文本域”,在类型单选框中选择“密码”, 如图 9-39 所示,预览时输入密码的显示效果如图 9-40 所示。

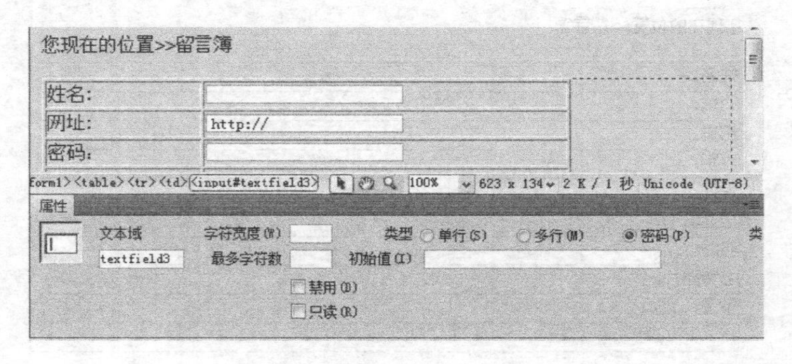

图 9-39 设定类型为密码

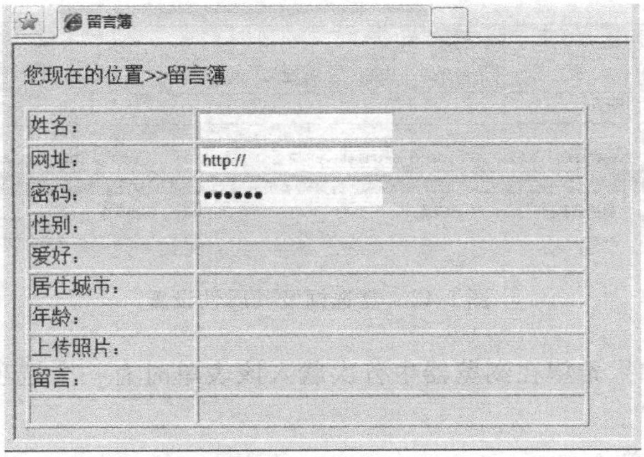

图 9-40　密码框的浏览效果

(6) 插入单选框。

把鼠标放在“性别”右侧的单元格中，选择菜单栏中“插入”→“表单”→“单选按钮”命令，插入一个单选按钮，并输入相应的文本，用同样的方法插入第二个单选按钮，在属性面板上设置相关属性，如图 9-41 所示。

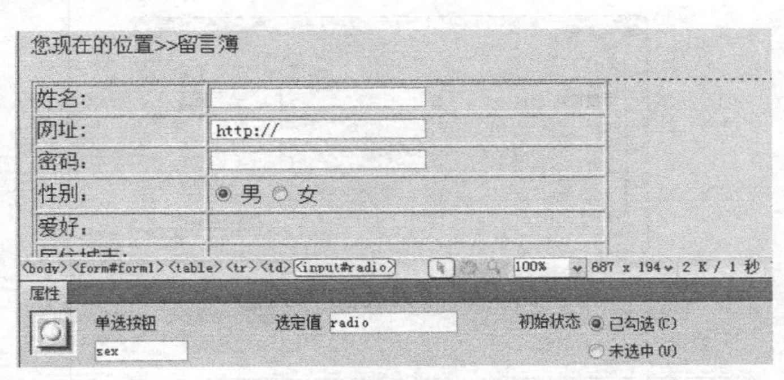

图 9-41　单选按钮及其属性设置

属性面板中各项参数的作用如下：

- 单选按钮名称：为该组两个单选项输入同一个描述性名称，如 sex，确保两个按钮中只能选一个。
- 选定值：输入当用户选择此单选按钮时将发送到服务器端脚本或应用程序的值。
- 初始状态：如果希望在浏览器中首次载入该表单时有一个选项显示为选中状态，需选择“已勾选”。

(7) 插入复选框。

把光标放在“爱好”右侧的单元格中，选择菜单栏中的“插入”→“表单”→“复选框”命令，在光标所在位置插入复选框，用同样的方法插入其他三个复选框，在属性面板上设置相关属性，并在该单元格中输入相关文本，如图 9-42 所示。

属性面板中各项参数的作用如下：

- 复选框名称：为该组 4 个复选框输入同一个描述性名称 hobbies，确保 4 个复选框控件为一组，可以多选。

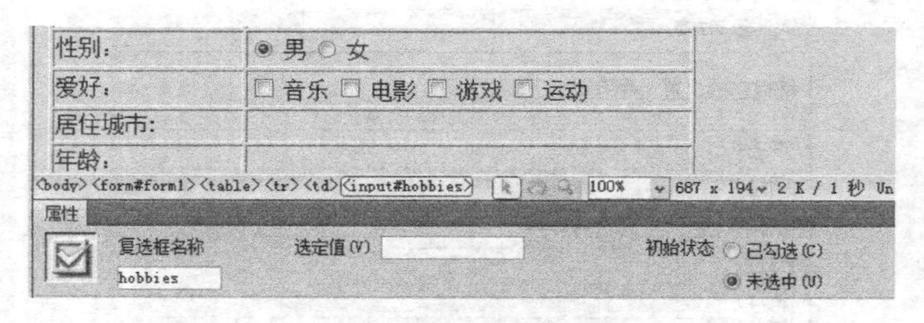

图 9-42 复选框及其属性设置

- 初始状态：如果希望在浏览器中首次载入该表单时有一个选项显示为选中状态，需选择“已勾选”。

(8) 创建下拉菜单。

把光标放在“城市”右侧的单元格中，选择菜单栏中“插入”→“表单”→“列表/菜单”命令，在光标所在位置插入菜单，并且在属性面板的“类型”中选择“菜单”，然后单击“列表值”添加选项，出现如图 9-43 所示的“列表值”对话框，将光标放置于“项目标签”域中，输入要在该列表中显示的文本。若要向选项列表中添加其他项，请单击加号(+)按钮，然后重复上面的步骤，下拉菜单效果如图 9-44 所示。

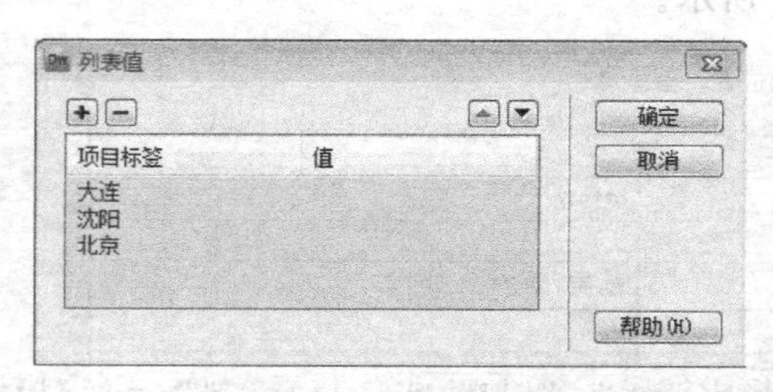

图 9-43 “列表值”对话框

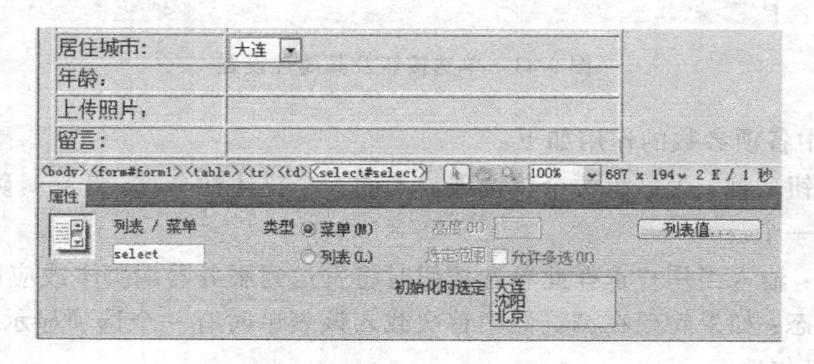

图 9-44 下拉菜单及其属性设置

(9) 创建多选列表。

把光标放在“年龄”右侧的单元格中，选择菜单栏中的“插入”→“表单”→“列表/菜单”命令，在光标所在位置插入列表，并且在属性面板的“类型”中选择“列表”，在“高度”文本框中输入一个数字，指定该列表将显示的行(或项)数。如果指定的数字小于该列表包含的选项数，则出现滚动条。如果希望允许用户选择该列表中的多个项，需选择“允许多选”，然后单击“列表值”添加选项，参考第(8)步的方法添加列表值，效果如图 9-45 所示。

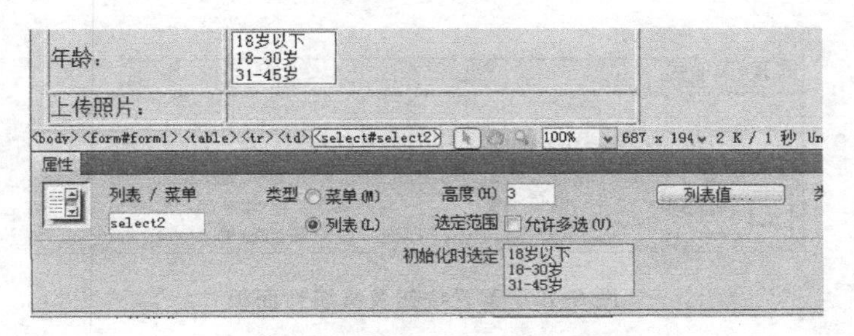

图 9-45　多选列表及其属性设置

(10) 创建文件上传域。

把光标放在“上传照片”右侧的单元格中，选择菜单栏中“插入”→“表单”→“文件域”命令，在光标所在位置插入文件上传域控件，可在属性面板上设置相关属性，如图 9-46 所示。

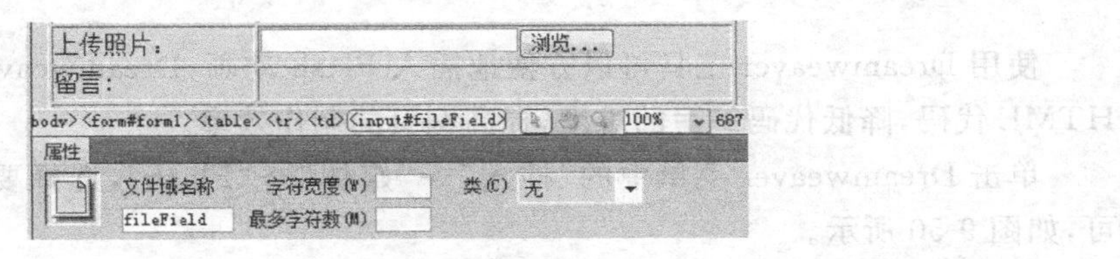

图 9-46　文件域及其属性设置

(11) 创建文本区域。

在“留言”右侧的单元格中，选择菜单栏中“插入”→“表单”→“文本区域”命令，在光标所在位置插入多行文本域，在类型单选框中选择“多行”，在“行数”文本框中指定要显示的字符宽度设置为 45，最多行数为 5，如图 9-47 所示。

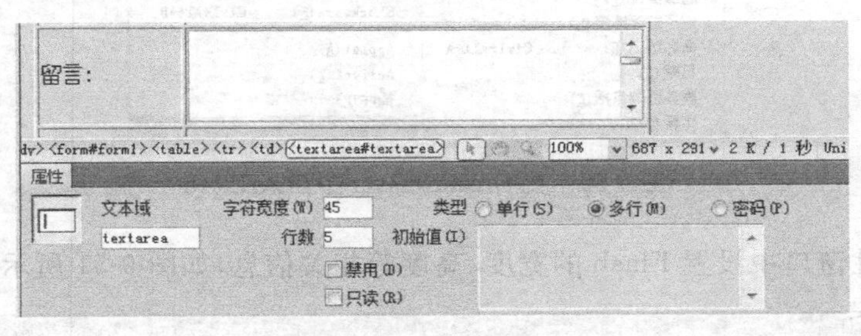

图 9-47　多行文本域

(12) 创建按钮。

将最后一行的两个单元格合并，选择菜单栏中“插入”→“表单”→“按钮”命令，在光标所在位置插入按钮控件，在属性面板的“标签”文本框中输入希望在该按钮上显示的文本，从“动作”部分选择一种操作，如图 9-48 和图 9-49 所示。

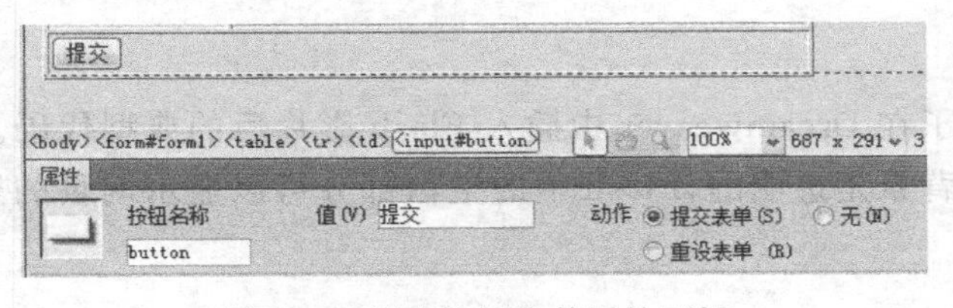

图 9-48　提交按钮及其属性面板

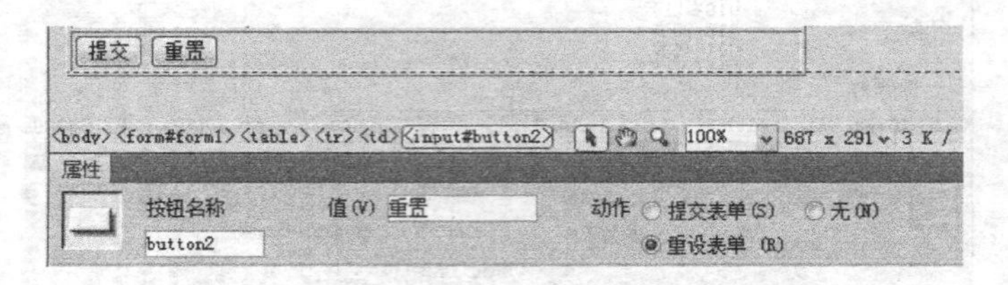

图 9-49 重置按钮及其属性面板

【实例说明】

通过建立一个留言簿的页面具体介绍了在 Dreamweaver 中如何创建和使用文本域、文本区域、单选框、复选框、列表/菜单、文件域以及按钮等各种表单对象。

9.4.5 插入 Flash

使用 Dreamweaver 工具可以方便地插入 Flash 动画,Dreamweaver 会自动生成相关的 HTML 代码,降低代码编写的难度,提高网页的制作效率。

单击 Dreamweaver 菜单中的"插入"→"媒体"→"Flash",选择要插入的 SWF 文件即可,如图 9-50 所示。

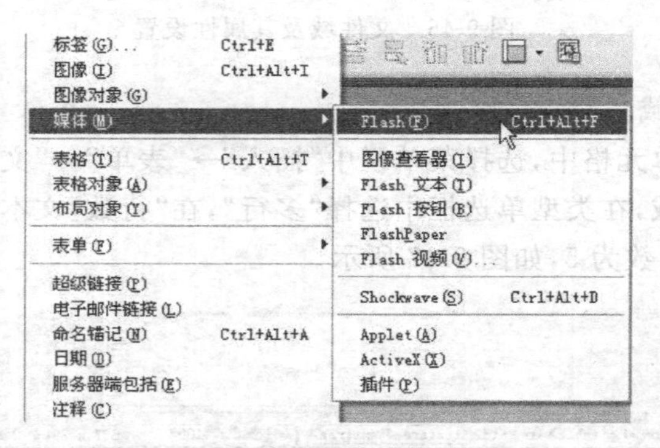

图 9-50 在 Dreamweaver 中插入 Flash

可以在属性窗口中设置 Flash 的宽度、高度等相关信息,如图 9-51 所示。

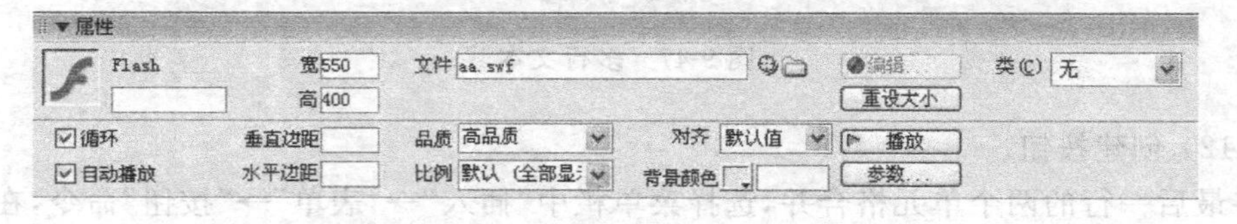

图 9-51 Flash 属性设置窗口

【实例 9-7】

【实例描述】

实例 9-7 给出了在 Dreamweaver 中插入 Flash 影片后的典型代码。值得注意的是,在本实例中 Flash 的背景是透明的,Flash 中的空白部分可以显示网页的黑色背景,显示效果如图 9-52 所示。

图 9-52　Flash 的透明背景

【实例分析】

相关代码如下。

```
<body style="background-color:#000000">
   <object classid="clsid:D27CDB6E-AE6D-11cf-96B8-444553540000"
   codebase="http://download.macromedia.com/pub/shockwave/cabs/
   flash/swflash.cab#version=7,0,19,0" width="270" height="270">
     <param name="movie" value="intro.swf" />
     <param name="quality" value="high" />
     <param name="wmode" value="transparent" />
     <embed src="intro.swf" width="270" height="270"
    quality="high" pluginspage="http://www.macromedia.com/go/getflashplayer" type=
"application/x-shockwave-flash" wmode="transparent"></embed>
   </object>
</body>
```

【实例说明】

Flash 是流行的网络动画，在网页设计的过程中有着广泛的应用，它体积相对较小，可以边下载边播放。现在也有很多网站把视频转化成体积较小的 Flash 动画在线播放。在网页中应用的 Flash 动画文件的扩展名是 swf。

在 Dreamweaver 中可以方便地插入 Flash，自动生成上述代码。本实例的目的是使读者熟悉 object 标签的用法，param（parameter，参数）给出了参数名称，value 给出了参数的值，object 标签通过 param 对多媒体的播放进行复杂的控制，其中 classid 是控件的唯一标记。

通过 object 标签，可以在网页中嵌入 Windows Media Player、Real Player 等播放器，读者在使用这些播放器的时候需要知道其 classid、参数名称及取值规范，这些信息都可以很方便地得到。

object 标签在 IE 之外的浏览器中没有得到很好的支持，所以上面的代码中还包含了 embed 标签，既提高在 IE 中的显示效果，又兼顾了其他浏览器。

透明背景需要增加额外的属性，即 object 增加参数＜param name＝"wmode" value＝

"transparent" />,embed 增加属性 wmode="transparent"。如图 9-53 所示。

图 9-53　在 Dreamweaver 中设置 Flash 透明背景

9.5　习　　题

模仿完成图 9-54 所示的页面。

新用户注册（带*号为必填信息）

用户名：	*
密码：	*
密码确认：	*
真实姓名：	*
性别：	⊙ 男 ○ 女
收货地址	*
邮政编码：	*
E-mail：	*
联系电话：	*
备注：（100字以内）	
	提交　重填

图 9-54　新用户注册

实现边框效果技术提示如下，推荐第(2)种：

(1) 设置表格边框颜色为＃cc0000，宽度为 1px，表格填充(cellpadding)4px，间距(cellspacing)0。

(2) 设置表格背景颜色为＃cc0000，表格填充(cellpadding)4px，间距(cellspacing)1px，设置单元格背景颜色为＃ffffff。

第10章 CSS 基础

学习目标

通过本章学习，能够理解CSS的基本概念，掌握CSS的语法，熟悉常用CSS属性的含义。

核心要点

- CSS的概念。
- 基本语法。
- 常用字体属性。

10.1 CSS 简介

CSS是Cascading Style Sheet的缩写，即层叠样式表。CSS可以直接由浏览器解释执行。在标准网页设计中，CSS负责网页内容(XHTML)的样式。

HTML主要侧重定义网页的内容，随着Internet的迅猛发展，HTML被广泛应用，网页越来越丰富，但HTML的排版和界面效果的局限性日益暴露出来，HTML代码变得非常臃肿，而且内容与样式混在一起，给网页设计者造成很大不便。

CSS的主要思想就是内容与样式相分离，HTML只包含网页的内容，而网页内容的显示样式由CSS定义。网页中的内容包括文字、图片、Flash、视频和超链接等；显示样式包括文字的大小、字体、颜色、背景、距离等。

目前，CSS已经得到越来越广泛的应用，现实中绝大多数网页都应用了CSS技术，而在最新的技术趋势如基于Web标准的网页设计思想中，CSS扮演了核心角色。

CSS同HTML一样也是以代码的形式存在的，要想真正掌握CSS，需要从代码学起。只有在真正掌握CSS的本质之后，才可以用一些工具如Dreamweaver辅助设计CSS。在基于Web标准的网页设计过程中，很多时候都需要大量编写、修改CSS代码。

在具体学习的过程中，为了降低初学者的学习难度，本书将结合Dreamweaver完成相关CSS的实例，这也是作者推荐初学者学习CSS的方法。首先在了解代码的基础上使用Dreamweaver工具，然后在能够应用Dreamweaver实现基本的CSS实例的基础上再进一步学习CSS代码。代码与工具相结合，是初学者学习CSS的最有效的方法。

10.2 CSS的优点

CSS在现实中被广泛应用，主要优点如下。

- CSS让内容与样式相分离，让HTML页面更容易理解，让网页代码更少，减轻服务器负担。

- CSS可以更加精细地控制网页的内容形式。HTML能做到的,CSS也能做到,并且能做的更好。比如对于表格中的内容,HTML只能够让内容水平居中、垂直居中、水平左对齐等有限的对齐方式,但CSS可以精确地控制内容到表格中的任何位置,精确到1px。
- CSS能完成HTML不能完成的功能,如更加灵活地控制背景图片的显示,对滚动条、光标、滤镜等样式的定义。
- CSS可以在多个网页或者整个网站中使用,以保证整个网站具有统一的显示风格。
- CSS让网页便于修改,如果多个网页都使用了同一个CSS样式,只要修改CSS样式的定义,所有引用这个样式的网页都会相应地改变。

可以看出,CSS不但在网页设计中有着广泛的应用,也是网站设计过程中的核心技术,真正掌握网页设计,必须学好CSS。

10.3 第一个CSS

【实例10-1】

【实例描述】

显示效果如图10-1所示。网页在浏览器中打开,第一部分字的颜色为红色,字体大小为20px;第二部分字体为绿色,第三部分和第一部分显示效果相同。本例相对简单,作为第一个CSS的实例比较容易理解和实现。

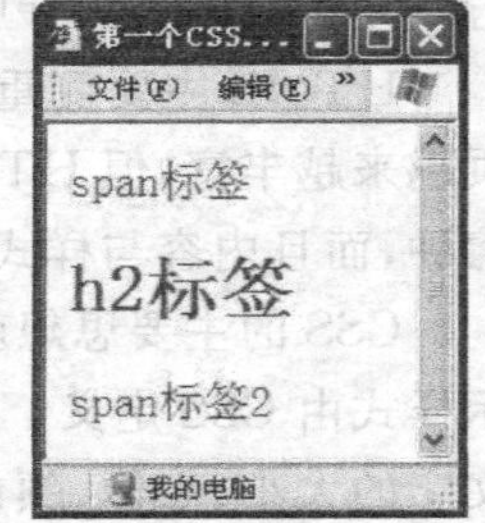

图10-1 第一个CSS

【实例分析】

- 实例要求用代码完成,可在Dreamweaver代码视图、EditPlus、记事本、E-TextEditor、aptana等工具中输入代码。初学者推荐使用Dreamweaver的代码视图。
- 首先在head中定义CSS样式,然后在body中选择合适的HTML标签,通过HTML标签应用CSS样式。
- 相关代码如下。

```
<html>
<head>
<title>第一个CSS</title>
<style type="text/css">
<!--
h2 {
    color: green;
}
span {
    color: red;
    font-size: 20px;
}
-->
</style>
</head>
```

```
<body>
<span>span 标签</span>
<h2>h2 标签 </h2>
<span>span 标签 2 </span>
</body>
</html>
```

【实例说明】

在实例 10-1 中，首先定义了两个样式 h2 和 span。其中，h2 定义了一个属性 color，属性值为 green；span 定义了属性 font-size，属性值为 20px，定义了属性 color，属性值为 red。

在网页的 body 中，所有的 h2 标签都会按照 CSS 定义的属性显示，在这个例子里，网页中的 h2 都是绿色；同时，也会保留 h2 其他没被定义的属性，如字体大小、字体加粗、与周围内容的距离等。同样，网页中的所有 span 标签都会按照 span 定义的属性显示，即红色，字体大小为 20px；span 这个标签本身没有任何显示效果，所有显示效果都由 CSS 进行定义，在网页设计时也应用得较多。

实例 10-1 在 HTML 内部定义了 CSS 样式，CSS 样式的定义在 HTML 的头部（<head>和</head>之间），定义的固定简化语法如下：

```
<style type="text/css">
    样式名 1{样式属性 1:属性值;样式属性 2:属性值; }
    样式名 2{样式属性 1:属性值;样式属性 2:属性值; }
</style>
```

一个 CSS 定义中可以包含多个 CSS 样式，一个 CSS 样式中可以定义多个属性。

关于 CSS 的语法的一个简单的类比：

```
张飞{
身高:188cm;
体重:120kg;
武器:丈八蛇矛
}
```

在这个例子里，张飞这个样式有三个属性，每个属性都有属性值，不同属性之间由分号分隔开。

通过 CSS 重新定义的标签会自动对网页中的所有对应的 HTML 标签起作用。

【注意事项】

- 在实例 10-1 中，CSS 样式必须是已有的 HTML 标签，如 p、h3、li 等，这种 CSS 定义方法称为标签选择器（Tag Selector）。
- 在实例 10-1 中，CSS 定义在 HTML 内部，按照定义的位置，这种 CSS 定义称为内部 CSS。
- 学习这一部分，一定要清楚 CSS 的定义和 CSS 的应用。只定义 CSS 没有应用，就看不到 CSS 的显示效果，没有定义 CSS 样式就不能应用。
- <!--和-->标记称为越过标记，当浏览器不支持 CSS 语法时，会自动越过此标记。这是历史遗留写法，为了在某些不支持 CSS 的浏览器中不显示 CSS 的定义。在学习阶段，可以不写。

- 常用的HTML标签主要有：div、span、h1、ul、li、a、img、p、strong、em等。每个HTML标签都预定义了一些样式(如strong的字体加粗),有自己的显示效果,CSS样式可以扩展或覆盖HTML原有的属性。
- 不要在属性值与单位之间留有空格,比如“font-size：20px;”不要写成“font-size：20 px;”。

【问题】

- 什么是CSS的属性和属性值,说出你知道的CSS属性。
- 尝试在实例10-1的body中添加多个h2和span。观察多个h2和span是否在同一行显示。

10.4 常用属性

CSS有很多属性,CSS的属性和属性值都是由国际组织定义的,CSS属性的学习与应用是CSS学习的重要内容。

【实例10-2】

【实例描述】

实例10-2显示效果如图10-2所示,图中给出了商品的基本信息,包括商品图像、商品名称和价格,在实现过程中,每一部分都要选择合适的标签,然后对每个标签用CSS进行修饰。

经典幼儿教育丛书全集

¥21.5 ¥28.5

图10-2　商品信息

【实例分析】

- 实例要求用代码完成,可在Dreamweaver代码视图、EditPlus、记事本、E-TextEditor、aptana等工具中输入代码。推荐使用Dreamweaver的代码视图。
- 相关代码如下。

```
<html>
<head>
<title>商品信息</title>
<style type="text/css">
p {
    font-size:12px;
}
em {
    color: #9c9c9c;
    text-decoration: line-through;
    font-style: normal;
}
strong {
    color: #cc3300;
}
a {
    color: #666666;
```

```
text-decoration: none;
}
</style>
</head>
<body>
<p><img src="book.gif" width="120" height="120" /></p>
<p><a href="#">经典幼儿教育丛书全集</a></p>
<p><strong>¥29.5</strong><em>¥21.5</em></p>
</body>
</html>
```

【实例说明】

对网页中的内容选择合适的 HTML 标签进行修饰，是网页设计的最重要的第一步，也是设计 CSS 的基础。CSS 必须要作用于具体的 HTML 标签上，在进行 CSS 设计的时候，一定要清楚设计的 CSS 样式是作用在哪个或者哪些 HTML 标签上的。

对网页中的每一部分，都要选择合适的标签进行修饰。一般来说，单独占一行的文字可以采用 p、h2 等标签；一行的文字中的部分文字可以采用 span、strong、em 等标签；列举并列的内容可以采用 ul、li 标签。

在本例中，采用了 p 标签修饰每一行；em 和 strong 分别修饰商品折扣前的价格和折扣后的价格；并且商品名称需要进行超链接，采用了 a 标签。

标签本身的显示效果已经不能满足页面显示的需要，必须通过 CSS 进行个性化的修饰。p 样式定义了 font-size（字体大小）为 12px；em 样式定义字体颜色为#9c9c9c；字体的修饰为删除线，字体不为斜体；strong 样式定义了字体颜色；a 标签定义了字体颜色，去除了超链接的下划线。

在这个例子里，商品名称、商品折扣前价格和商品折扣后价格分别选用了 p、em、strong 三个 HTML 标签，其实很多其他的标签都可以取代它们达到同样的效果。在选定 HTML 标签的时候，需要考虑到标签的语义化和标签本身的显示效果。

本例中如果不用 em 修饰折扣后价格，而采用 span 标签，那对应的 CSS 定义可以更加简化：

```
span {
        color: #9c9c9c;
        text-decoration: line-through;

}
```

【问题】

在这个例子里，strong 和 em 是否可以分别修饰折扣前价格和折扣后价格？如果这样修饰，对应的 CSS 如何定义？

【实例 10-3】

【实例描述】

实例 10-3 显示效果如图 10-3 所示。该实例通过列表的方法展现了一个类似于表格的效果，要逐渐学会用列表代替表格的功能。列表可以完全通过 CSS 来展现页面的效果,而不是通过 HTML,CSS 的功能比 HTML 要强大的多。只在有限的必要的地方使用表格。

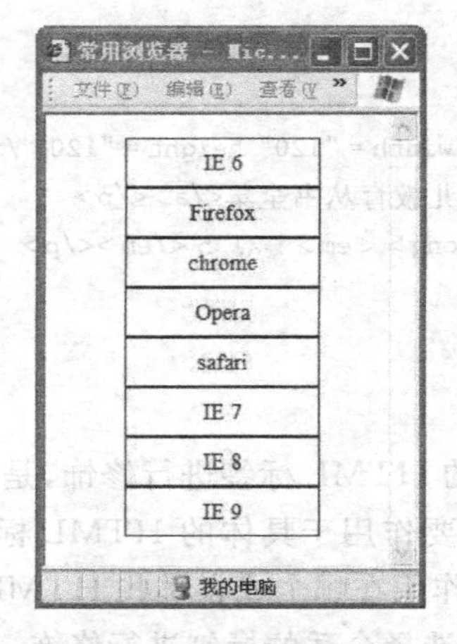

图 10-3 带边框的列表

【实例分析】

- 实例要求用代码完成,可在 Dreamweaver 代码视图、EditPlus、记事本、Notepad++、E-TextEditor、aptana 等工具中输入代码。推荐使用 Dreamweaver 的代码视图。
- 通过对列表项 li 的修饰完成实例的效果。
- 相关代码如下。

```
<html>
<head>
<title>有边框的列表</title>
<style type="text/css">
li{
    height: 30px;
    width: 120px;
    border: 1px solid #009;
    list-style-type: none;
    text-align: center;
    font-size: 14px;
    line-height: 30px;
}
</style>
</head>

<body>
<ul>
    <li>IE 6</li>
    <li>Firefox</li>
    <li>chrome</li>
    <li>Opera</li>
    <li>safari</li>
```

```
        <li>IE 7</li>
        <li>IE 8</li>
        <li>IE9</li>
    </ul>
    </body>
    </html>
```

【实例说明】

实例 10-3 中定义了常用的 CSS 属性及属性值，常用的 CSS 属性及属性值如表 10-1 所示。

表 10-1 常用字体属性

属性名称	属性值	示例
字体名称属性(font-family)	Arial，Tahoma，Courier，宋体等	p{font-family:Arial}
字体大小属性(font-size)	常用单位有 pt 和 px(pixel)	span{font-size:14px}
字体风格属性(font-style)	normal，italic(斜体)	span{font-sytle:italic}
字体浓淡属性(font-weight)	normal、bold	span{font-weight:bold}
字体颜色(color)	pink、yellow、#ff23e7、#cc3	h2{color:green}
文本对齐属性(text-align)	left(左对齐)、right(右对齐)、center(居中)	p{text-align:right}
文本修饰属性(text-decoration)	underline(下划线)、overline(上划线)、line-through(删除线)、none	a{text-decoration: none}
行高属性(line-height)	常用行高单位：px、pt、%	p{line-height:150%}
字间距属性(letter-spacing)	常用字间距单位：px、em	strong {letter-spacing: 3px}
宽度(width)	常用长度单位：px、pt、em、%	width: 300px
高度(height)	常用高度单位：px、pt、%	height: 30px
边框(border)	边框的样式、宽度和边框颜色	border:1px solid #009
列表样式类型(list-style-type)	none、disc	list-style-type: none
首行缩进(text-indent)	2em、10px	text-indent:2em

实例 10-3 中，定义了 li 样式，li 定义了多个属性，理解这些属性的意义是非常重要的。

li 是 CSS 设计中最重要的标签之一，在定义了 li 样式之后，网页中所有的 li 都会按照 CSS 的定义显示。

文本水平居中，使用“text-align: center”；单行文字垂直居中，设置该行文字的行高(line-height)为该行文字所在容器的高度。列表默认的情况下前面都有圆点，用来表示罗列，“list-style-type: none”可以使列表前面的圆点不显示。

line-height(行高)有两种典型用法，一种用来设置单行垂直居中，一种用来设置行与行之间的距离，在这个例子里，这两种用法合二为一。

border 的属性值比较特殊，有三个属性值，分别是边框的宽度、边框的样式和边框的颜色。一般情况下边框的宽度设为 1px，边框的样式设为 solid(实线)，边框的颜色设为具体的颜色值。学习盒模型之后，将会对边框有更深入的理解。

【常见错误】

没有正确的文件结构。HTML 文件中，在 head 中定义 CSS 样式，在 style 中编写 CSS

样式,在 body 中应用 CSS 样式。上述所有标签都是成双成对的,有开始标签和结束标签。

10.5 CSS 选择器

10.5.1 标签选择器

所谓标签选择器,是指以已有的 HTML 标签作为名称的选择器,比说 body,h1,h2,td,ul,li 等。通过 CSS,可以重新定义这些 HTML 标签的显示样式。本章前面的例子都采用的是标签选择器。

【实例 10-4】

【实例描述】

实例 10-4 显示效果如图 10-4 所示。该实例是一个典型的列表,每个列表项分为两部分,前半部分是超链接,后半部分是一些不同样式的文字。超链接的默认样式是有下划线,字体颜色为蓝色,如果修改超链接的这种显示效果,必须通过 CSS 来进行定义。

本实例重点关注其 HTML 结构和对超链接的 CSS 定义。

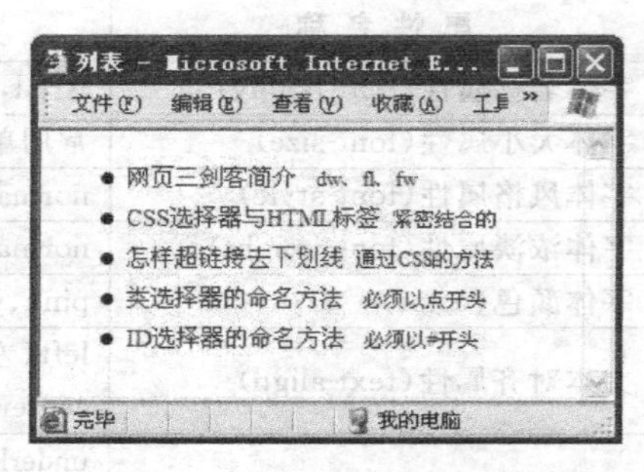

图 10-4 列表和超链接

【实例分析】

- 实例要求用代码完成,可在 Dreamweaver、EditPlus、记事本等工具中输入代码,推荐使用 Dreamweaver 的代码视图。
- 相关代码如下。

```
<html>
<head>
<title>列表</title>
<style type = "text/css">

li {
        line - height: 24px;
        height: 24px;
}
a {
        color: #906;
        text - decoration: none;
        font - size: 14px;
}
span {
        color: #039;
        font - size: 12px;
}
</style>
```

```
</head>
<body>
<ul>
  <li>   <a href="#">网页三剑客简介</a>
          <span>dw、fl、fw</span>                    </li>
  <li>   <a href="#">CSS 选择器与 HTML 标签 </a>
          <span>紧密结合的</span>                    </li>
  <li>    <a href="#">怎样超链接去下划线 </a>
          <span>通过 CSS 的方法</span>                </li>
  <li>    <a href="#">类选择器的命名方法</a>
          <span>必须以点开头</span>                   </li>
  <li>     <a href="#">ID 选择器的命名方法</a>
          <span>必须以#开头</span>                    </li>
</ul>
</body>
</html>
```

【实例说明】

标签选择器的名字必须是已有的 HTML 标签，由于它是重新定义 HTML 标签的显示样式，所以它不需要被调用，网页中的相应标签就会自动按照重新定义后的 HTML 标签进行显示。

超链接经常需要去除下划线，可以采用"text-decoration: none"的方法。

【技巧】

在该实例中，对 li 既定义了高度(height)又定义了行高(line-height)，按照 CSS 的标准，只需要定义行高即可，不需要重复定义相同的高度和行高。这么做是为了保证浏览器的兼容性，避免网页在 IE 浏览器中出现计算高度不准确的错误。

【问题】

该实例中的 span 是否可以用 stong 或 em 替换？用 h2 或 p 呢？

10.5.2 ID 选择器

IDentity 的含义是标识，ID 选择器一般用来修饰盒子或者说布局层次的内容，一般不用来修饰具体的内容。ID 选择器在一个网页中按照规范只能使用一次，并且可以被 JavaScript 在需要的时候调用。ID 选择器多应用在 DIV+CSS 的设计方法中，经常和 DIV 标签配合使用。

【实例 10-5】

【实例描述】

实例 10-5 显示效果如图 10-5 所示。在该实例中，首先定义了一个 ID 选择器#box，它的背景颜色为#fee，边框宽度为 1px，边框样式为实线，边框颜色为#999；然后在 HTML 中通过 DIV 标签应用该样式。在网页中，应用 DIV 标签和 CSS 可以完成如图 10-5 所示的长方形区域，通常叫做盒子(BOX)，盒子在后面的章节中将会有详细介绍。ID 选择器最重要的功能就是编写盒子，一般与 DIV 标签一起使用。

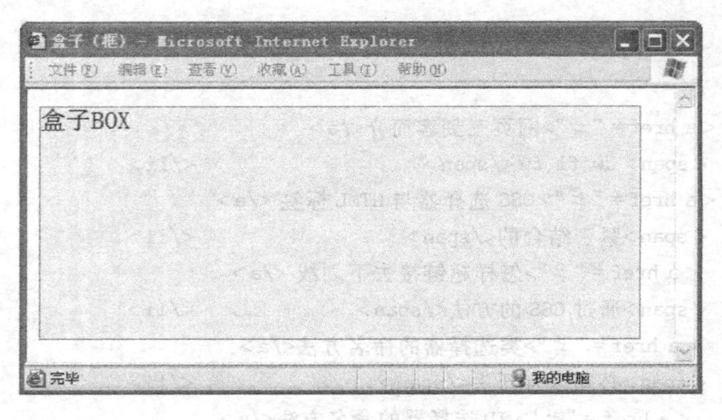

图 10-5 ID选择器

【实例分析】

- 实例要求用代码完成,可在 Dreamweaver、EditPlus、记事本等工具中输入代码,推荐使用 Dreamweaver 的代码视图。
- 相关代码如下。

```
<html>
<head>
<title>盒子(框)</title>
<style type="text/css">
#box {
        background-color: #fee;
        border: 1px solid #999;
        height: 200px;
        width: 500px;
  }
</style>
</head>

<body>
<div id="box">盒子 BOX</div>
</body>
</html>
```

【实例说明】

该实例定义了一个 ID 选择器#box,定义了盒子的背景颜色和边框的宽度、样式和颜色,并且在 HTML 页面中应用了#box。

ID 选择器定义的语法和其他选择器相同,它主要用于编写盒子(BOX)。

ID 选择器的名称必须以"#"开头,如#head、#nav。

ID 选择器在调用的时候,调用语法可仿照<div id="box">,id 后面跟 ID 选择器的名称,注意不带"#"。

宽度(width)、高度(height)、背景颜色(background-color)、背景图片(background-image)、边框(border)都是盒子的常用属性。一定要注意长度和宽度的单位,盒子的长度和宽度也可以采用百分比和 em,如 50%,2em。

注意 ID 选择器的调用方法，原则上 ID 选择器在一个 HTML 文件中只能调用一次。

10.5.3 CLASS 选择器

CLASS 选择器允许重复使用，其命名必须以“.”开头，如. list、. title 等。先看下面的例子。

```
.list {
        font-size: 36px;
        background-color: #cf9;
}
```

这就定义了一个名称为 list 的 CSS 样式。对于 CLASS 选择器，可以在整个网站内的多个网页里重复使用，从而节省代码，重用代码，并且使整个网站的显示风格保持一致。

CLASS 选择器在 HTML 中调用的语法如下：

```
<p class="list">内容</p>
```

其中 p 可以换为其他标签，值得注意的是，在调用 CSS 的时候，只有选择器名称 list，没有“.”。如果要为样式加多个属性，在两个属性之间要用分号加以分隔。

【实例 10-6】

【实例描述】

实例 10-6 显示效果如图 10-6 所示。在该实例中既包括了标签选择器，又包括了类选择器。通过该实例的具体效果，可以很清楚地看到这两种选择器的区别和联系。

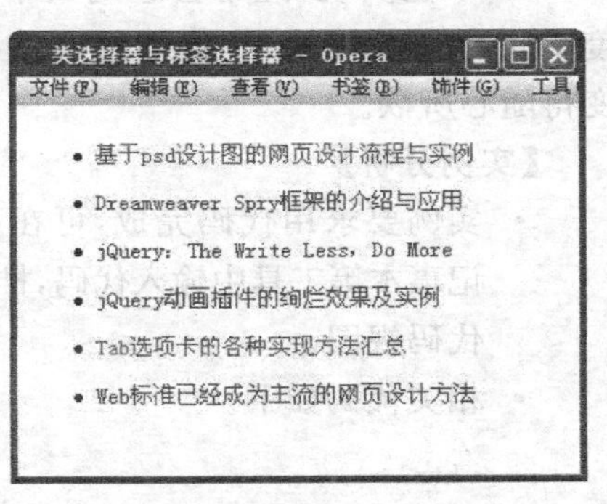

图 10-6 专用类选择器

【实例分析】

- 实例要求用代码完成，可在 Dreamweaver、EditPlus、记事本等工具中输入代码，推荐使用 Dreamweaver 的代码视图。
- 相关代码如下。

```
<html>
<head>
<title>类选择器与标签选择器</title>
<style type="text/css">

a {
    font-size: 14px;
    line-height: 30px;
    color: #036;
    text-decoration: none;
}
.red {
    color: #f00;
}
</style>
</head>
```

```
<body>
<ul>
<li><a href="#" class="red">基于psd设计图的网页设计流程与实例</a></li>
  <li><a href="#">Dreamweaver Spry框架的介绍与应用 </a></li>
  <li><a href="#">jQuery: The Write Less,Do More </a></li>
  <li><a href="#">jQuery动画插件的绚烂效果及实例</a></li>
  <li><a href="#" class="red">Tab选项卡的各种实现方法汇总 </a></li>
  <li><a href="#">Web标准已经成为主流的网页设计方法</a></li>
</ul>
</body>
</html>
```

【实例说明】

标签选择器对整个网页内的所有标签都自动起作用,如果想对个别内容进行个性化处理,就可以采用类选择器,而且类选择器可以使用多次。类选择器必须在具体的HTML标签上应用,如果没有选择合适的标签,某些CSS属性甚至不会起作用。

在该实例中,通过标签选择器a修饰超链接,通过类选择器.red将某个具体的超链接变成红色。值得注意的是,如果将.red直接应用在li标签上,是无法将超链接变成红色的。

【实例10-7】

【实例描述】

实例10-7显示效果如图10-7所示。在设计表单的时候,很多表单的效果通过单纯的HTML不能实现,经常会遇到文本框和密码框的长度、高度不同的问题,而CSS能够解决这些问题,让表单的设计变得随心所欲。

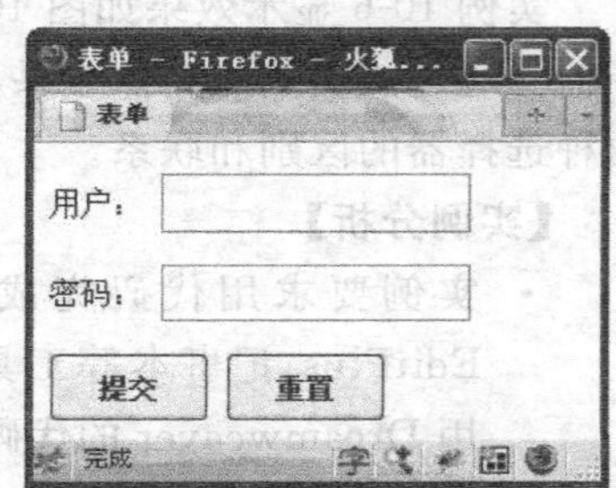

图10-7 表单的美化

【实例分析】

- 实例要求用代码完成,可在Dreamweaver、EditPlus、记事本等工具中输入代码,推荐使用Dreamweaver的代码视图。
- 相关代码如下。

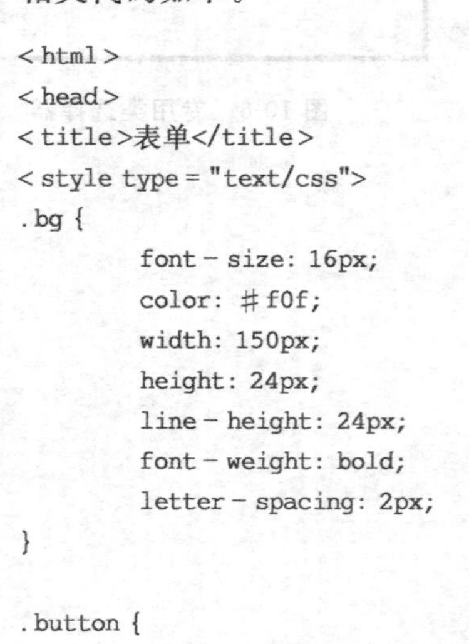

```
<html>
<head>
<title>表单</title>
<style type="text/css">
.bg {
        font-size: 16px;
        color: #f0f;
        width: 150px;
        height: 24px;
        line-height: 24px;
        font-weight: bold;
        letter-spacing: 2px;
}

.button {
        height: 36px;
```

```
            font - weight: bold;
            color: #00c;
            width: 80px;
            font - size: 14px;
    }
    </style>
    </head>
    <body>
    <form>
    <p>用户:<input name="user" type="text" class="bg" /></p>
    <p>密码:<input name="pwd" type="password" class="bg" />  </p>
    <input name="sub" type="submit" class="button"  value="提交" />
    <input name="rs" type="reset" class="button"  value="重置" />
    </form>
        </body>
        </html>
```

【实例说明】

该实例定义了两个 CSS 样式：bg 和 button。bg 定义了 7 个属性，button 定义了 5 个属性。在 head 中定义了这两个 CSS 样式。

在 body 中，将相关样式应用在 input 标签上，这样，相应的表单控件就可以按照 CSS 定义的样式显示。

表单设计以功能为主，一般不会做太多的修饰；但如果能结合合适的背景图片，表单也可以做出很绚烂的效果。

该实例中 CSS 属性比较多，要结合表 10-1 加深对各个属性和属性值的理解。

【思考问题】

在本实例中如果使用标签选择器 input 代替类选择器. button，是否能够达到和本实例相同的显示效果？

【实例 10-8】

【实例描述】

实例 10-8 显示效果如图 10-8 所示。在该实例中，应用了背景图片。该实例包含很多典型效果如水平居中、垂直居中等。

【实例分析】

- 实例要求用代码完成，可在 Dreamweaver、EditPlus、记事本等工具中输入代码，推荐使用 Dreamweaver 的代码视图。
- 相关代码如下。

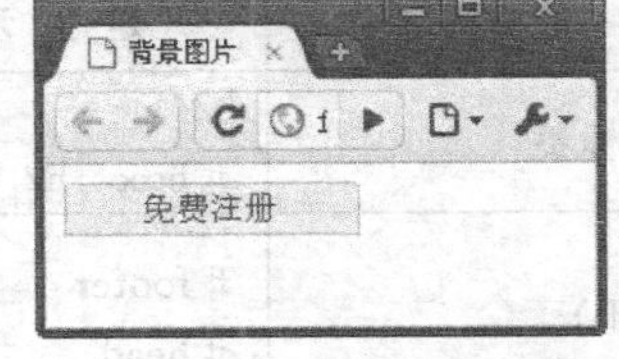

图 10-8　背景图片

```
    <html>
    <head>
    <title>背景图片</title>
    <style type="text/css">
    .title {
            font - size: 14px;
            line - height: 24px;
            color: #3664b9;
```

```
            background-image: url(tabview_bg.gif);
            text-align: center;
            height: 24px;
            width: 130px;
            letter-spacing: 1px;
    }
    /* 这里是 CSS 的注释 水平居中和单行垂直居中 */
    </style>
    </head>
    <body>
    <div class="title">免费注册</div>
    </body>
    </html>
```

【实例说明】

本实例是一个简单的盒子,布局层次的盒子可以用ID选择器,内容层次的盒子,可以用类选择器,没有严格的区别。ID选择器在网页中只能用一次,类选择器在网页中可以重复应用多次。

本实例给出了背景图片的基本语法,关于背景图片的进一步控制,将在下一章里详细讨论。

该实例也给出了CSS注释的基本语法,以"/*"开始到"*/"结束,注释不会在网页中显示,只是给开发者的一个提示和参考,是一种非常好的习惯。

【常见错误】

背景图片不能正确显示,可能原因如下:

- 没有注意图像文件和HTML文件的位置,本实例中这两个文件在同一目录下。
- 图像文件名中包含汉字或特殊字符。
- 图像文件扩展名不正确,请确定扩展名是jpg、jpeg还是gif。

10.5.4 CSS选择器小结

表10-2给出了CSS选择器的常用语法。

表10-2 三种选择器小结

选择器名称	定义示例	调用示例	说明
标签	h2 #box h2	自动对网页中的对应标签起作用	重新定义已有标签
ID	#footer #head	<div id="head">	选择性调用,原则上一个文件中只能用一次,经常和div标签一起使用
CLASS(类)	.list .title	<span class="list">	选择性调用,可多次使用

【实例10-9】

【实例描述】

实例10-9显示效果如图10-9所示。该实例包括了群组选择器和后代选择器这两种常用的CSS语法,群组选择器能够同时定义多个相同属性的CSS样式;后代选择器一般用来定义标签选择器，能够指定 CSS 样式的作用范围，更加精确地使用 CSS，避免同一个网页中相同标签的互相干扰。

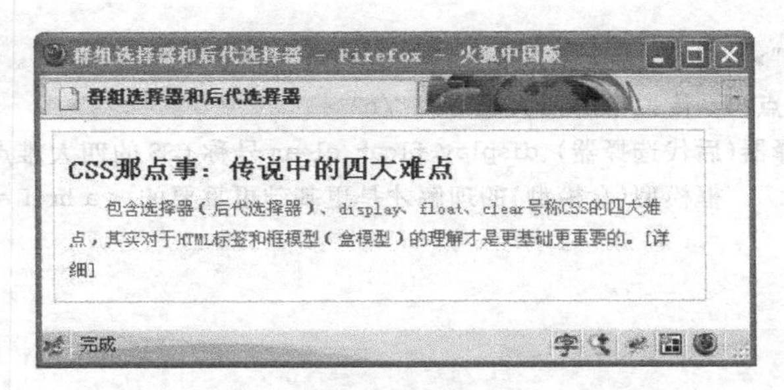

图 10-9　群组选择器和后代选择器

【实例分析】

- 实例要求用代码完成，可在 Dreamweaver、EditPlus、记事本等工具中输入代码，推荐使用 Dreamweaver 的代码视图。
- 相关代码如下。

```
<html>
<head>
<title>群组选择器和后代选择器</title>
<style type="text/css">
    p,h2{
        padding:0px;
        margin:0px;
    }
    #box {
        width: 415px;
        border: 1px solid #ccc;
        padding: 10px;
    }
    #box h2 {
        font-size: 18px;
        line-height: 33px;
    }
    #box p {
        color: #727171;
        text-indent: 2em;
        font-size: 12px;
        line-height: 21px;
    }
    #box a {
        font-size: 12px;
        color: #ba2636;
        text-decoration: none;
    }
</style>
```

```
</head>

<body>
<div id="box">
  <h2>CSS那点事：传说中的四大难点  </h2>
  <p>包含选择器(后代选择器)、display、float、clear号称CSS的四大难点，其实对于HTML标签和
                    框模型(盒模型)的理解才是更基础更重要的.<a href="#">[详细]</a></p>
</div>
</body>
</html>
```

【实例说明】

该实例中有两种特殊的CSS语法。

第一种语法是群组选择器，它可以将多个CSS样式定义为相同的内容，多个CSS样式间用“,”分隔开，这样可以简化CSS的编写，在定义标签选择器时常用这种语法，示例如下。

```
p,h2{
    padding:0px;
    margin:0px;
}
```

这里定义了两个CSS样式(标签选择器)，分别是h2和p，网页中如果有这些标签，都会按照上述新的CSS样式进行显示。

这里定义的属性padding和margin的主要作用是设置该标签和周围的距离，很多标签如h2、p、ul都和相邻的元素或父元素有默认的距离，在进行CSS的设计的时候，最好的做法就是把这种默认的距离设置为0，一切都由CSS来进行控制。这是一个非常重要的设计技巧，能够避免很多设计方面的问题。

#box的属性padding的基本意思是内容到边框的距离，可以去掉这个属性或修改这个属性的属性值看一下网页显示效果的变化以更好地理解这个属性的含义。在盒模型部分将对padding进行进一步的讨论。

第二种语法是后代选择器，也叫做包含选择器，这是一种非常重要的语法，示例如下。

```
#box a {
    font-size: 12px;
    color: #ba2636;
    text-decoration: none;
}
```

这里定义了CSS样式a，前面的#box是a的作用范围，也就是说，只有在#box标签内部的超链接才按照上述新的样式显示，网页中其他地方的超链接，将不会按照上面的CSS样式进行显示。

在网页设计的过程中，标签选择器一般都会采用后代选择器的形式，在前面加上标签的作用范围，因为标签选择器默认是对整个网页中的所有标签自动起作用的。如果网页的不同部分都有同一标签，使用后代选择器可以分别对每一部分的标签进行修饰，而不互相干扰。

10.6 CSS 的位置

10.6.1 内嵌样式

内嵌样式是通过 HTML 标签的 style 属性进行 CSS 的定义。内嵌样式只对所在的标签有效；每个标签都有一个 style 属性，在 style 属性的属性值里定义 CSS 样式。内嵌样式在网页中应用较少，一般用于对已有平台中的网页的指定部分进行个性化装饰，如淘宝店铺的装修等。具体语法参考下面的例子，其显示效果如图 10-10 所示。

```
<html>
<head>
<title>内嵌样式</title>
</head>
<body>
<span style = "font - size:5em; color:red">红色的 5em 大小的字</span>
</body>
</html>
```

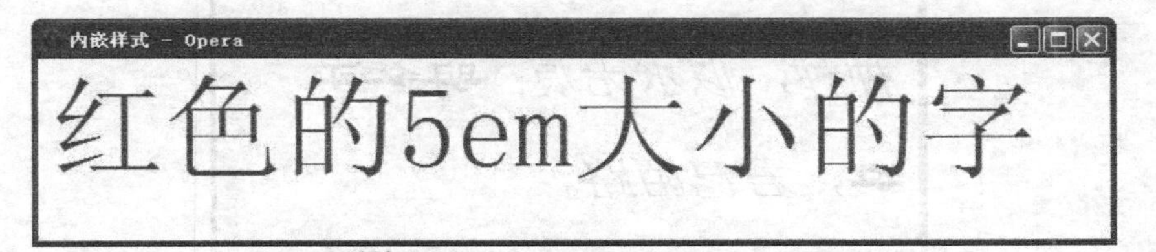

图 10-10 内嵌样式

在上面的例子中<span style="font-size:5em; color:red">这一行就定义了一个内嵌样式，样式的作用范围为 span 标签内部。

一般情况下，不推荐在网页中使用内嵌样式。

10.6.2 内部样式表

内部样式表(Internal Style Sheet)是写在 HTML 的<head>和</head>中间的。内部样式表只对其所在的网页有效。前面的实例中用到的 CSS 都是内部样式表，其中定义的样式不能被其他网页引用。

随着网速的提高，内部样式表得到了比之前更多的应用。

10.6.3 外部样式表

外部样式表(External Style Sheet)是指 CSS 样式定义在 HTML 文件的外部，以一个文件的形式存在，文件的扩展名为 css。而内部 CSS 的 CSS 样式定义在 HTML 文件的内部。

外部 CSS 的定义和应用方法与内部 CSS 相同，其不同之处是内部 CSS 只能被一个网页引用，而外部 CSS 可以被多个网页引用。

CSS被多个网页引用时,可以使多个网页保持一致的风格,完成美观、统一的网站页面设计。

外部CSS与内部CSS的定义及应用的语法相同,需要额外做的工作是把外部的CSS文件和HTML文件关联在一起,这个操作叫做链接(link)或导入(import)。

【实例10-10】

【实例描述】

实例10-10显示效果如图10-11所示。在该实例中,CSS样式定义在一个单独的CSS文件font.css中,CSS样式的引用和内部CSS相同,增加在HTML内链接CSS文件的过程。注意观察该实例的HTML结构和CSS属性在网页中的显示效果,同时注意字体的斜体和正常的设置方法。

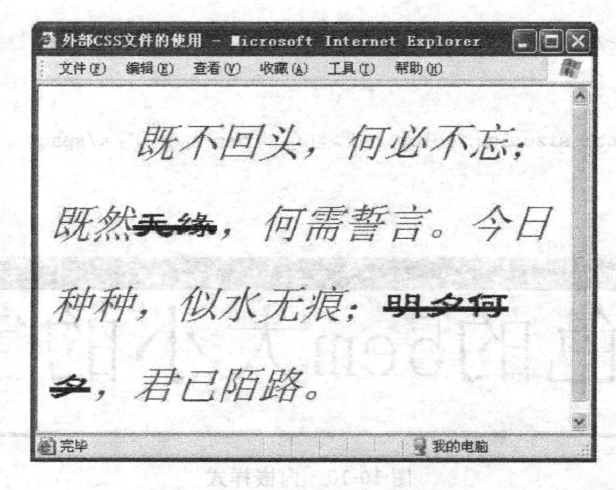

图10-11 外部CSS文件的使用

【实例分析】

- 实例要求用代码完成,可在Dreamweaver、EditPlus、记事本等工具中输入代码,推荐使用Dreamweaver的代码视图。
- 相关代码如下。

font.css文件的内容:

```
p {
    font-size: 36px;
    color: #f0f;
    line-height: 200%;
    text-indent:2em;
    font-style: italic;
}
.text {
        font-family: "隶书";
        color: #007;
        font-style: normal;
        text-decoration: line-through;

}
```

HTML 代码如下：

```
< html >
< head >
< title>外部 CSS 文件的使用</title>
< link href = "font.css" rel = "stylesheet" type = "text/css" />
</head >
< body >
< p >既不回头,何必不忘; 既然< span class = "text">无缘</span>,何需誓言。今日种种,似水无痕;
< span class = "text">明夕何夕</span>,君已陌路。</p>
</body >
</html >
```

【实例说明】

在这里需要特别注意,HTML 文件和 CSS 文件都是操作系统级别的文件,在 HTML 文件中如果需要使用 CSS 文件中定义的 CSS 样式,必须先与 CSS 文件建立联系。

在上面的 HTML 代码中,<link href="font. css" rel="stylesheet" type="text/css" /> 把 CSS 文件链接到了 HTML 文件中,在 HTML 中就可以应用在 font. css 中定义的样式 p 和. text 了。

外部 CSS 在现实中得到了广泛的应用,它不但应用于网页样式的显示上,更应用于保证网站风格的一致性上。如果把现实中看到的网页保存下来,大多数都会看到该网页引用的外部 CSS 文件。

现实中的网页设计之前大多采用外部样式表。如果采用外部样式表,每个 CSS 文件也将会对服务器提出一个单独的请求,增加服务器负担; 随着网速的提高,某些比较追求服务器响应速度的网站也开始使用内部样式表。目前,外部样式表和内部样式表都有着比较广泛的应用。

加载外部 CSS 有两种方法：link 和@import。@import 的使用方法如下：

```
<style type = "text/css">
    @import url("font.css");
</style >
```

link 和@import 的区别很细微,初学者可以不用考虑。建议用 link,这样可以通过 DOM 操作 link 标签,完成一些相关的功能。

10.7 CSS 伪类

CSS 伪类是一种特殊的 CSS 定义方法,主要用于对超链接的显示效果的定义。

【实例 10-11】

【实例描述】

实例 10-11 显示效果如图 10-12 所示。该实例中使用了内部 CSS,定义了超链接的相关显示样式,包括超链接的显示样式、单击时超链接的显示样式、访问后的超链接显示样式、鼠标在超链接上时超链接的显示样式。

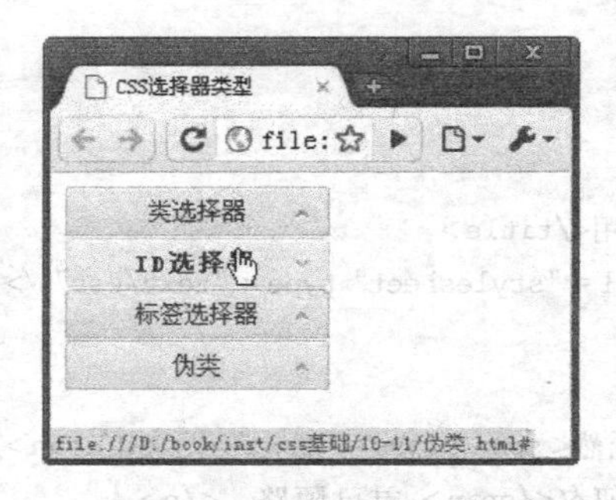

图 10-12 CSS 伪类

【实例分析】

- 实例要求用代码完成,可在 Dreamweaver、EditPlus、记事本等工具中输入代码,推荐使用 Dreamweaver 的代码视图。
- 相关代码如下。

```
<html>
<head>
<title>CSS 选择器类型</title>
<style type="text/css">
a {
	font-size: 14px;
	line-height: 30px;
	text-decoration: none;
	text-align: center;
	height: 30px;
	width: 150px;
	display: block;
}
a:link {
	color: #036;
	background-image: url(link.gif);
}
a:visited {
	font-weight: bold;
	text-decoration: line-through;
	background-image: url(link.gif);
}
a:hover {
	font-weight: bold;
	color: #90C;
	background-image: url(hover.gif);
	letter-spacing: 2px;
}
a:active {
	color: #f00;
	letter-spacing: 3px;
	text-decoration: underline;
	font-style: normal;
```

```
}
</style>
</head>
<body>
<a href="#">类选择器</a>
<a href="#">ID 选择器</a>
<a href="#">标签选择器</a>
<a href="#">伪类</a>
</body>
</html>
```

【实例说明】

本实例定义了 5 个 CSS 样式，对其含义说明如下：

- a：超链接。
- a:link：网页中超链接的显示样式。
- a:visited：访问过的超链接的显示样式。
- a:hover：鼠标在超链接上方时超链接的显示样式。
- a:active：正在单击时的超链接的显示样式。

在没有进行上述 CSS 设置时，超链接的默认显示样式如下：

- a:link：字体颜色蓝色，超链接带下划线。
- a:visited：超链接字体颜色变为另一种颜色。
- a:active：无特殊效果。
- a:hover：鼠标指针变成手状。

通过 CSS 伪类的应用，可以重新定义上述超链接的各种显示样式，如让超链接的默认颜色为黑色、超链接没有下划线等。

在本实例中，a 定义了宽度、高度、display（显示）、text-decoration（文字修饰）、text-align（文本水平居中）和行高。display：block 定义超链接为块状，从而可以设置宽度和高度，行高和 text-align 分别定义了文字的水平居中和垂直居中，text-decoration：none 去掉了超链接默认的下划线。

a 和 a:link 都可以修饰超链接，但是 a 的属性还可以被 a:visited、a:hover 等继承。所以一般公共的属性，都会在样式 a 中定义；超链接的默认样式，在 a:link 中定义。

由于 CSS 优先级的关系，在写伪类时，一定要按照 a:link，a:visited，a:hover，a:actived 的顺序书写。

CSS 伪类在网页设计的过程中有着广泛的应用，经常使用后代选择器的形式定义 CSS 伪类。

10.8 层　　叠

一个网页中可能应用到多个外部 CSS 文件，并同时应用了内部 CSS 和内嵌式 CSS。但如果这些 CSS 的定义中有相同名称的样式，到底是哪个样式起作用呢？在同一个网页中定义了多个相同名称的 CSS 样式的情况叫做层叠。层叠是指相同名称的 CSS 样式，在后面定义的样式中的属性覆盖前面定义的样式中的相同的属性。如果后面定义的样式中没有前面定义的样式中的一些属性,那么后面定义的样式就会继承这些它没有的属性。

【实例 10-12】

【实例描述】

实例 10-12 显示效果如图 10-13 所示。该实例的外部 CSS,内部 CSS 都定义了 h1 样式,并且还通过内嵌 CSS 定义了 h1 的显示样式,到底 h1 会按照哪个定义来显示呢?

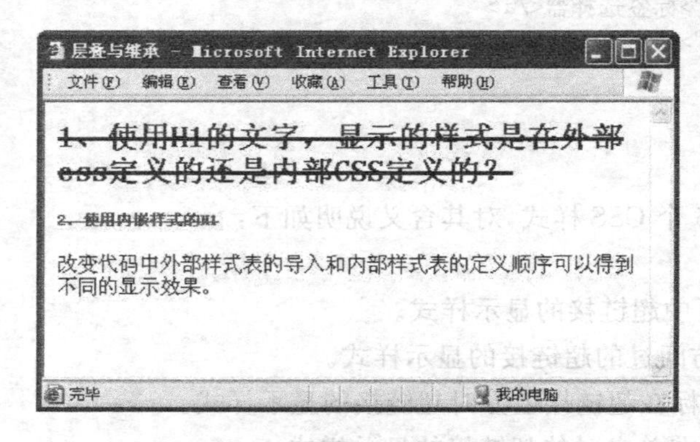

图 10-13 CSS 的层叠与继承

【实例分析】

- 实例要求用代码完成,可在 Dreamweaver、EditPlus、记事本等工具中输入代码,推荐使用 Dreamweaver 的代码视图。
- 相关代码如下。

Cascading.css 中的内容:

```
h1 {
font-size: 24px;
color:blue;
}
```

HTML 代码如下:

```
<html>
<head>
<title>层叠与继承</title>
    <style type="text/css">
    h1 {
    font-size: 36px;
    color: red;
    text-decoration: line-through;
    }
    </style>
<link href="Cascading.css" rel="stylesheet" type="text/css" />
</head>
<body>
<h1>1、使用 H1 的文字,显示的样式是在外部 css 定义的还是内部 CSS 定义的?</h1>
<h1 style="font-size:12px;color:#ff00ff">2、使用内嵌样式的 H1 </h1>
<p>改变代码中外部样式表的导入和内部样式表的定义顺序可以得到不同的显示效果。</p>
```

```
</body>
</html>
```

【实例说明】

对于名称相同的样式，样式的优先级从高到低依次是内嵌(inline)、内部(internal)、外部(external)和浏览器缺省(browser default)。其中内部CSS和外部CSS没有优先级的先后，后定义的样式覆盖前面定义的样式，这就是所谓的层叠。

另外，id的优先级比class高，后代选择器的优先级比同名称的非后代选择器高。

所以对于上面的例子，第一部分按照外部CSS的定义显示，字体颜色为蓝色，因为外部CSS在内部CSS定义之后定义，覆盖了内部CSS中对h1的定义；第二部分按照内嵌样式的定义显示，因为内嵌样式的优先级最高。

如果把<link href="Cascading.css" rel="stylesheet" type="text/css" />这一行代码放在内部CSS定义的前面，第一部分的代码就会按照内部CSS的定义显示。

本实例中，内部CSS定义了样式h1：字体颜色为红色，大小为36px，有删除线。

外部CSS中也定义了样式h1：字体颜色为蓝色，大小为24px。

因为外部CSS在内部CSS后定义，所以页面中按照后定义的h1，即在外部CSS中定义的h1的样式显示，即颜色为蓝色，字体大小24px。同时又继承了内部CSS中定义的它没有的属性text-decoration，文字带删除线。

【注意事项】

相同名称的CSS样式，后定义的属性会覆盖前面定义的属性，但如果前面定义的样式中的属性没有被覆盖，那么网页中的实际显示样式就会既包括前面定义的没有被覆盖的属性，又包括后面定义的样式的属性，这就是继承。

【实例10-13】

【实例描述】

实例效果如图10-14所示，该实例包括了外部CSS样式表、标签选择器、类选择器与后代选择器，是一个相对综合的例子。

CSS.css中的内容

```
p {
    margin: 0px;
    padding: 0px;
}
```

HTML代码如下：

```
<html>
<head>
<title>层叠与继承</title>
<link href = "css.css" rel = "stylesheet" type = "text/css" />
<style type = "text/css">
.book {
    width: 280px;
}
```

图10-14 层叠与集成

```
p {
    line-height: 18px;
    color: #404040;
    font-size: 12px;
}

.book a {
    color: #1a66b3;
    text-decoration: none;
    font-size: 14px;
    line-height: 18px;
}
.tip {
    color: #777;
    text-indent: 2em;
}
.pirce {
    font-weight: bold;
    color: #cc3300;
}
.discount {
    color: #5ea593;
}
</style>
</head>
<body>
<div class="book">
  <p><a href="#">网页设计与制作实例教程</a></p>
    <p>作  者：袁磊、陈伟卫</p>
    <p>出版社：清华大学出版社 </p>
  <p><span class="pirce"> ¥29.50 </span><span class="discount">   75 折</span>
</p>
  <p class="tip">
基于 Web 标准的网页设计方法已经成为网页设计的主流方法,该书实例凝炼了绝大多数现实中网页
的典型效果,任务驱动,循序渐进,浏览器兼容。</p>
</div>
</body>
</html>
```

【实例说明】

外部样式表和内部样式表都定义了 p 标签,由于没有相同的属性,所有属性都会起作用。p、h3、ul 在进行 CSS 设计的情况下一定要对 margin 和 padding 两个属性进行设置,可以不为 0,但是不能是默认值。

. book a 是后代选择器,定义的是. book 里面的超链接,定义标签选择器的时候,一般都会像这样采用后代选择器的形式。

内容的每部分都选择合适的 HTML 标签,然后通过合适的 CSS 选择器来修饰对应的 HTML 标签。

10.9 习 题

1. 下列 CSS 样式名称(类选择器)哪些是正确的,哪些是错误的?

(1) .style1

(2) .main_box

(3) .521

(4) S1

(5) #left

(6) #7ab

(7) .voteimg

(8) img

(9) li

(10) .样式

(11) ok

(12) H1 A:hover

(13) #header A:visited

(14) #header SPAN

(15) .list SPAN A:hover

(16) #footer SPAN A:hover

2. 下面的代码中定义并应用了 CSS 样式 text,填写代码空白的部分。

```
<html>
<head>
<title>CSS</title>
<____(1)____ type="text/css">
<!--
.text {
    font-size: 12px;
    ____(2)____ : bold;
}
-->
</____(3)____>
</head>
<body>
<span ____(4)____ ="____(5)____">Class Selector<____(6)____>
</body>
</html>
```

3. 阅读并理解下面的代码,填写完整空白的地方,并说明 3 种类型的选择器都是如何调用的。

```
<html>
<head>
<title>CSS 填空</title>
    <style type="text/css">
```

```
    <!--
    #main {
        background-color: #ffccff;
        height: 60px;
        width: 200px;
    }
    body {
        font-size: 12px;
        width: 680px;
    }
    .tips {
        font-size: 18px;
        color: #00ffff;
        text-align: center;
    }
    -->
    </style>
</head>
<body>
    <div ___(1)___ = "main">
      <p class = ___(2)___ >类选择器</p>
     < ___(3)___ >
</body>
</html>
```

4. 定义并应用下列CSS样式，样式名称请自己给定。

(1) 字体大小2em，字体颜色#fc2，行高2.5em，加粗。

(2) 文字带删除线，行高150%，字体大小36px，文字对齐方式为右对齐。

(3) 建立一个盒子，宽300px，高200px，有背景图片，背景图片任选。

(4) 定义网页中所有的超链接没有下划线，颜色为黑色，背景颜色为gray；访问过的超链接没有下划线，颜色为#990，背景颜色为gray；鼠标在超链接上方的时候，超链接的颜色为#00f，加粗，背景颜色为#999。

(5) 建立样式#footer SPAN A:hover，字体颜色为红色，背景颜色为绿色，无下划线，行高150%，并使其在网页中起作用。

5. 如图10-15所示，阅读下列代码，回答相关的问题。

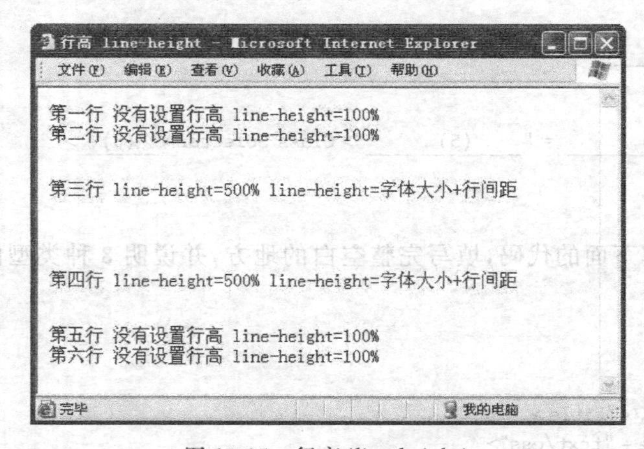

图10-15 行高(line-height)

```
<html>
<head>
<title>行高 line-height</title>
    <style type="text/css">
    <!--
    .s3 {line-height: 500%;color: #0000ff; font-size: 1em;}
    -->
    </style>
</head>
<body>
    第一行 没有设置行高 line-height=100% <br/>
    第二行 没有设置行高 line-height=100% <br/>
    <span class="s3">
    第三行 line-height=500% line-height=字体大小+行间距<br/>
    第四行 line-height=500% line-height=字体大小+行间距<br/>
    </span>
    第五行  没有设置行高 line-height=100% <br/>
    第六行 没有设置行高 line-height=100%
</body>
</html>
```

问题如下：

- 第 2 行和第 3 行的行间距是多少？
- 第 3 行和第 4 行的行间距是多少？
- 第 4 行和第 5 行的行间距是多少？

说明：em 为长度单位，表示字体高。使用 em 作为长度单位时，相关的文字大小等可以在浏览器中改变，满足更多的用户体验，如图 10-16 所示。

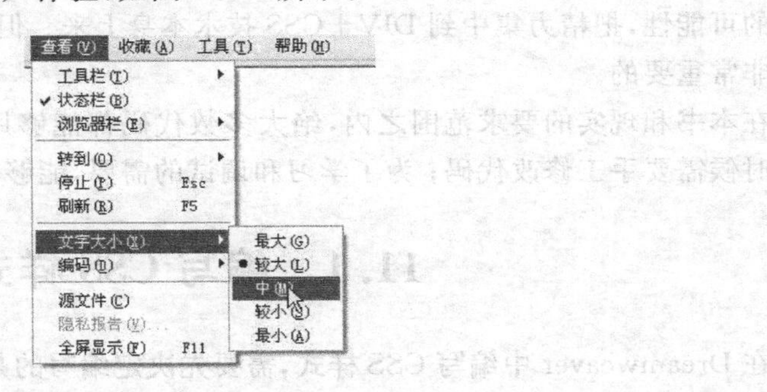

图 10-16 长度单位为 em 时改变文字大小

第11章 在 Dreamweaver 中使用 CSS

学习目标

通过本章学习，掌握在 Dreamweaver 中编写和应用 CSS 样式的方法，掌握常用的 CSS 属性。

核心要点

- 编辑 CSS 样式。
- 使用 CSS 样式。
- 综合实例。

从代码的角度理解和编写 CSS 对于 CSS 的学习是最重要的。但是对于初学者来说，过多的代码可能增大其学习的难度，减少其学习的信心，所以市面上绝大多数比较深入的 CSS 书籍都不是面向新手的。其实，选择合适的工具，降低学习的难度，在能够完成网页的基础上可以进一步加深对代码的理解。工欲善其事，必先利其器。选择合适的工具对于网页设计非常重要，毕竟，现实中需要的是网页设计的结果，而不是过程。

本章主要讨论在 Dreamweaver 中编写和应用 CSS。这样是为了降低代码的难度，减少出错的可能性，把精力集中到 DIV+CSS 技术本身上来。但是，对于 CSS 来说，对代码的研究是非常重要的。

在本书和现实的要求范围之内，绝大多数代码都能够用 Dreamweaver 自动生成，在必要的时候需要手工修改代码；为了学习和调试的需要，能够读懂和修改 CSS 代码是必须的。

11.1 编写 CSS 样式

在 Dreamweaver 中编写 CSS 样式，需要先决定编写的是内嵌 CSS、内部 CSS 还是外部 CSS。内嵌 CSS 在现实中较少使用，内部 CSS 和外部 CSS 的编写方法基本一致。下面，按操作顺序对 CSS 的编写过程进行说明。本章的截图使用的是 Dreamweaver CS 5 软件。

首先，打开 CSS 样式窗口，如图 11-1 所示，该操作的快捷键是 Shift+F11。CSS 样式窗口是对 CSS 进行编写和修改的窗口。本操作执行以后，以后使用 Dreamweaver 时 CSS 样式窗口就会默认存在。

图 11-1 打开 CSS 样式窗口

其次，单击图 11-2 右下角中的 按钮，新建 CSS 规则。将会出现如图 11-3 所示的“新建 CSS 规则”窗口。

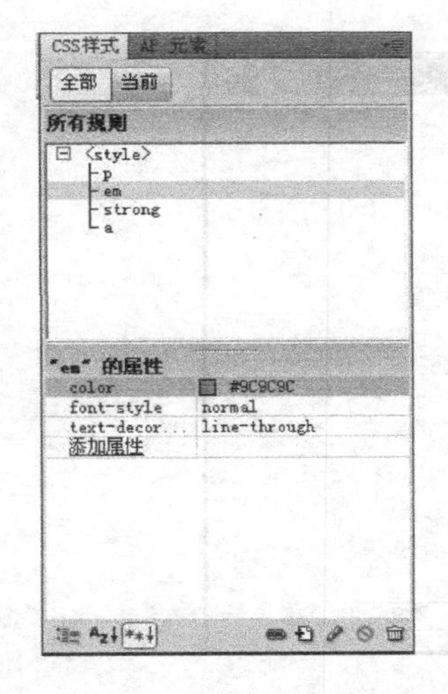

图 11-2 CSS 样式窗口

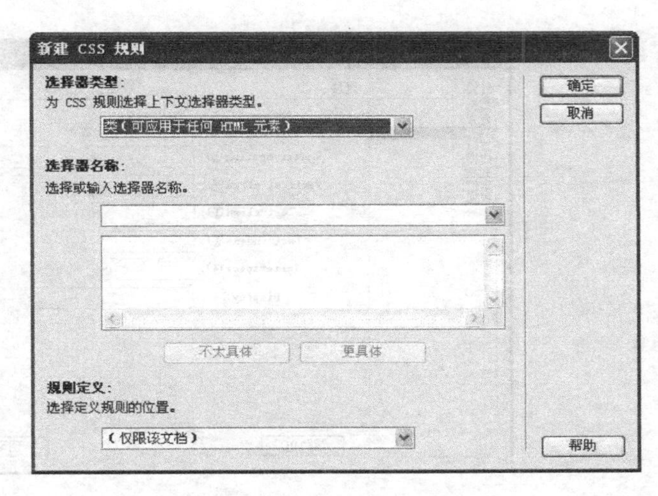

图 11-3 新建 CSS 规则

在新建 CSS 规则窗口中需要选择 CSS 选择器的类型，然后输入 CSS 选择器的名称，CSS 选择器的类型如图 11-4 所示。可以看出，主要的 CSS 选择器类型和上一章的相对应，主要包括类选择器、ID 选择器和标签选择器，复合内容可以用来定义伪类、群组选择器、后代选择器等。需要再次强调的是，关于选择器的名称，类(可应用于任何 HTML 元素)必须以"."开始；ID(仅应用于一个 HTML 元素)必须以"#"开始；标签(重新定义 HTML 元素)必须是已有 HTML 标签。如果选择了合适的类型，Dreamweaver 也会自动添加"."或者"#"。

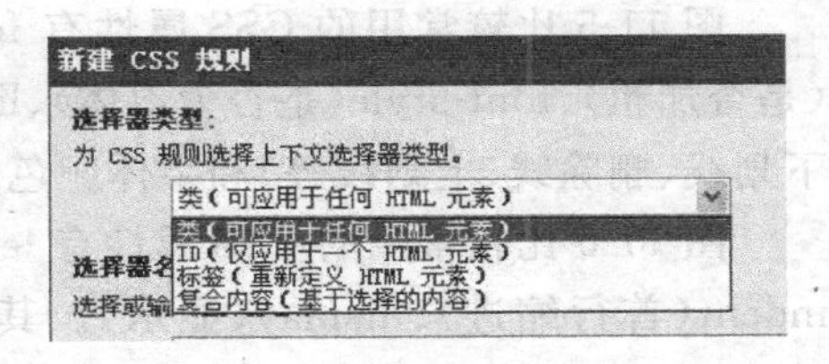

图 11-4 CSS 选择器的类型

图 11-3 最下面的规则定义部分可以选择 CSS 的位置，包括"仅限该文档"和"新建样式表文件"两个选项，"仅限该文档"对应内部 CSS，"新建样式表文件"对应外部 CSS。

给出正确的样式名称之后，在新建 CSS 规则窗口单击"确定"就可以进入 CSS 规则的定义窗口，如图 11-5 和图 11-6 所示，前面的章节已经设计了很多 CSS，现在可以在 Dreamweaver 中重新做一遍前面做过的 CSS，熟悉 Dreamweaver 的操作方法。

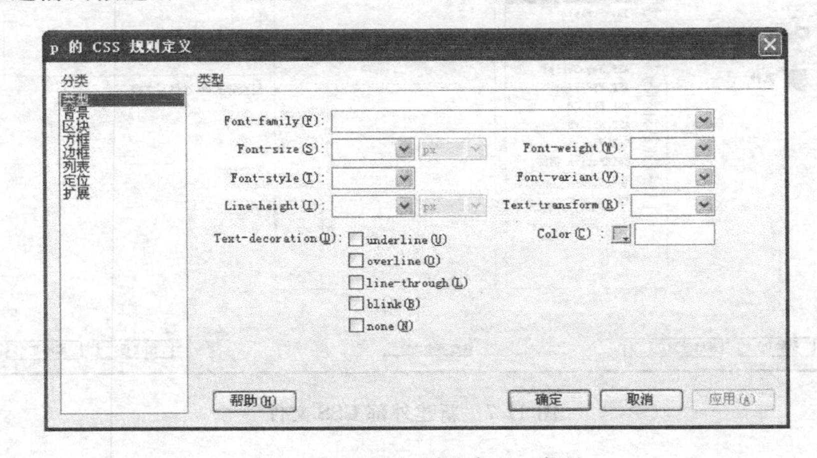

图 11-5 CSS 规则的定义：类型

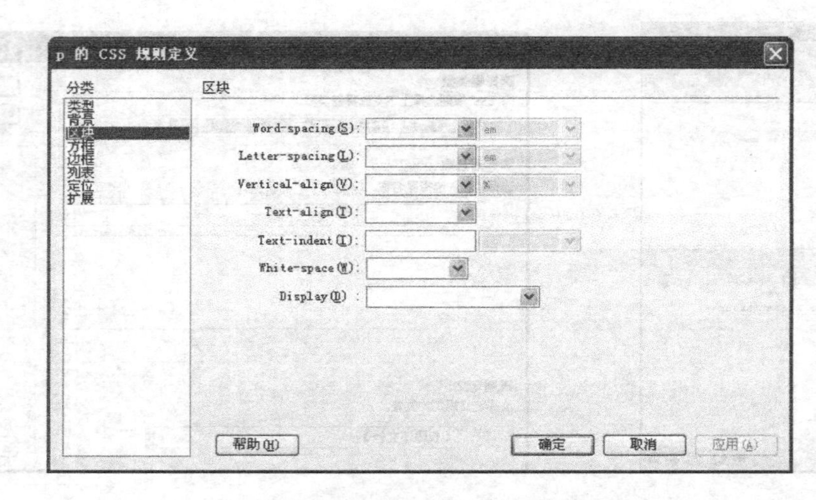

图 11-6 CSS 规则的定义：区块

图 11-5 比较常用的 CSS 属性有 font-family(字体)、font-size(字体大小)、font-weight(是否加粗)、font-style(是否为斜体)、line-height(行高)、text-decoration(字体修饰,是否有下划线、删除线、上划线等)和字体颜色(color)。

图 11-6 比较常用的 CSS 属性有 letter-spacing(字母间距)、text-align(水平居中)、text-indent(首行缩进)、display(显示)。其中 letter-spacing 和 text-indent 需要特别注意长度单位。

除了在图 11-3 所示窗口的规则定义部分指定 CSS 为外部 CSS 外,还可以先建立单独的 CSS 文件,再进行链接。新建 CSS 的过程:【文件】→【新建】→【空白页】→【CSS】,如图 11-7 所示。

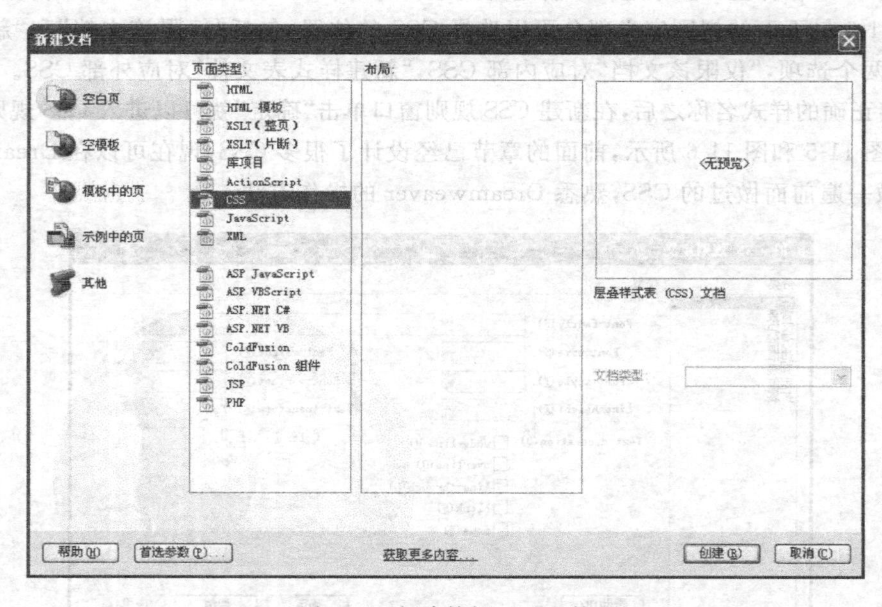

图 11-7 新建外部 CSS 文件

建立外部CSS文件之后，为了让HTML和CSS文件联系在一起，可以单击图11-2右下角的按钮附加样式表。单击按钮之后，就会看到图11-8所示窗口。选择需要导入的CSS文件，HTML文件就和外部CSS文件联系到一起了。Link（链接）和import（导入）两种选项的区别可以忽略不计。完成外部样式表的链接后，就可以在网页中应用外部CSS中定义的样式了，外部CSS和内部CSS应用的方法是完全一样的。

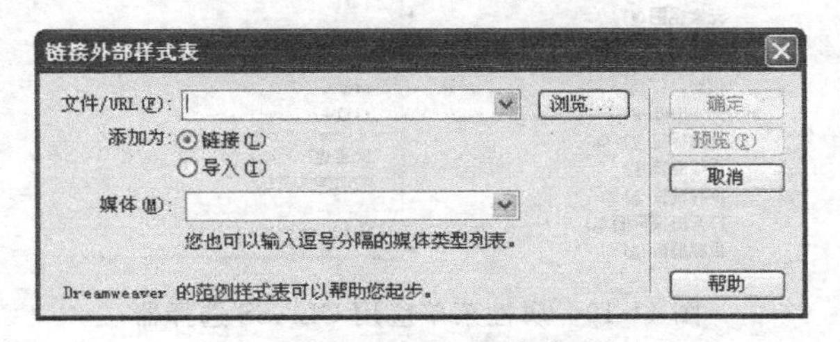

图11-8　链接外部样式表

11.2 应用CSS样式

CSS编写完成后，需要在网页中进行应用。类选择器、标签选择器和ID选择器的应用方法是不同的，下面分别对三种CSS选择器的应用方法做出说明。

类选择器必须选择合适的标签，可以在Dreamweaver的属性窗口中使用，使用之前必须先选定具体的内容。使用的方法如图11-9所示。值得注意的是，在属性窗口的左上角，会显示类选择器将要应用的HTML标签。

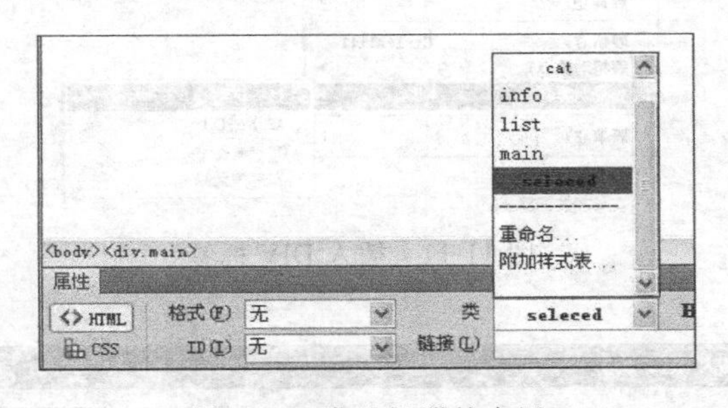

图11-9　类选择器的应用

只要网页中有相应的标签，标签选择器就会自动起作用，不需要专门的调用。CLASS选择器需要手工调用，可以在网页中选定相关内容后，单击右键在图11-10的菜单中操作；也可以在图11-9所示的属性窗口应用。在使用类选择器时一定要注意类选择器对应的标签，很多初学者在使用Dreamweaver应用类选择器时，没有选择对应的内容或标签，直接应用到body标签上，这是需要注意的。

应用类选择器的最简单和不易出错的方法就是用HTML代码的方式，通过html标签的class属性调用CSS样式，语法示例：<p class="selected"></p>。

标签选择器和伪类不需要类选择器那样专门的调用，只要网页中有相应的html标签或者超链接，相应的CSS样式都会自动起作用。

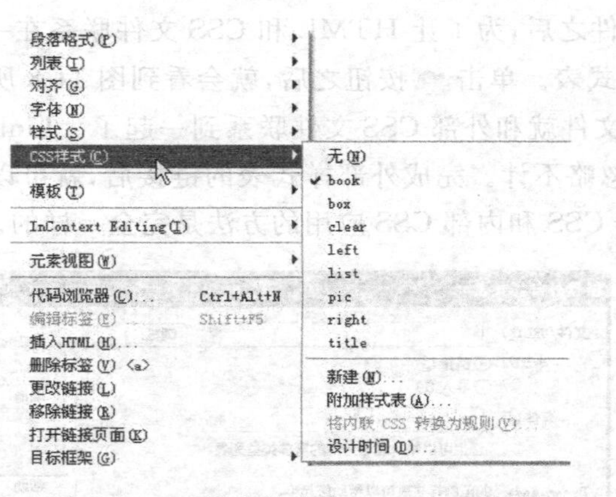

图 11-10 属性菜单应用CLASS选择器

ID选择器通常是和DIV标签一起使用的,在一个网页中只能使用一次。在网页中应用ID选择器的代码非常简单,如<div id="box"></div>。

Dreamweaver也提供了使用ID选择器的一种方法,"插入"→"布局对象"→"DIV标签",如图11-11所示。单击之后就能够看到图11-12所示窗口,在ID下拉菜单里选择要使用的ID选择器即可。值得注意的是,用图11-11所示的方法使用ID选择器时,一定要在Dreamweaver的代码视图进行,并在插入时注意光标位置。

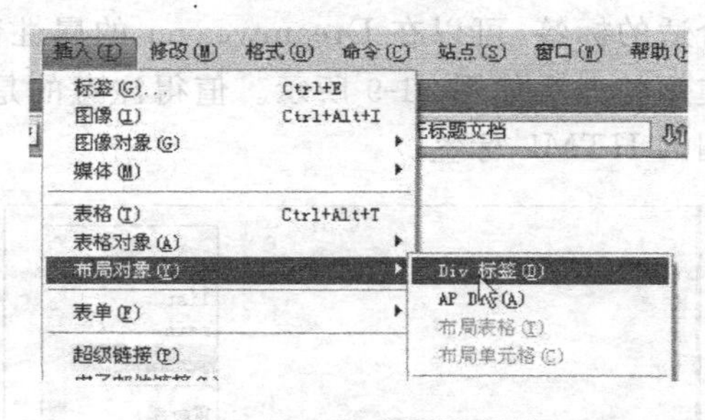

图 11-11 插入DIV标签

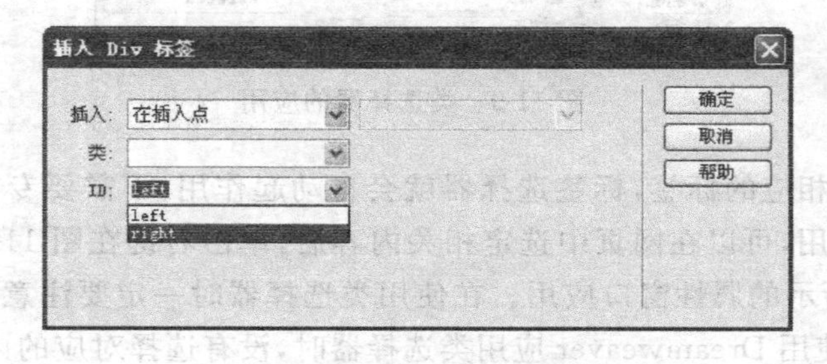

图 11-12 使用ID选择器

Dreamweaver只是一种自动生成HTML和CSS等的工具,归根到底一切还是HTML和CSS。一个好的工具会让你事半功倍,但是这一定是在真正掌握这种工具的基础上。CSS的学习,不一定需要通过Dreamweaver这种收费的工具,还有很多其他免费的工具。Dreamweaver对于初学者进入CSS的殿堂是一条捷径,但是使用Dreamweaver编写CSS

是一个需要学习的过程，需要慢慢去熟悉这个工具，才能真正掌握它。编写 CSS 可以用代码的方式直接编写，也可以用 Dreamweaver 自动生成代码。一般来说，使用 Dreamweaver 会大大节省工作时间，提高工作效率。但是 Dreamweaver 的一些代码不是最优的，需要手工进行优化。

11.3　综合实例

本节通过 Dreamweaver 完成具有现实意义的一些实例，主要的知识点包括背景图片和边框，这两部分的 CSS 语法比较复杂，通过 Dreamweaver 来编写可以大大降低学习难度。

11.3.1　列表

【实例 11-1】

【实例描述】

实例 11-1 显示效果如图 11-13 所示。列表前面的默认的符号在不同浏览器下会有不同的显示效果，为了保证列表的显示效果在不同浏览器下的一致性，在使用列表的时候，现实中大多会用图片代替列表前面的符号。本实例给出了用背景图片修饰列表的方法。

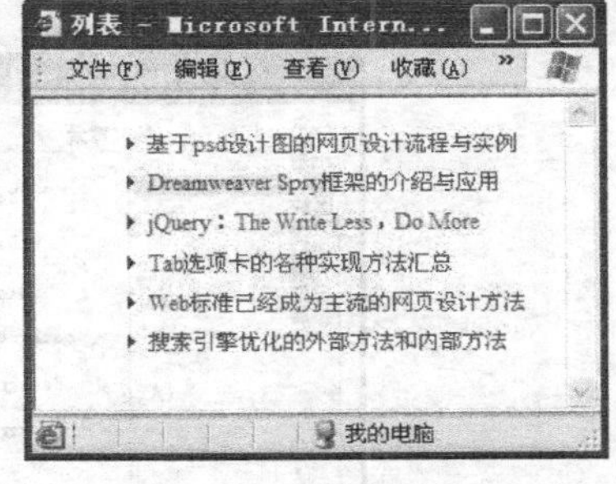

图 11-13　盒子中的表单

【实例分析】

- 实例可以在 Dreamweaver 中完成，建立内部 CSS 和外部 CSS 均可。
- 参考代码如下。

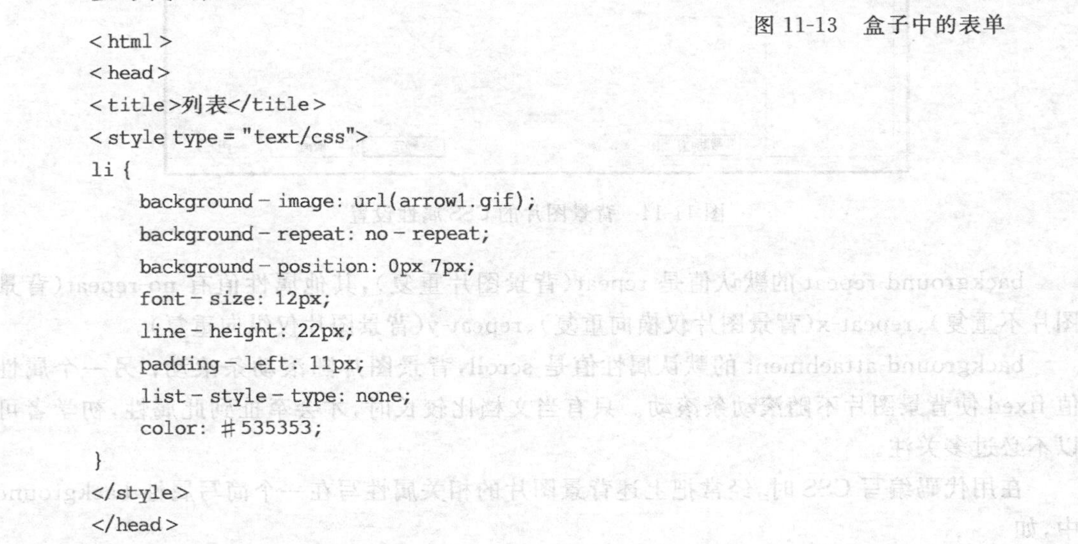

```
<html>
<head>
<title>列表</title>
<style type="text/css">
li {
    background-image: url(arrow1.gif);
    background-repeat: no-repeat;
    background-position: 0px 7px;
    font-size: 12px;
    line-height: 22px;
    padding-left: 11px;
    list-style-type: none;
    color: #535353;
}
</style>
</head>

<body>
<ul>
  <li>基于 psd 设计图的网页设计流程与实例</li>
  <li>Dreamweaver Spry 框架的介绍与应用</li>
```

```
        <li>jQuery: The Write Less,Do More</li>
        <li>Tab选项卡的各种实现方法汇总</li>
        <li>Web标准已经成为主流的网页设计方法</li>
        <li>搜索引擎优化的外部方法和内部方法</li>
    </ul>
    </body>
    </html>
```

【实例说明】

上面给出了该实例的CSS代码,该代码既可以手写完成,也可以用Dreamweaver自动生成。使用Dreamweaver生成代码时,按照上一节提示的步骤,在图11-3所提示的窗口中选择CSS选择器的类型为标签,输入要建立的CSS样式名称li,单击“确定”就可以进入CSS设计窗口。

首先,要进行背景图片的设置,如图11-14所示。该窗口包括的常用CSS属性有Background-color(背景颜色)、background-image(背景图片)、background-repeat(背景图片是否重复)、background-attachment(背景图片是否随滚动条滚动)、background-position(背景图片的x坐标和y坐标)。

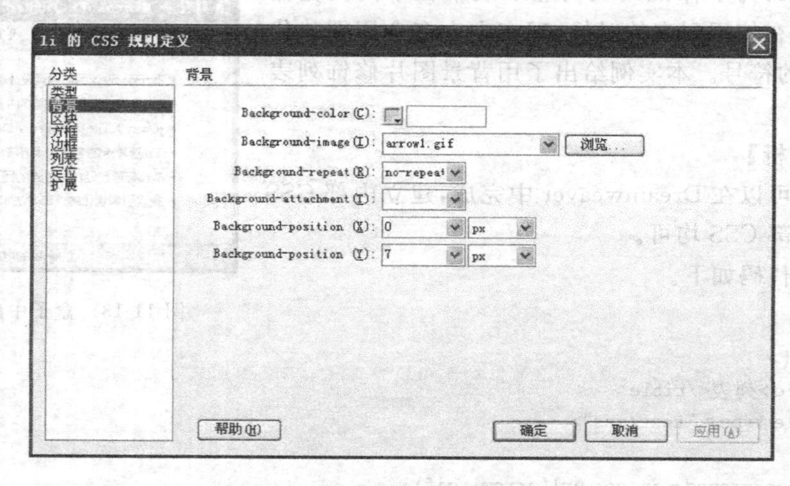

图11-14 背景图片的CSS属性设置

background-repeat的默认值是repeat(背景图片重复),其他属性值有no-repeat(背景图片不重复)、repeat-x(背景图片仅横向重复)、repeat-y(背景图片仅纵向重复)。

background-attachment的默认属性值是scroll,背景图片随滚动条滚动;另一个属性值fixed使背景图片不随滚动条滚动。只有当文档比较长时,才会牵扯到此属性,初学者可以不必过多关注。

在用代码编写CSS时,经常把上述背景图片的相关属性写在一个简写属性background中,如

```
li
  {
  background: transparent url(arrow1.gif)  no-repeat scroll 0px   7px;
  }
```

该语法的顺序和图 11-14 的定义顺序相同，transparent 是背景颜色的属性值，背景颜色为透明。Dreamweaver 自动生成的代码会像本实例中那样，代码比较多。在熟悉 CSS 后可以逐渐多使用这种简写属性。

list-style-type：none 的作用是去掉列表前面默认的圆点，在 Dreamweaver 里设置的窗口如图 11-15 所示。图 11-15 的窗口还包括一个 list-style-image 属性，可以用图片来代替列表前默认的圆点，这和本实例用背景图片完成的效果相似。但是由于缺乏对背景图片的位置的控制，这个属性应用的比较少。

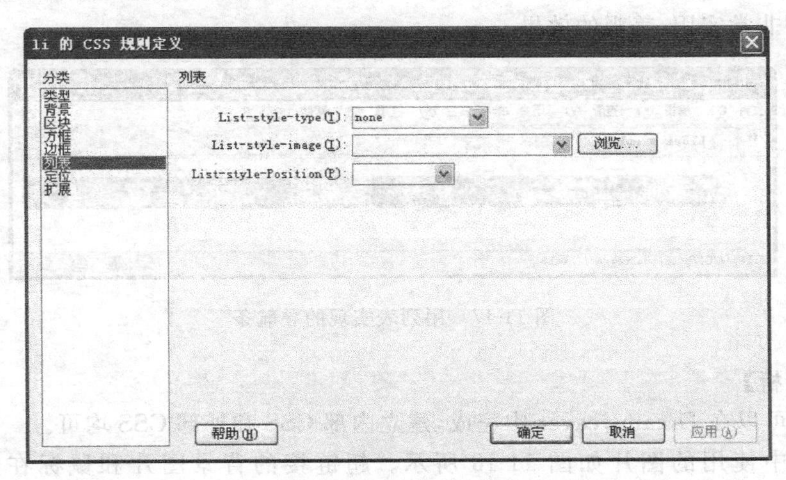

图 11-15　列表的 CSS 属性设置

padding-left：11px 的设置窗口如图 11-16 所示，padding 的意思将在下一章详细讨论，目前可以理解为内容到边框的距离，padding-left 就是内容到左边框的距离。当然，这个边框可以有宽度，也可以没有宽度。

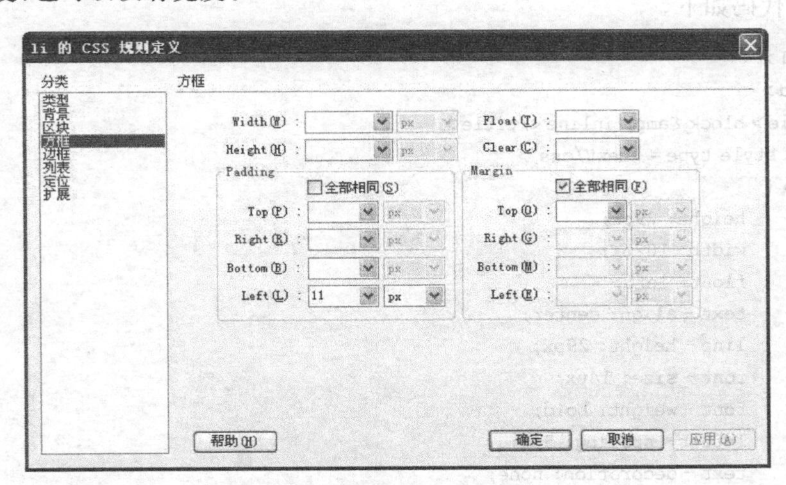

图 11-16　padding 的设置

总之，背景图片位置可以随意进行调整，左右的位置通过 padding-left 进行调整；上下的位置通过 background-position 进行调整。

11.3.2 导航条

导航条是网站的常用功能,一般用列表的方式完成导航条。

【实例 11-2】

【实例描述】

实例 11-2 显示效果如图 11-17 所示。该实例完成了一个实用的导航条。该导航条有背景图片,网页中的超链接在鼠标经过其上方时,它的背景图片和文字显示样式会发生变化,形成一种非常实用、美观的效果。

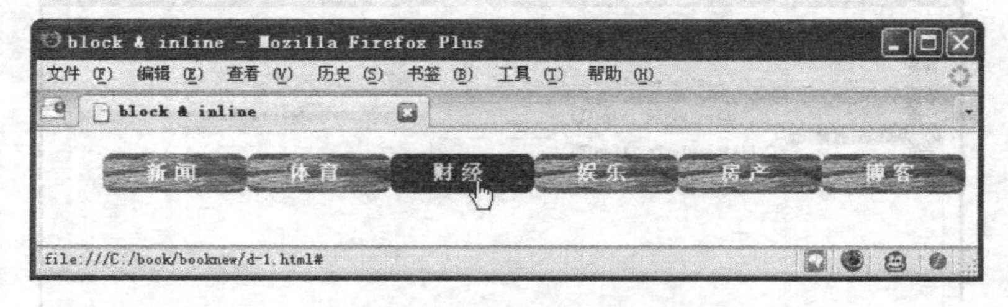

图 11-17 用列表实现的导航条

【实例分析】

- 实例可以在 Dreamweaver 中完成,建立内部 CSS 和外部 CSS 均可。
- 实例中使用的图片如图 11-18 所示。超链接的背景图片和鼠标在超链接上方(a:hover)时的图片是一张图片。普通超链接时显示图片的上半部分,鼠标在超链接上方时显示图片的下半部分,通过控制背景图片的位置(background-position)完成图片的变换效果,这也是网页设计的常用技巧。

图 11-18 超链接的背景图片

- 参考代码如下。

```
<html>
<head>
<title>block &amp; inline</title>
    <style type="text/css">
    a {
        height: 29px;
        width: 102px;
        float: left;
        text-align: center;
        line-height: 29px;
        font-size: 14px;
        font-weight: bold;
        letter-spacing: 5px;
        text-decoration: none;
    }
    li {
        list-style-type: none;
        display: inline;
    }
```

```
    a:link,a:visited {
        color: #ffffff;
        background-image: url(1.gif);
        background-position: left top;
                    }
    a:hover {
        background-image: url(1.gif);
        background-position: left bottom;
        color: #ffff00;
    }
    -->
    </style>
</head>
<body>
<ul>
  <li><a href="#">新闻</a></li>
    <li><a href="#">体育</a></li>
    <li><a href="#">财经</a></li>
    <li><a href="#">娱乐</a></li>
    <li><a href="#">房产</a></li>
    <li><a href="#">博客</a></li>
  </ul>
</body>
</html>
```

【实例说明】

用CSS的方法实现导航条，实例11-2中应用ul和li的方法是最常见的。

下面依次对各个样式做出说明。

超链接背景图片的宽度为102px，高度为58px，高度的一半为29px，下面超链接的高度和宽度以及行高都与图片的宽度和高度有关。

a：设置了超链接的宽为102px，高为29px，左浮动（设置窗口如图11-19所示），显示方式为块（display：block），文字对齐方式（text-align）为居中，行高为29px，字体大小为14px，字体为加粗、字母间距为5px，无下划线。

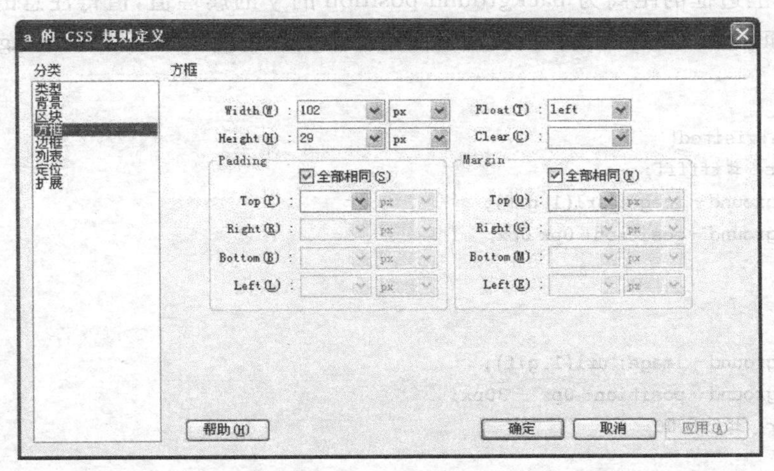

图11-19　浮动的设置

li：列表项，设置显示(display)为内嵌(inline)，list-style-type 为 none。

a:link：定义超链接的显示样式，颜色，背景图片的水平位置和垂直位置(background-position)。背景图片水平位置和垂直位置的设置窗口如图 11-20 所示。

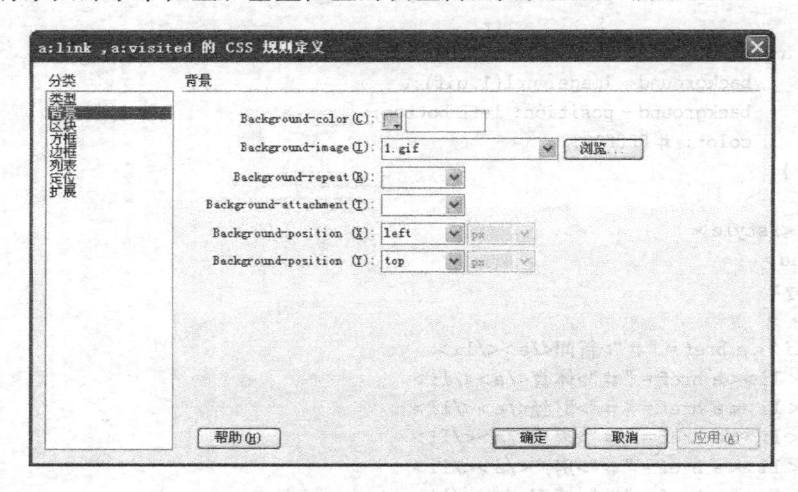

图 11-20　设置背景图片的水平位置和垂直位置

background-position 指定背景图片相对于元素的初始位置。可以用 px、% 等作为单位。上例中 a:hover 的 background-position 取值为 left bottom。这种长度的取值要综合考虑图片显示的长度、高度以及图片的实际宽度、高度及内容。

像图 11-18 那样，把多张辅助性图片合为一张图片是现实中的一个重要的技巧，这样可以有效地降低对服务器的访问次数，从而提高服务器的性能，这种技巧一般称为 CSS 精灵(CSS Spirit)。

在使用这种复合图片中的一部分图像作为网页中一个盒子的背景图片的时候，首先要设置该盒子的宽度和高度为要选用的背景图片的宽度和高度，然后设置 background-position 的值，以图像左上角为原点，选用图像离左边框的距离为 background-position 的 x 的属性值，离上边框的距离为 background-position 的 y 的属性值，值得注意的是，这种使用方法的 x 值和 y 值一定是 0 或者负值。下面给出本实例中使用数值表示 background-position 的代码：

```
a:link ,a:visited{
    color: #ffffff;
    background - image: url(1.gif);
    background - position: 0px 0px;
}

a:hover {
    background - image: url(1.gif);
    background - position: 0px - 30px;
    color: #ffff00;
}
```

如果要取得更好的显示效果，可以将上面的导航条放到一个固定宽度的盒子里。

【注意事项】

在 Dreamweaver 中可以设置显示属性(display)。display 能够改变 HTML 元素的默认显示方式。HTML 主要的显示方式有块(block)和内嵌(inline)。显示方式为块的 HTML 元素都要单独占一行,如 div、p、h1、li,显示方式为内嵌的 HTML 元素可以在一行中存在多个,如 span、a。

11.3.3 圆角矩形

圆角矩形是网页设计中常见的效果,单纯用 CSS 方法也可以完成圆角矩形的设计,但是缺乏广泛的浏览器的兼容性,所以目前网页中的圆角矩形大都是采用背景图片的方式。圆角矩形按照扩展性可分为自适应宽高度圆角矩形,固定宽度自适应高度圆角矩形和固定宽度高度圆角矩形等。

固定宽度高度的圆角矩形就是一张合适的背景图片,相对简单;自适应宽高圆角矩形将圆角矩形划分为 7 部分或 9 部分,相对复杂一些,可在完成对 CSS 布局的学习后尝试;本章给出的实例是固定宽度自适应高度的圆角矩形,将圆角矩形划分为 3 部分。

【实例 11-3】

【实例描述】

实例 11-3 显示效果如图 11-21 所示。该实例完成了一个固定宽度不固定高度的圆角矩形,在设计的时候将该圆角矩形划分为 3 部分,上面部分的背景图片是圆角的上半部分,下面部分的背景图片是圆角的下半部分,中间部分由于是纯色的边框,所以没有使用背景图片,只设置了左右边框。

图 11-21 圆角矩形

【实例分析】

- 实例可以在 Dreamweaver 中完成,建立内部 CSS 和外部 CSS 均可。
- 背景图片如图 11-22 所示,也是一张复合图片。

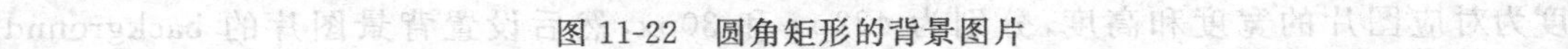

图 11-22 圆角矩形的背景图片

• 参考代码如下。

```
<html>
<head>
<title>背景图片的 position</title>
<style type="text/css">
<!--
#top {
    background-image: url(rc.gif);
    background-position: 0px -10px;
    height: 30px;
    width: 422px;
}
#main {
    height: 200px;
    width: 420px;
    border-right-width: 1px;
    border-left-width: 1px;
    border-right-style: solid;
    border-left-style: solid;
    border-right-color: #dc5b5c;
    border-left-color: #dc5b5c;
    background-image: url(book.jpg);
    background-position: 140px 10px;
    background-repeat: no-repeat;
}
#bottom {
    background-image: url(rc.gif);
    background-position: 0px 0px;
    height: 5px;
    width: 422px;
    font-size: 1px;
}
-->
</style>
</head>
<body>
<div id="top"></div>
<div id="main"></div>
<div id="bottom"></div>
</body>
</html>
```

【实例说明】

将圆角矩形划分为三个部分：#top、#main、#bottom。将#top和#bottom设置圆角矩形作为背景图片。

由于要使用一张图片中的一部分作为#top的背景图片，首先设置了#top的宽度和高度为对应图片的宽度和高度，分别为422px和30px，然后设置背景图片的background-position的值为离图片左上角的垂直距离的负值，如图11-23所示。

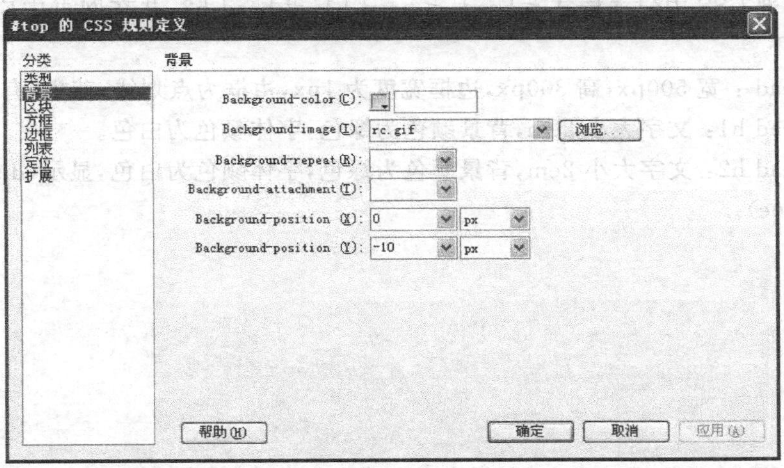

图 11-23　background-position 的负值

#main 只需要设置左右边框，如图 11-24 所示。#main 的 background-position 为正值，设为正值时必须要设置 background-repeat 属性的属性值为 no-repeat，background-position 的 x 和 y 值就是离#main 左上角原点的水平和垂直距离。

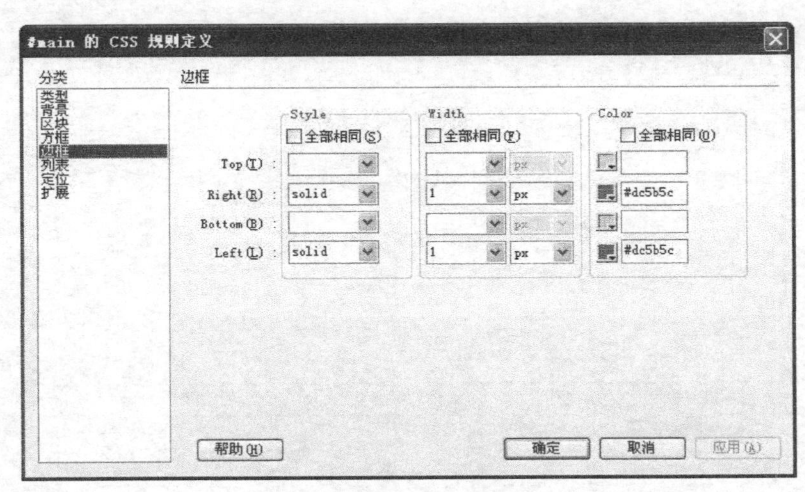

图 11-24　边框的设置

#bottom 设置了 font-size：1px，这是为了保证在 IE 6.0 下的兼容性。IE 6.0 下盒子的最小高度为默认字体大小，当盒子高度比较小时，需要设置这个 font-size，保证盒子得到正确的高度。

11.4　习　　题

1. 为实例 11-2 中的导航条编写一个盒子，将导航条放在盒子中，盒子的边框、宽、高、背景颜色(或背景图像)等属性根据显示效果自拟。

2. 在外部 CSS 中建立样式 ＃head、＃head h1、＃head h2，并在网页中应用下面的样式。要求如下。

- ＃head ：宽 500px，高 300px，边框宽度为 1px，边框为点划线，蓝色，有背景图片。
- ＃head h1：文字大小 2em，背景颜色为绿色，字体颜色为白色。
- ＃head h2：文字大小 2em，背景颜色为绿色，字体颜色为白色，显示(display)为内嵌(inline)。

第12章 框模型

学习目标

通过本章学习，掌握CSS的框模型，掌握在Dreamweaver中编写和应用盒子的方法。

核心要点

- 边框(border)。
- 填充(padding)。
- 边界(margin)。
- 综合实例。

Box Model，翻译为框模型或者盒模型，这两种翻译方法各有优点，框模型突出了一种平面而不是立体的感觉，但是框不像盒子那样，给人一种可以装东西的感觉。

框模型的常用属性包括padding(填充、内边距)、border(边框)、margin(边界、外边距)和内容(content)，由于对框模型的常用属性的名称的翻译版本较多，本书对框模型的padding和margin主要采用英文名称。对于框模型的框，还是习惯性地称为盒子。

12.1 第一个盒子

【实例12-1】

【实例描述】

实例12-1显示效果如图12-1所示。前面的章节已经有很多和盒子相关的实例，本章讨论完整的CSS框模型，重点考察padding和margin属性。

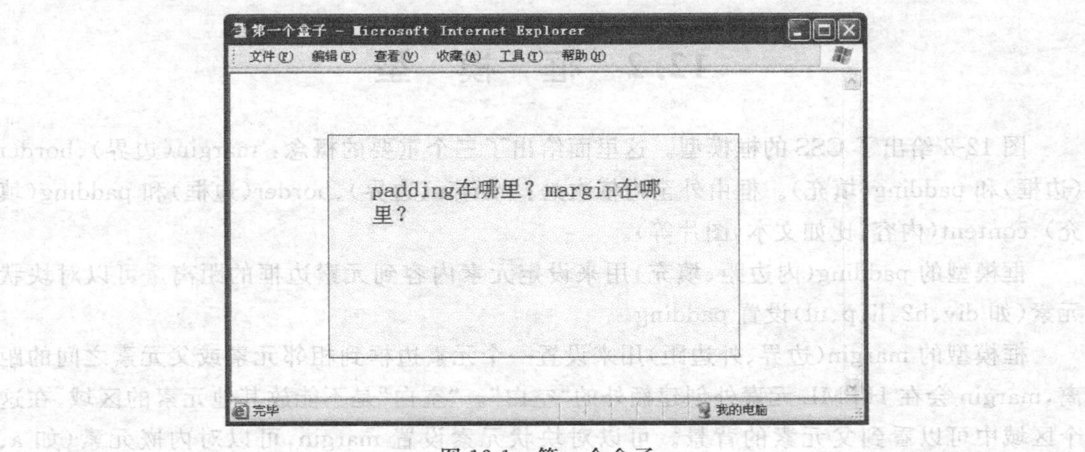

图12-1 第一个盒子

【实例分析】

- 实例可以在 Dreamweaver 中完成,建立内部 CSS 和外部 CSS 均可。
- 参考代码如下。

```
<html>
<head>
<title>第一个盒子</title>
<style type="text/css">
#banner{
    background-color: #efe;
    height: 150px;
    width: 300px;
    margin: 80px;
    padding:40px;
    border: 1px solid #666;
}

</style>
</head>
<body>
<div id="banner">padding在哪里?margin在哪里?</div>
</body>
</html>
```

【实例说明】

注意观察图 12-1 和代码,理解下列框模型的要素。

padding(填充、内边距)是内容到边框的距离。

border(边框)是指盒子的边框,可以对边框的宽度、边框样式、边框颜色进行设置。

margin(边界,外边距)定义盒子周围的空间,是盒子的边框到相邻的元素(父元素或者兄弟元素)的距离。

content(内容):盒子中的文字、图片、子盒子或其他任何东西。

在 CSS 中定义框模型时,一般采用 ID 选择器和类选择器;盒子常用 div 标签表示,大多数 HTML 元素都可以用作盒子。

12.2 框 模 型

图 12-2 给出了 CSS 的框模型。这里面给出了三个重要的概念:margin(边界)、border(边框)和 padding(填充)。框由外至内依次是:margin(边界)、border(边框)和 padding(填充)、content(内容,比如文本,图片等)。

框模型的 padding(内边距、填充)用来设定元素内容到元素边框的距离。可以对块状元素(如 div、h2、li、p、ul)设置 padding。

框模型的 margin(边界、外边距)用来设置一个元素边框到相邻元素或父元素之间的距离,margin 会在 HTML 元素外创建额外的"空白"。"空白"是不能放其他元素的区域,在这个区域中可以看到父元素的背景。可以对块状元素设置 margin,可以对内嵌元素(如 a、

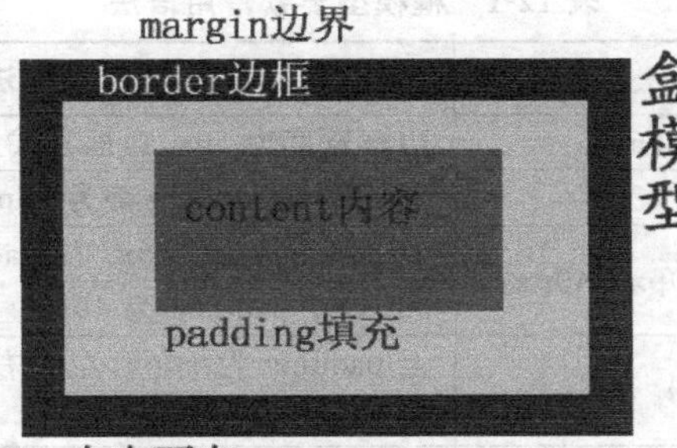

图 12-2　CSS 框模型

span、strong、em 等)设置左右 margin,不能设置上下 margin。

框模型的边框(border)用来设定一个元素的边框宽度、边框颜色和边框样式。边框主要有边框风格属性(border-style)、边框宽度属性(border-width)、边框颜色属性(border-color)。可以给块状元素设置 border,内嵌元素在个别浏览器下有兼容性问题。

边框风格属性(border-style)用来设定边框的风格,常用的值如下:

- none(没有边框,无论边框宽度设为多大)。
- solid(直线式边框)。
- dotted(点线式边框)。
- dashed(破折线式边框)。

border-style 的其他属性值在不同浏览器里的支持程度差别较大,不建议使用。

需要注意的是,CSS 背景属性指的是 content 和 padding 区域。CSS 属性中的 width 和 height 指的是 content 区域的宽度和高度,不包括 padding 和 margin 部分。

框模型的 margin(边界)、border(边框)和 padding(填充)属性都按照顺时针方向分为上右下左 4 部分,每个部分可以单独存在。

结合实例 12-1 和图 12-3,进一步理解盒子要素的上右下左特性。

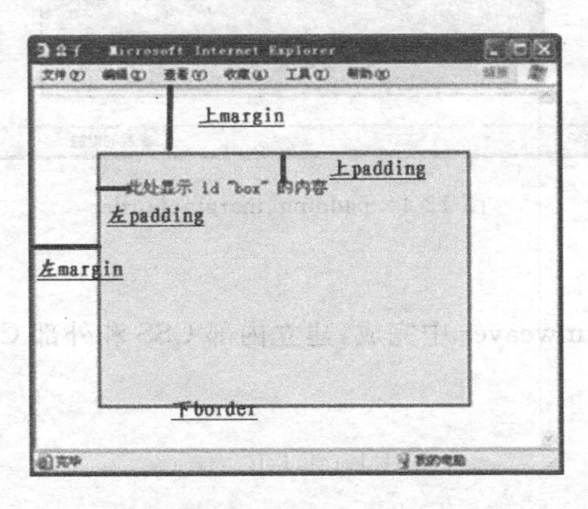

图 12-3　框模型的 padding、margin 和 border

表 12-1 给出了常用的框模型要素定义的语法,这种语法比 Dreamweaver 自动生成的代码要精简,尽量使用这种语法定义框模型。

表 12-1 框模型要素常用语法

语法示例	语法说明
#box {border: 1px solid #666}	边框宽度为1px,边框样式为实线,边框颜色为#666
#left {padding:10px}	上下左右 padding 都为 10px
#center{padding: 10px 20px 30px 40px}	上 padding 为 10px,右 padding 为 20px,下 padding 为 30px,左 padding 为 40px
#box{padding:10px 20px 30px}	上 padding 为 10px,左和右 padding 为 20px,下 padding 为 30px
#sidebar{margin:20px}	上下左右 margin 都为 20px
#right{margin-left :20px}	左 margin 为 20px
#footer {margin:10% 5% 5% 10%}	上 margin 为父元素宽度的 10%,右 margin 为 5%,下 margin 为 5%,左 margin 为 10%
#main { margin:0 auto;}	上 margin 和下 margin 为 0,左 margin 和右 margin 为 auto(自动)

【实例 12-2】

【实例描述】

实例 12-2 显示效果如图 12-4 所示。在该实例中,padding、margin、border 的上右下左的值各不相同。

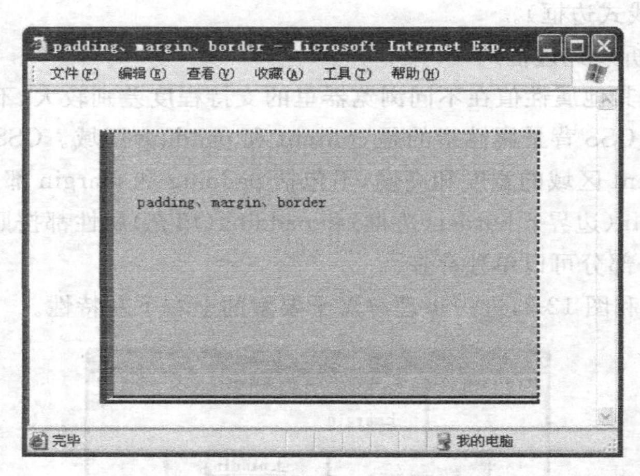

图 12-4 padding、margin、border

【实例分析】

- 实例可以在 Dreamweaver 中完成,建立内部 CSS 和外部 CSS 均可。
- 参考代码如下。

```
<html>
<head>
<title>padding、margin、border</title>
<style type="text/css">
#banner {
    background-color: #cccccc;
    height: 150px;
```

```
        width: 300px;
        margin-top: 20px;
        margin-right: 30px;
        margin-bottom: 40px;
        margin-left: 50px;
        padding-top: 50px;
        padding-right: 40px;
        padding-bottom: 30px;
        padding-left: 20px;
        border-top-width: 2px;
        border-right-width: thin;
        border-bottom-width: 0.5em;
        border-left-width: 12px;
        border-top-style: dotted;
        border-right-style: dashed;
        border-bottom-style: double;
        border-left-style: inset;
        border-top-color: #000099;
        border-right-color: #000000;
        border-bottom-color: #000000;
        border-left-color: #ffffff;
        font-size: 14px;
        line-height: 150%;
    }
</style>
</head>

<body>
<div id="banner">padding、margin、border</div>
</body>
</html>
```

【实例说明】

上面的代码由 Dreamweaver 自动生成，没有经过任何优化。在 Dreamweaver 中完成 padding 和 margin 设置的窗口如 12-5 所示，完成 border 设置的窗口如图 12-6 所示。

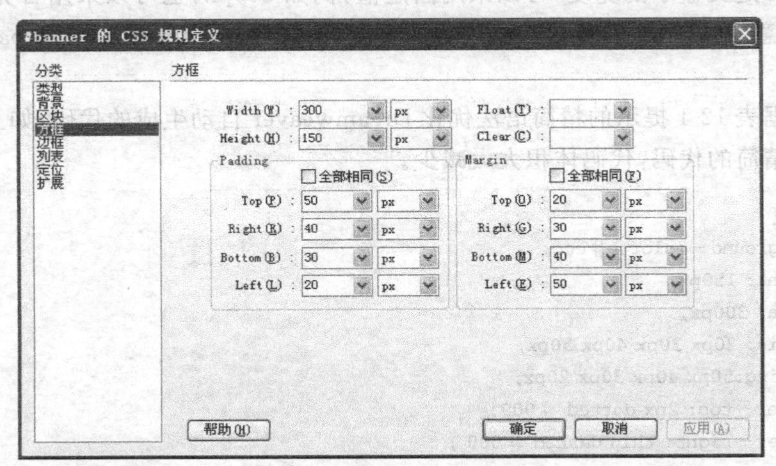

图 12-5　设置 padding 和 margin

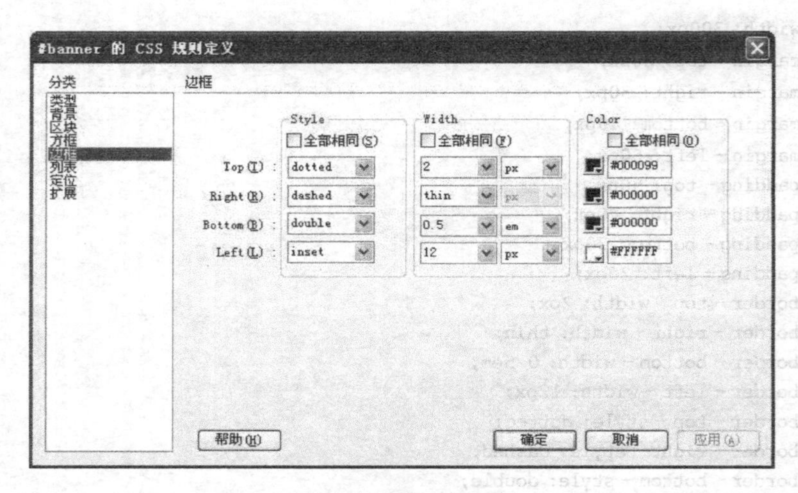

图 12-6 设置 border

下面对代码做出说明：

- 盒子的名称为 banner，在页面中用<div id=" banner" >就可以调用这个样式。
- margin 用于定义页边距或者与其他层的距离。可以简写为"margin：20px 30px 40px 50px"分别代表"上右下左"4 个边界，如果所有边界都为 20px，可以缩写成"margin：20px;"。如果边距为零，要写成"margin：0px"。margin 是透明元素，不能定义颜色。
- padding 是指盒子的内容到边框之间的距离。和 margin 一样，可以分别指定上右下左边框到内容的距离。如果 padding 都为 0px，可以缩写为"padding：0px"。单独指定左填充可以写成"padding-left 0px;"。padding 是透明元素，不能定义颜色。
- border 是指盒子的边框，"border-right：thin solid #000;"是定义盒子的右边框颜色为#000，宽度为细，边框样式为实线。
- color 用于定义字体颜色；line-height 用于定义行高。
- width 定义盒子的宽度，可以采用固定值，例如 500px，也可以采用百分比，如 60%。要注意的是，这个宽度仅仅指内容的宽度，不包含 margin、border 和 padding。

【技巧】

可以根据表 12-1 提示的精简语法优化 Dreamweaver 自动生成的代码，如上例可以优化为下面相对精简的代码，代码体积大大减少。

```
#banner{
    background-color: #ccc;
    height: 150px;
    width: 300px;
    margin: 20px 30px 40px 50px;
    padding:50px 40px 30px 20px;
    border-top: 2px dotted #009;
    border-right: thin dashed #000 ;
    border-bottom: 0.5em double #000;
    border-left: 12px inset #fff;
```

```
    font-size: 12px;
    line-height: 150%;
}
```

12.3 盒子的宽度和高度

在用CSS设计盒子的时候，可以设置宽度(width)和高度(height)，但这个宽和高不是盒子本身的宽和高，而是盒子内容的宽度和高度。

盒子的宽＝左边界＋左边框＋左填充＋宽度＋右填充＋右边框＋右边界。

盒子的高＝上边界＋上边框＋上填充＋高度＋下填充＋下边框＋下边界。

可以看出，盒子的宽度和高度不是通过某个属性设置的，而是通过计算得来的。

以上盒子宽度和高度的计算方法适用IE 6.0以上版本、FireFox、Chrome和Opera。

【实例12-3】

【实例描述】

实例12-3显示效果如图12-7所示。该实例包括3个盒子，一个大盒子里装有两个小盒子，第一个小盒子没有margin，第二个小盒子没有padding。这个例子的完成需要有对盒子的宽度、高度、margin和padding的正确理解。

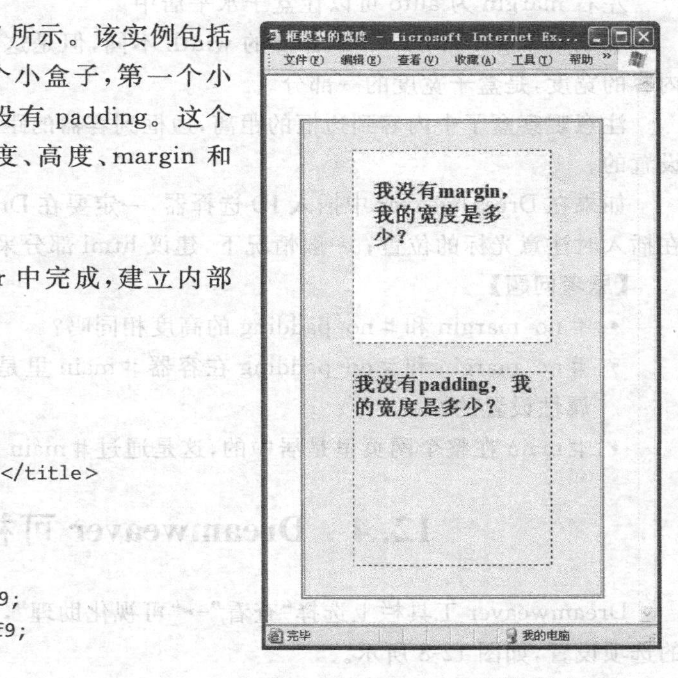

图12-7 margin和padding

【实例分析】

- 实例可以在Dreamweaver中完成，建立内部CSS和外部CSS均可。
- 参考代码如下。

```
<html>
<head>
<title>框模型的宽度和高度</title>
<style type="text/css">
#main {
    width: 202px;
    border: 4px double #999;
    background-color: #ff9;
    font-weight: bold;
    margin: 30px auto;
    padding: 30px 49px;
}
#no_margin {
    height: 140px;
    width: 160px;
    border: 1px dashed #333;
    padding: 30px 20px;
    background-color: #fff;
}
```

```
#no_padding {
    height: 200px;
    width: 200px;
    margin-top: 30px;
    border: 1px dotted #333;
}
</style>
</head>
<body>
<div id="main">
  <div id="no_margin">我没有 margin,我的宽度是多少? </div>
  <div id="no_padding">我没有 padding,我的宽度是多少? </div>
</div>
</body>
</html>
```

【实例说明】

左右 margin 为 auto 可以让盒子水平居中。

#no_margin 和 #no_padding 的 width 不同,但是这两个盒子的宽度相同,width 只是内容的宽度,是盒子宽度的一部分。

注意观察盒子中内容到边框的距离,边框到容器的距离,理解每一部分距离是什么属性设置的。

如果在 Dreamweaver 中插入 ID 选择器,一定要在 Dreamweaver 的代码视图下进行,并在插入时注意光标的位置;一般情况下,建议 html 部分采用代码方式书写。

【思考问题】

- #no_margin 和 #no_padding 的高度相同吗?
- #no_margin 和 #no_padding 在容器 #main 里是居中的,这是通过 #main 的什么属性设置的?
- #main 在整个网页里是居中的,这是通过 #main 的什么属性完成居中效果的?

12.4 Dreamweaver 可视化助理

Dreamweaver 工具栏上选择"查看"→"可视化助理",可以对 CSS 布局进行一些可视化的选项设置,如图 12-8 所示。

可视化助理中与盒子相关的部分主要是图 12-8 中的 CSS 布局背景、CSS 布局框模型、CSS 布局外框。

CSS 布局背景可以给盒子添加不同的背景颜色,便于查看效果,该背景颜色效果仅在 Dreamweaver 中存在,可以方便地查看页面的布局效果,在用多个盒子进行页面布局时各种细节十分直观。

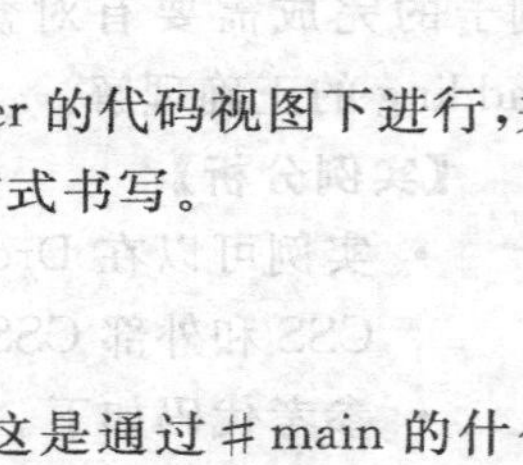

图 12-8 Dreamweaver 可视化助理

CSS 布局框模型可以方便地在 Dreamweaver 中看到盒模型(框模型)的各个要素,如图 12-9 所示,盒子的 content、border、padding 和 margin 对应的区域都看得非常清楚。在这种模式下,只要用鼠标单击盒子的边框，就能在 Dreamweaver 中看到如图 12-9 所示的页面。

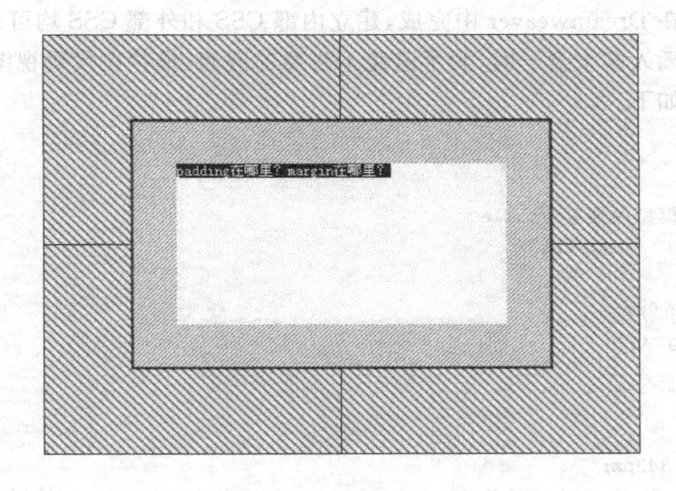

图 12-9　CSS 布局框模型(盒模型)

CSS 布局外框可以在不影响页面色彩设计的基础上看到页面中每个盒子的区域，每个盒子的区域都会有黑色的虚线提示。

值得注意的是，上述的可视化助理，只有当 CSS 样式应用在 div 标签上的时候才起作用，如果 CSS 样式应用在其他标签上，将不会有上面所说的显示效果。DIV＋ID 选择器是标准的网页布局设计方法。

所有的可视化助理都是为了帮助用户在 Dreamweaver 中进行设计时更好地理解 CSS 和框模型，与在浏览器中的实际浏览效果无关。

12.5　综合实例

【实例 12-4】

【实例描述】

实例 12-4 显示效果如图 12-10 所示。框模型不但应用在布局设计方面，在具体内容的设计方面也被广泛地应用。本实例给出了网页设计时框模型要素的常用使用方法。

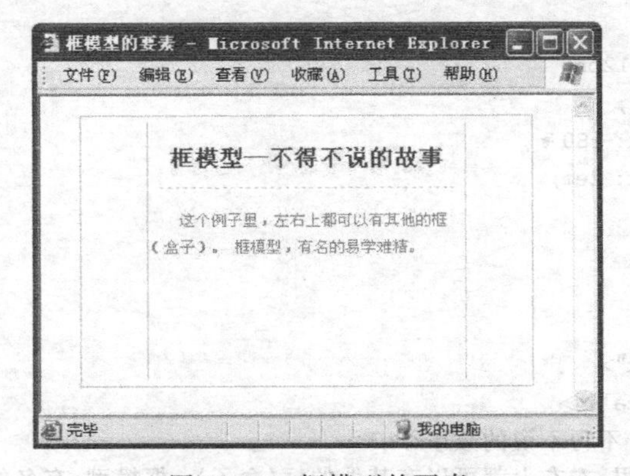

图 12-10　框模型的要素

【实例分析】

- 实例可以在 Dreamweaver 中完成,建立内部 CSS 和外部 CSS 均可。
- 在网页中插入多个盒子时,为了避免不必要的嵌套,推荐在代码视图中完成。
- 参考代码如下。

```
<html>
<head>
<title>框模型的要素</title>
<style type="text/css">
p,h3 {
    margin: 0px;
    padding: 0px;
}

.box {
    width: 343px;
    border: 1px solid #c1d5e3;
    margin: 0 auto;
}
.small {
    border-right: 1px solid #c1d5e3;
    border-left: 1px solid #c1d5e3;
    width: 241px;
    height: 200px;
    margin: 5px 50px;
}

h3 {
    font-size: 18px;
    line-height: 28px;
    color: #c00;
    text-align: center;
    margin: 15px 7px;
    padding-bottom: 7px;
    border-bottom: 1px dashed #ccc;
}
.small p {
    font-size: 12px;
    color: #999;
    line-height: 180%;
    text-indent: 2em;
}
</style>
</head>
<body>
<div class="box">
 <div class="small">
    <h3>框模型-不得不说的故事</h3>
    <p>这个例子里,左右上都可以有其他的框(盒子).框模型,有名的易学难精。</p>
```

```
    </div>
  </div>
  </body>
  </html>
```

【实例说明】

- p、ul、h2 等 HTML 标签，由于其有默认的 padding 或 margin，而且其默认值在不同浏览器下有较大的出入，所以在 CSS 设计时，都会设置其 margin 和 padding 为 0 或其他值，本例就定义了 p 和 h3 的 padding 和 margin 为 0。
- margin：0px auto 设置 box 水平居中。
- 注意 small 的 margin 和 h3 的 padding 对应的具体的显示效果。

【实例 12-5】

【实例描述】

实例 12-5 显示效果如图 12-11 所示。本实例给出了网页边栏的一种设计方法。该实例体现了内容与样式相分离的思想，给出了 h1 的使用方法。在使用 h1、p、ul 等标签时，也需要考虑它们的 padding、margin 或 border。

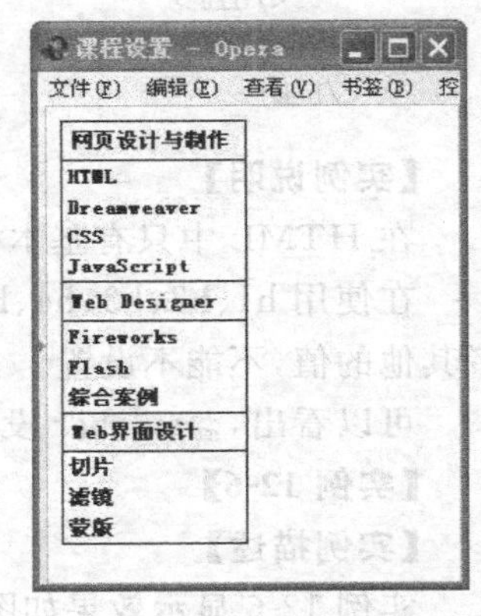

图 12-11　sidebar 的设计

【实例分析】

- 实例可以在 Dreamweaver 中完成，建立内部 CSS 和外部 CSS 均可。
- 参考代码如下。

```
<html>
<head>
    <style type = "text/css">
        #sidebar {
            width: 105px;
            background - color: #ffffff;
            border - left: 1px solid #000066;
            border - right:1px solid #000066;
            border - bottom:1px solid #000066;
        }
        #sidebar h1 {
            font - size: 12px;
            margin: 0px;
            padding: 5px;
            background - color: #ffffcc;
            border - top: 1px solid #000066;
            border - bottom: 1px solid #000066;
        }
        #sidebar h2 {
            font - size: 12px;
            margin: 0px;
            padding: 3px;
        }
    </style>
<title>课程设置</title>
```

```
</head>
<body>
    <div id="sidebar">
      <h1>网页设计与制作        </h1>
      <h2>HTML</h2>
      <h2>Dreamweaver</h2>
      <h2>CSS</h2>
      <h2>JavaScript</h2>
      <h1>Web Designer</h1>
      <h2>Fireworks</h2>
      <h2>Flash</h2>
      <h2>综合案例</h2>
        <h1>Web 界面设计</h1>
        <h2>切片</h2>
        <h2>滤镜</h2>
        <h2>蒙版</h2>
    </div>
</body>
</html>
```

【实例说明】

在 HTML 中只有基本标签和内容,显示的样式在 CSS 中定义。

在使用 h1、h2、h3、h4、h5、h6、ul、p 等标签的时候,padding 和 margin 都要设置为 0 或者其他的值,不能不设置。

可以看出,#sidebar 没有设置上边框,h1 没有设置左右边框,这也是一些实现的技巧。

【实例 12-6】

【实例描述】

实例 12-6 显示效果如图 12-12 所示。

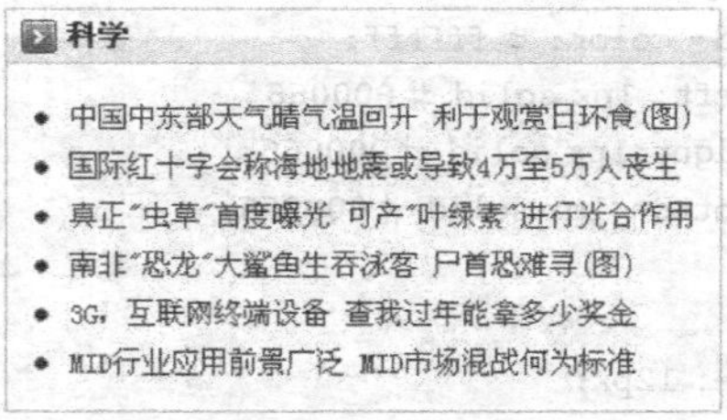

科学

- 中国中东部天气晴气温回升 利于观赏日环食(图)
- 国际红十字会称海地地震或导致4万至5万人丧生
- 真正"虫草"首度曝光 可产"叶绿素"进行光合作用
- 南非"恐龙"大鲨鱼生吞泳客 尸首恐难寻(图)
- 3G，互联网终端设备 查我过年能拿多少奖金
- MID行业应用前景广泛 MID市场混战何为标准

图 12-12 内容设计

【实例分析】

- 实例可以在 Dreamweaver 中完成,建立内部 CSS 和外部 CSS 均可。
- 在网页中插入多个盒子时,为了避免不必要的嵌套,推荐在代码视图中完成。
- 参考代码如下。

```
<html>
<head>
<title>内容的设计</title>
<style type="text/css">
```

```
#main {
    width: 343px;
    border-right: 1px solid #bccbdc;
    border-left: 1px solid #bccbdc;
    border-bottom: 1px solid #bccbdc;
    height: 170px;
}
#top {
    background-image: url(img/bg1.gif);
    height: 28px;
    width: 315px;
    font-weight: bold;
    font-size: 14px;
    line-height: 28px;
    padding-left: 30px;
}
#main ul {
    margin: 0px;
    padding: 15px 0px 0px 30px;
}
#main ul li a {
    font-size: 14px;
    color: #339;
    text-decoration: none;
    line-height: 24px;
}
</style>
</head>
<body>
<div id="top">科学</div>
<div id="main">
  <ul>
<li><a href="#">中国中东部天气晴气温回升 利于观赏日环食(图) </a></li>
<li><a href="#">国际红十字会称海地地震或导致4万至5万人丧生 </a></li>
<li><a href="#">真正虫草;首度曝光 可产叶绿素进行光合作用 </a></li>
<li><a href="#">南非恐龙;大鲨鱼生吞泳客 尸首恐难寻(图) </a></li>
<li><a href="#">3G,互联网终端设备 查我过年能拿多少奖金</a></li>
<li><a href="#">MID行业应用前景广泛 MID市场混战何为标准 </a></li>
  </ul>
</div>
</body>
</html>
```

【实例说明】

- #top里的"科学"需要离左边框有一定距离，所以设置了padding-left属性，这样#top的宽度就会增加，所以把#top的width减少与padding-left同样的值，保持#top的宽度同#main相同。
- 由于#top的背景图片里有上边框和下边框，所以#main只设置了左边框、右边框和下边框。

- ul 的 padding 设置了具体的值。一般只设置 ul 的 padding 和 margin 为 0px,但 ul 也是一个盒子,所以也可以给出除 0 以外的其他值。在本例里,这样可以少定义一个盒子。
- li 前面的圆点尽量用背景图片代替。
- "科学"两个字应用了 div 标签,也可以使用 h2 等有语义的标签。

【实例 12-7】

【实例描述】

实例 12-7 显示效果如图 12-13 所示。该实例在布局和内容方面都较深入地应用了框模型。理解框模型是完成该实例的关键。首先,goods 里包含了两个显示效果相同的盒子 list,list 里包括图片和图片说明两个部分。goods、list、图片(img)、文字(h3)都是盒子,都需要对框模型的要素进行设置。框模型已经渗透到了网页设计的每一处,而不仅仅是布局层面。

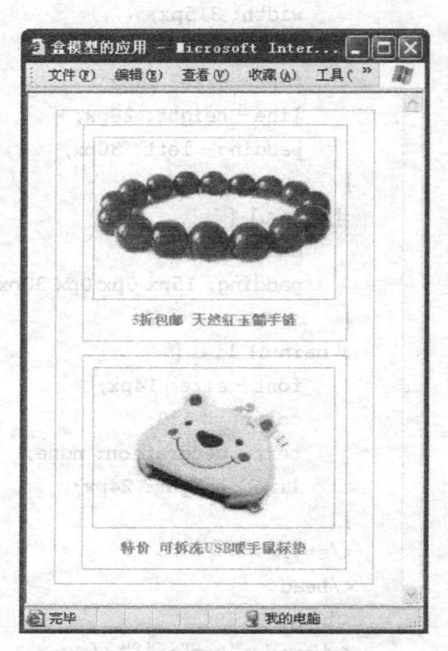

图 12-13 盒模型的应用

【实例分析】

- 实例可以在 Dreamweaver 中完成,建立内部 CSS 和外部 CSS 均可。
- 参考代码如下。

```
<html>
<head>
<title>盒模型的应用</title>
<style type="text/css">
h3{
     margin: 0px;
     padding: 0px;
     }

.goods {
     width: 275px;
     margin-right: auto;
     margin-left: auto;
     border: 1px solid #ccc;
}

.list {
     border: 1px solid #ccc;
     height: 180px;
     margin: 12px auto;
     padding-top: 10px;
     width: 227px;
}
.list  img {
     display: block;
     padding: 1px;
     height: 141px;
```

```
        width: 206px;
        border: 1px solid #ccc;
        margin:0 auto;
    }
    .list h3 {
        font-size: 12px;
        line-height: 36px;
        color: #ff9900;
        text-align: center;
    }
    </style>
    </head>

    <body>
    <div class="goods">
      <div class="list">
    <img src="img/a.jpg" width="208" height="143" />
        <h3>5 折包邮 天然红玉髓手链</h3>
     </div>
    <div class="list">
      <img src="img/b.jpg" width="208" height="143" />
      <h3>特价 可拆洗 USB 暖手鼠标垫</h3>
     </div>
    </div>
    </body>
    </html>
```

【实例说明】

- 一定要先确定好 HTML 结构,两张图片的 HTML 结构相同,只需要完成一套 CSS 即可。
- HTML 一般选择列表或者类选择器,本实例选择了类选择器。
- 图片和文字都要有单独的标签来进行修饰,并要有对应的 CSS。
- img 标签不是盒子,不能设置 margin 和 padding,可以通过 display: block 将其变成盒子。
- 文字可采用 h2、p 等标签;使用 a、span 等标签修饰时最好将其变成盒子,即设置对应标签的 display 属性的值为 block。
- 盒子可以设置宽度、高度、margin、padding、背景图片、背景颜色。

12.6 习　　题

1. 完成一个盒子,要求如下。
- 盒子的宽度(width)为 380px,高度(height)为 380 px。
- 上右下左的 padding 分别为 30px,10px,40px,20px。
- 边框样式为 dotted,上下边框的宽度为 1px,左右边框的宽度为 10px。
- 左 margin 和右 margin 为自动(auto),上 margin 为 20px。

- 有背景图片,背景图片为横向重复。
- 样式名称、边框颜色、背景图片自己给定。

2. 完成下列CSS样式的定义并在网页中应用。

- ＃head: 宽度为500px,高度为300px,左边界、右边界的取值都为自动,填充(padding)都为20px,边框(border)为宽度为1px的实线,边框颜色为蓝色,默认字体大小为14px。
- ＃head p: 字体颜色为绿色,行高为180%,背景颜色为＃693,首行缩进2个字符。
- ＃head p a: 字体颜色为红色,无下划线。

3. 完成下列布局: ＃top离左边和上边的距离都为30px,＃b居中,离＃top的距离为50px,如图12-14所示。

图12-14 布局设置

第13章 CSS 布局

学习目标

通过本章学习，掌握CSS的布局方法，能够应用CSS的布局方法完成网页的整体布局，理解定位的概念，掌握常用定位方法。

核心要点

■ 绝对定位。

■ 相对定位。

■ 浮动定位。

■ 常见布局。

表格布局和CSS布局是网页设计中的两种最常用的布局方法，它们代表了两种不同的思路和方法。表格布局是传统的网页设计方法，CSS布局是基于Web标准的网页设计方法，经常根据其实现方法把这种网页设计思想和方法称为DIV+CSS。CSS布局方法逐渐在现实中得到了越来越广泛的应用，各大网站纷纷对网站进行重构，由表格布局转向CSS布局。目前，国内外绝大多数大中型网站都是由基于Web标准的方法设计的。

基于Web标准的网站建设方法已经成为网页设计技术的主流，它的核心就是CSS的布局方法；掌握了布局的方法之后，就可以轻松地学习DIV+CSS了。

CSS布局的主流方法是基于浮动的布局方法；在某些特殊应用条件下，还有绝对定位和相对定位的布局方法。

本章先讨论display和float这两个非常重要的CSS属性，然后讨论具体的布局方法。

13.1 display 显示

浮动是最常用的一种定位方式，也是本书推荐读者在进行网页布局时采用的布局方法。为掌握浮动方法的内涵和页面内容的设计，需要先理解显示(display)属性的块(block)和内嵌(inline)。

HTML元素主要分为两种：块元素(block)、内嵌元素(inline)。

block元素总是在新行上开始；元素的宽度、高度、padding、margin等都可以设置；缺省宽度是容器的100%。常见块元素如<div>、<p>、<h1>、<form>、<ul>、<li>、<ol>、<dl>、<dt>和<dd>。

inline元素可以和其他元素在同一行上；宽度、高度、padding、margin等不可改变或者有一定限制；常见内嵌元素如<span>、<a>、<label>、<input>、<img>、<strong>

和<em>。大多数 inline 的元素不能够设置宽度、高度、padding、上下 margin、边框、背景颜色和背景图片。

通过 CSS 属性 display: inline 或 display: block 可以改变 HTML 元素的显示特性。经常需要把 a、em、strong、img、span 等标签设为 block,以便为其设置宽度、高度、padding、上下 margin、边框、背景颜色和背景图片等属性。

【实例 13-1】

【实例描述】

实例 13-1 通过 display 属性改变前后的对比进一步加深读者对 inline 和 block 的理解。

图 13-1 给出了超链接(a)和列表项(li)的默认显示样式。其中超链接默认是 inline 显示方式,可以在同一行中显示多个超链接;列表项默认是 block 显示方式,一行只能显示一个列表项。

图 13-2 给出了重新定义 display 属性后的页面显示样式。在图 13-2 对应的 CSS 中,定义超链接的显示样式为 block,定义列表项的显示样式为 inline。重新定义后,一行只能显示一个超链接,并且可以设置超链接的宽度、高度、padding、margin 和 border;可以在一行中显示多个列表项,这种方法经常应用在导航条的设计上。

图 13-1 block 和 inline

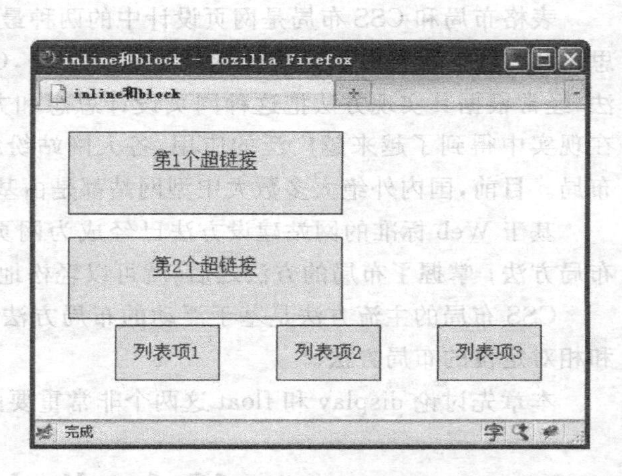

图 13-2 改变 display 属性后的显示样式

【实例分析】

- 实例可以在 Dreamweaver 或文本编辑器中完成,推荐在 Dreamweaver 中完成实例。
- 参考代码如下。

图 13-1 代码:

```
<html>
<head>
<title>inline 和 block</title>
    <style type="text/css">
    a, li {
        font-size: 16px;
```

```
        height: 40px;
        width: 200px;
        border: 1px solid #006;
        text-align: center;
        background-color: #ff0;
        padding: 15px;
        margin: 20px;

    }}
    </style>
</head>
<body>
    <a href="#">第1个超链接</a>
        <a href="#">第2个超链接</a>
    <ul>
        <li>列表项1</li>
        <li>列表项2</li>
        <li>列表项3</li>
    </ul>
</body>
</html>
```

图 13-2 代码：

```
<html>
<head>
<title>inline 和 block</title>
    <style type="text/css">
    <!--
        a, li {
                font-size: 16px;
                height: 40px;
                width: 200px;
                border: 1px solid #006;
                text-align: center;
                background-color: #ff0;
                padding: 15px;
                margin: 20px;
        }
        a {
        display: block;
          }
        li {
          display: inline;
           }
    -->
    </style>
    </head>
<body>
```

```
    <a href="#">第1个超链接</a>
    <a href="#">第2个超链接</a>
  <ul>
    <li>列表项1</li>
    <li>列表项2</li>
    <li>列表项3</li>
  </ul>
</body>
</html>
```

【实例说明】

display常用的属性值有inline、block、none和inline-block。display:none可以定义HTML元素不显示,可以完成许多特殊效果的设计。本实例主要讨论inline和block。从两个例子的显示效果可以看出block和inline的区别:

- display为block的HTML元素可以设置宽度和高度,而inline的元素设置这些属性也不起作用。
- display为block的HTML元素可以设置padding,而inline的元素设置了也不起作用。
- display为block的HTML元素可以设置margin,而inline的元素设置了只有左右margin起作用,上下margin不起作用。
- display为block的HTML元素可以设置border、背景颜色、背景图片,inline的设置了也会起作用,但是会有很大的副作用,如图13-3和图13-4所示。另外,IE 6.0的inline元素也不会出现border。所以不要用display为inline的元素设置背景或边框。
- 尽量避免用display为inline的元素和block的元素并列,否则可能会出现非常多的浏览器兼容性问题。在本例中,block元素和inline元素之间的margin就没有正常起作用。

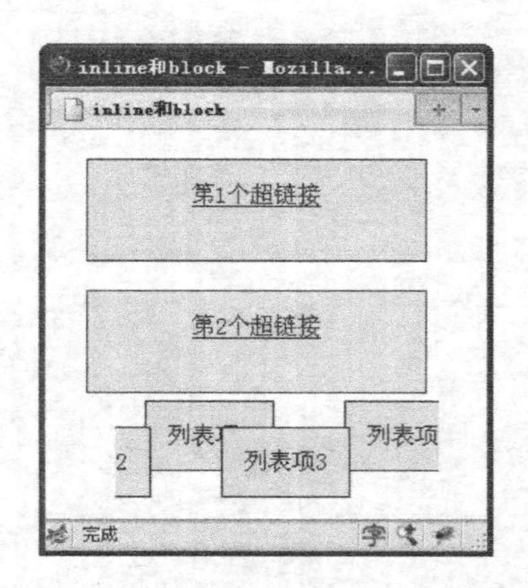

图13-3 inline元素设置border后的网页变形

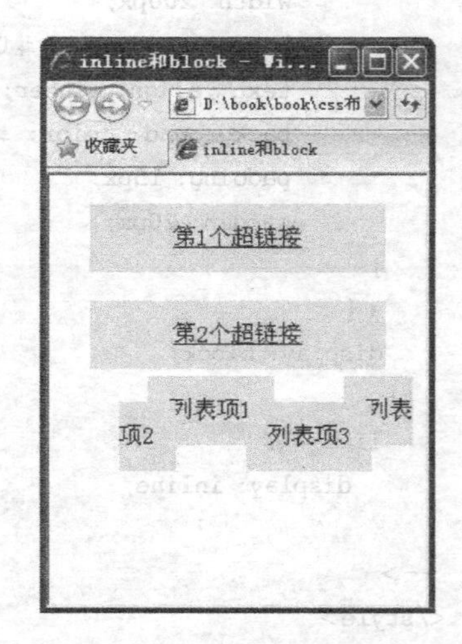

图13-4 inline元素设置背景颜色后的网页变形

【实例 13-2】

【实例描述】

实例 13-2 的显示效果如图 13-5 所示，是一个非常典型的列表效果。这种效果有很多实现方法，在这里通过 display 的一个特殊的属性值 inline-block 来实现。

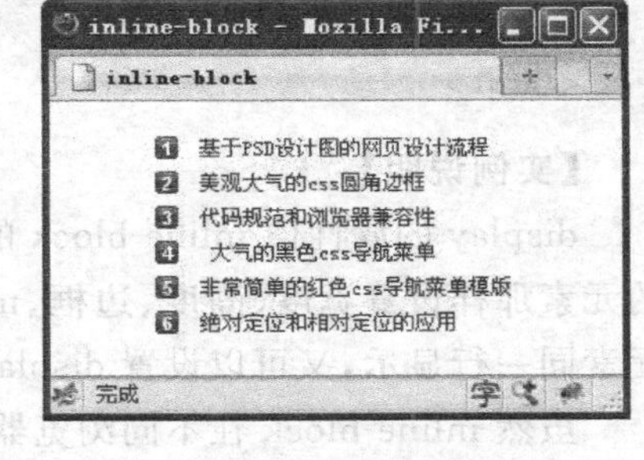

图 13-5 inline-block

【实例分析】

- 实例可以在 Dreamweaver 或 EditPlus 中完成，推荐在 Dreamweaver 中完成实例。
- 需要定义标签选择器。
- 参考代码如下。

图 13-5 代码：

```
<html>
<head>
<title>inline-block</title>
<style type="text/css">
li{
    width: 230px;
    list-style-type: none;
    height: 20px;
}

span {
    color: #ffffff;
    display: inline-block;
    font-family: Arial;
    font-size: 11px;
    font-weight: bold;
    text-align: center;
    width: 14px;
    background-image: url(bg_num.gif);
    background-repeat: no-repeat;
    margin: 0px 11px;
    line-height: 13px;
    height: 14px;
}
a {
    font-size: 12px;
    text-decoration: none;
    line-height: 14px;
    color: #036;
}
</style>
</head>

<body>
<ul>
  <li><span>1</span><a href="#">基于 PSD 设计图的网页设计流程</a></li>
  <li><span>2</span><a href="#">美观大气的 css 圆角边框 </a></li>
```

```
    <li><span>3</span><a href="#">代码规范和浏览器兼容性</a></li>
    <li><span>4</span><a href="#">大气的黑色 css 导航菜单</a></li>
    <li><span>5</span><a href="#">非常简单的红色 css 导航菜单模版</a></li>
    <li><span>6</span><a href="#">绝对定位和相对定位的应用</a></li>
</ul>
</body>
</html>
```


【实例说明】

display 的属性值 inline-block 的意思是 HTML 元素本身还是 inline,但是可以像 block 的元素那样设置宽度、高度、边框、margin 和背景图片等。这样,它既可以和其他 inline 的元素同一行显示,又可以设置 display 为 block 的元素才能用的属性。

虽然 inline-block 在不同浏览器里的支持情况略有不同,但还是具有很好的浏览器兼容性。在 Dreamweaver 中的显示效果可能和实际浏览器中的显示效果有较大差别,不影响在浏览器中的显示效果。

display 为 inline-block 的元素不能设置 padding。

在后面的内容相对比较简单的时候,可以使用 inline-block 设计同一行中的不同效果,再复杂一些的效果,还是需要使用下一节学习的 float 来实现。

13.2 float 浮动

CSS 的 float 属性,作用就是改变块元素(block)对象的默认显示方式。block 对象设置了 float 属性之后,可以在保持 block 对象特性的基础上,多个 block 对象在同一行中显示。

使用浮动(float)的时候经常会使用一个容器把各个浮动的盒子组织在一起,使一个盒子中包含多个盒子,达到更好的布局效果。

浮动的取值有左对齐、右对齐、无。左对齐使浮动对象靠近其容器(父对象)的左边,可以有多个对象左浮动,当一个浮动对象的宽度小于容器剩余的宽度时,它就会自动另起一行。

在 Dreamweaver 中可以在图 13-6 所示的窗口中设置浮动为左对齐,同样也可以设为右对齐。

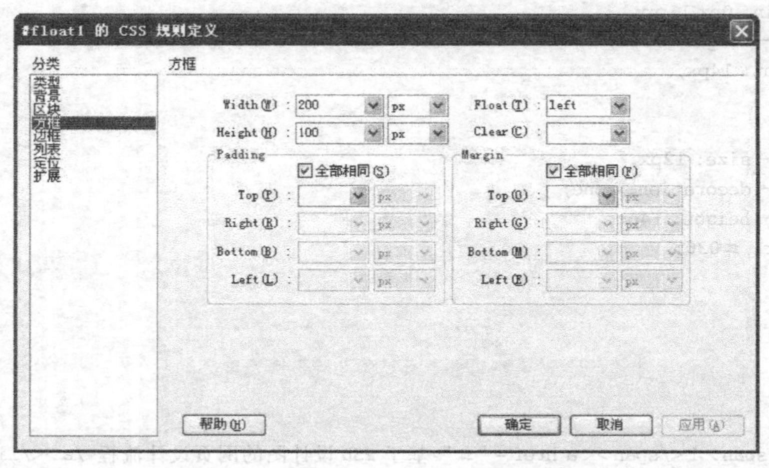

图 13-6 在 Dreamweaver 中设置浮动

图 13-7、图 13-8、图 13-9 给出了同样的代码在不同浏览器宽度下的显示样式。图中有 4 个盒子，每个盒子都为左浮动。由于设置了浮动，4 个盒子可以如图 13-7 所示在同一行中显示，如果浏览器剩余的宽度小于要附加的盒子的宽度，超出浏览器宽度的盒子就会另起一行，如图 13-8 和图 13-9 所示。

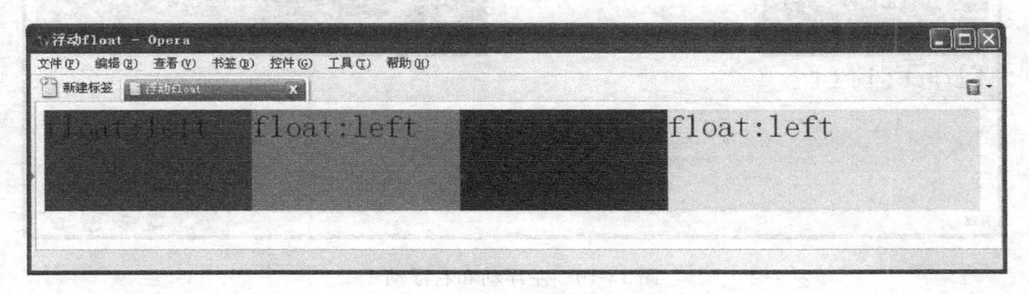

图 13-7　左浮动 1

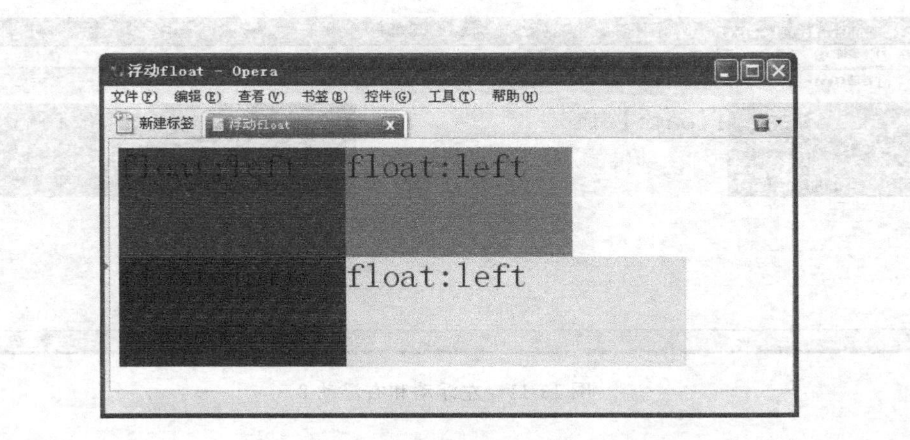

图 13-8　左浮动 2

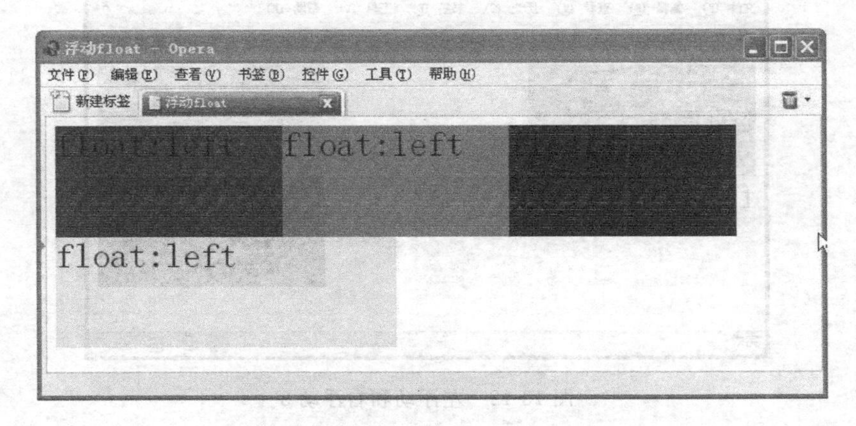

图 13-9　左浮动 3

图 13-10、图 13-11 和图 13-12 也是相同的代码在不同的浏览器宽度下的显示结果，页面中共有 4 个盒子，两个盒子左浮动，两个盒子右浮动。实例 13-3 给出了这三个图的实现代码。

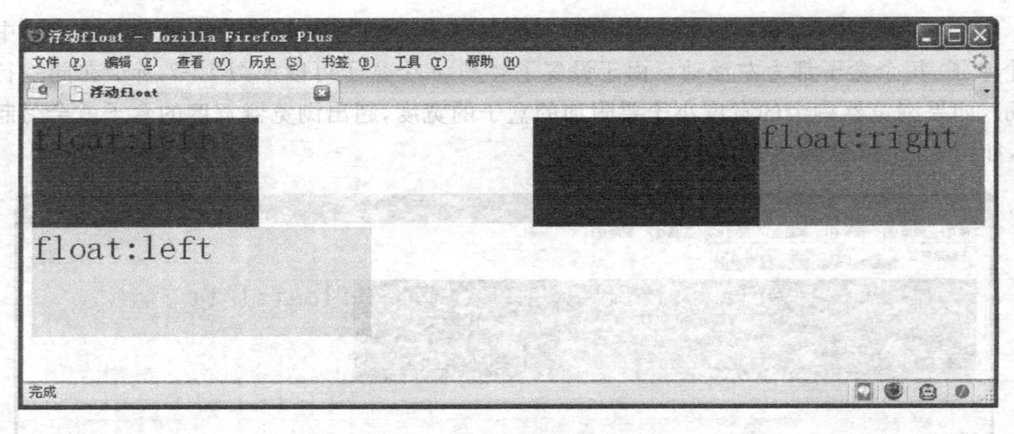

图 13-10　左浮动和右浮动 1

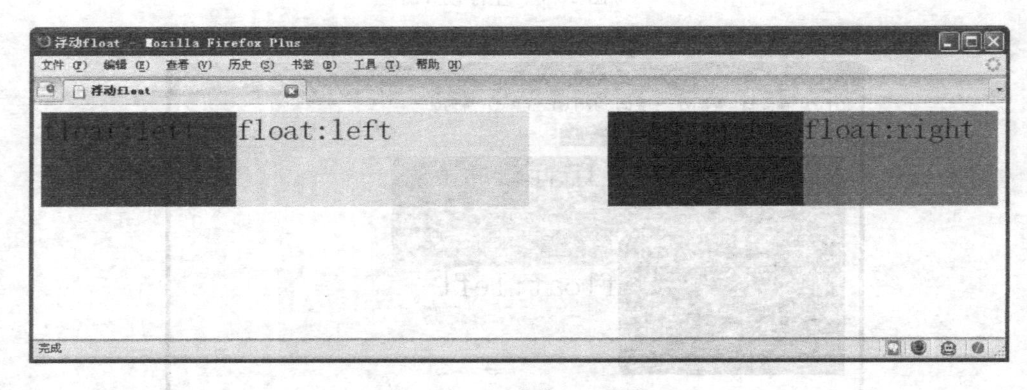

图 13-11　左浮动和右浮动 2

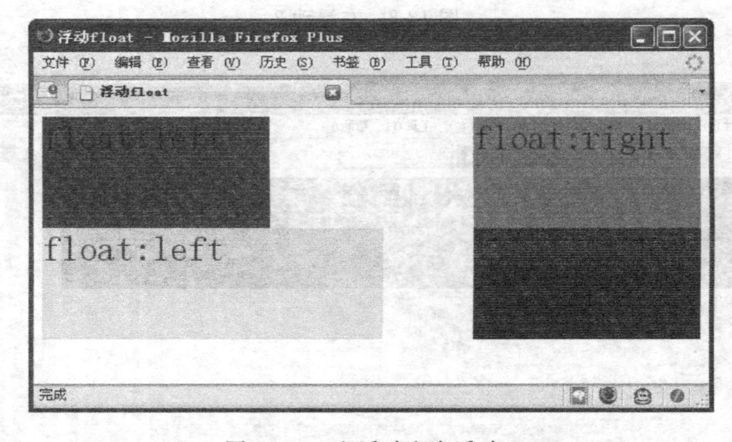

图 13-12　左浮动和右浮动 3

【实例 13-3】

【实例描述】

实例 13-3 显示效果如图 13-10、图 13-11 和图 13-12 所示。本实例用浮动的方法进行网页布局,加深读者对浮动定位的认识。

【实例分析】

• 实例可以在 Dreamweaver 中完成，建立内部 CSS 和外部 CSS 均可。
• 在 Dreamweaver 网页中插入多个盒子时，为了避免不必要的嵌套，推荐在代码视图中完成。
• 参考代码如下。

```
<html>
<head>
<title>浮动 float</title>
    <style type="text/css">
    <! -
    body {
        font - size: 2em;
    }
    #float1 {
        background - color: #ff0000;
        height: 100px;
        width: 200px;
        float: left;
    }
    #float2 {
        background - color: #00ff00;
        height: 100px;
        width: 200px;
        float: right;
    }
    #float3 {
        background - color: #0000ff;
        height: 100px;
        width: 200px;
        float: right;
    }
    #float4 {
        float: left;
        height: 100px;
        width: 300px;
        background - color: #ffff00;
    }
    -->
    </style>
</head>
<body>
    <div id="float1">float:left</div>
    <div id="float2">float:right</div>
    <div id="float3">float:right</div>
    <div id="float4">float:left</div>
</body>
</html>
```

【实例说明】

使用浮动定位完成多列效果时,浏览器宽度的变化会使页面显示效果发生比较大的变化,这在多数情况下是应该避免的。最常用的解决方法是将需要多列显示的多个盒子放在一个固定宽度(width)的容器(盒子)中,语法如下所示:

```
<div id = "container">
    <div id = "float1"> float:left </div>
    <div id = "float2"> float:right </div>
    <div id = "float3"> float:right </div>
    <div id = "float4"> float:left </div>
</div>
```

其中 container 也是一个盒子,通常称为容器,它有固定的宽度,在用浮动的方法进行多列布局的设计时,通常应用上面的技巧。同时也可以在 container 容器上设置居中等特性,满足更多的设计需求。

现实中常用的是两列和三列布局。

【实例 13-4】

【实例描述】

实例 13-4 显示效果如图 13-13 所示。本实例用浮动的方法进行网页布局,#left 和 #right 都应用浮动的方法在同一行中显示,完成两列的显示效果,并采用容器包含 left 和 right 两列,保证页面在任何浏览器宽度下保持相同的显示效果;整个布局页面居中。盒子居中和容器的使用是浮动定位的重要技巧,在完成本实例时要重点关注。

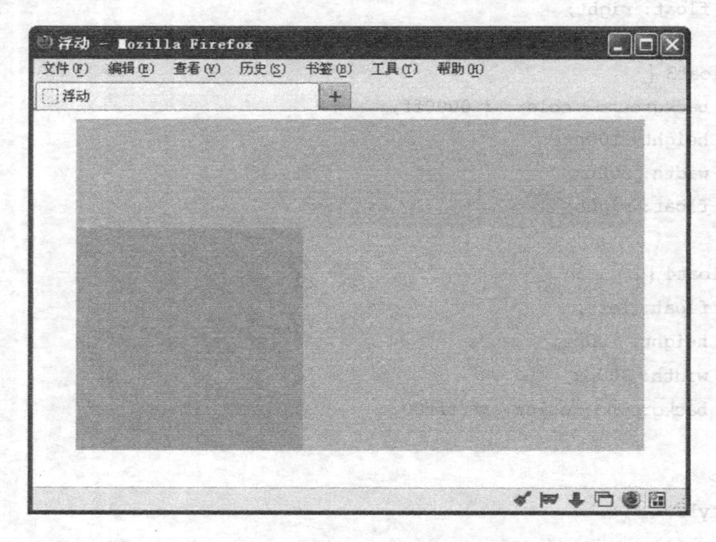

图 13-13 用浮动定位实现网页布局

【实例分析】

- 实例可以在 Dreamweaver 中完成,建立内部 CSS 和外部 CSS 均可。
- 首先完成 HTML 代码,然后完成对应的 CSS。
- HTML 推荐通过代码方式完成,CSS 在初学阶段可以使用 Dreamweaver 帮助生成代码,熟悉之后可以使用 Notepad++、Dreamweaver 等工具手工完成相应代码。

• 参考代码如下。

```
<html>
<head>
<title>浮动</title>
    <style type="text/css">
    #top {
        background-color: #ff99ff;
        height: 100px;
        width: 500px;
        margin-right: auto;
        margin-left: auto;
        }
    #container {
        width: 500px;
        margin-right: auto;
        margin-left: auto;
    }
    #left {
        background-color: #00ffff;
        float: left;
        height: 200px;
        width: 200px;
    }
    #right {
        float: left;
        height: 200px;
        width: 300px;
        background-color: #99ff00;
    }
    </style>
</head>
<body>
    <div id="top"></div>
    <div id="container">
    <div id="left"> </div>
    <div id="right"> </div>
    </div>
</body>
</html>
```

【实例说明】

多列的布局推荐使用容器,容器内只装盒子,其他的文字应该删去。

盒子的左 margin 和右 margin 设为自动,可以使盒子居中,相关 CSS 定义方法如下:

```
margin-right: auto;
margin-left: auto;
```

或

```
margin:0 atuo;
```

对于两列或多列的布局,如果两列需要居中,设置 margin-right 和 margin-left 为 auto 的方法并不能奏效,需要添加一个容器,将两列都放在这个容器中,并将容器居中,这样就能完成两列居中的效果。容器本身也是一个盒子,容器居中的方法就是一列居中的方法。

上述设置 margin-right 和 margin-left 为 auto 使盒子居中的方法在 IE、FireFox 和 Opera 等浏览器下都有效,这也是符合 CSS 标准的写法。

【实例 13-5】

【实例描述】

实例 13-5 显示效果如图 13-14 所示。本实例用浮动的方法进行网页布局,页面中应用了 6 个盒子(包括 1 个容器),页面是典型的 3 列布局,中间的 3 列通过应用浮动的方法得以在同一行中显示。在应用了浮动的盒子下面,有一个另起一行的盒子 #footer,它需要设置特殊的属性 clear(清除)。

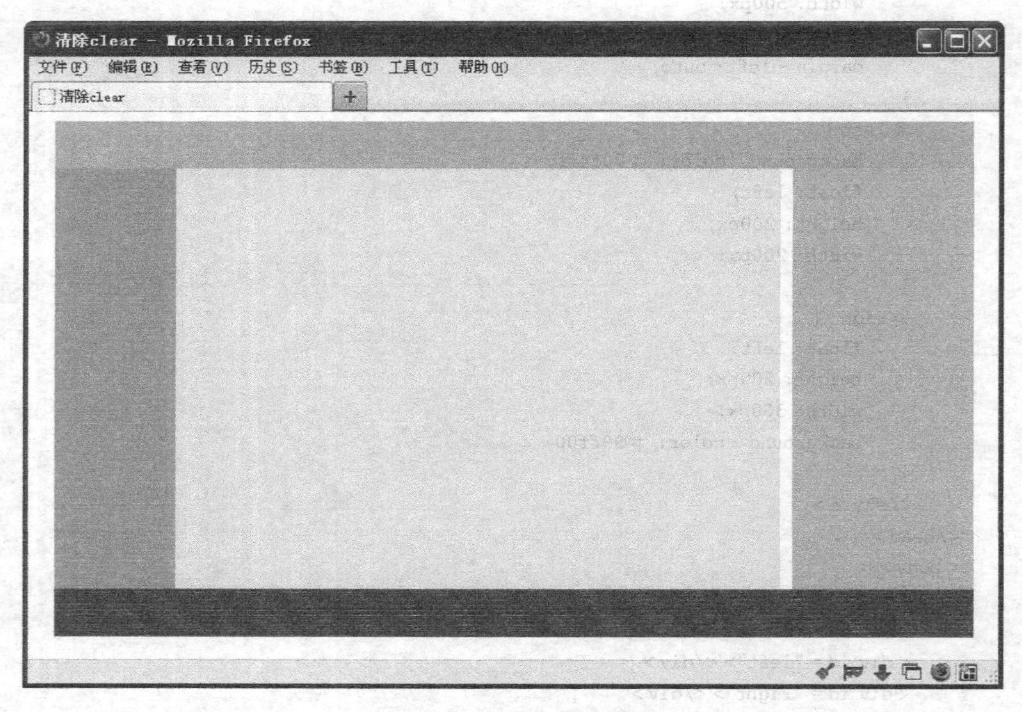

图 13-14 用浮动定位实现网页布局

【实例分析】

- 实例可以在 Dreamweaver 中完成,建立内部 CSS 和外部 CSS 均可。
- 在网页中插入多个盒子时,为了避免不必要的嵌套,推荐在代码视图中完成。
- 参考代码如下。

```
<html><head>
<title>清除 clear</title>
<style type="text/css">
body {
    text-align: center;
    font-size: 1.5em;
```

```
}
#head {
    background-color: #ff99ff;
    height: 40px;
    width: 760px;
    text-align: left;
    margin-right: auto;
    margin-left: auto;
}
#container {
    width: 760px;
    margin-right: auto;
    margin-left: auto;
}
#left {
    background-color: #0ff;
    float: left;
    height: 360px;
    width: 100px;
}
#content {
    background-color: #ff0;
    float: left;
    height: 360px;
    width: 500px;
}
#right {
    float: right;
    height: 360px;
    width:150px;
    background-color: #9f0;
}
#footer {
    background-color: #f0f;
    clear: both;
    height: 40px;
    width: 760px;
    margin-right: auto;
    margin-left: auto;
}
</style>
</head>
<body>
<div id="head"></div>
<div id="container">
<div id="left"></div>
<div id="content"></div>
<div id="right"></div>
</div>
<div id="footer"></div>
</body>
</html>
```

【实例说明】

应用了浮动的盒子下面要新起一行,在下面另外开始新的一行布局,需要使用 clear(清除)属性,清除浮动。

clear 属性的取值如下:

- none: 默认值,允许两边都可以有浮动对象。
- left: 清除左浮动。
- right: 清除右浮动。
- both: 清除左浮动和右浮动。

在进行页面布局的时候,清除浮动通常采用 clear: both。

有的时候需要单独的样式来进行清除,可以把清除做成一个类选择符,常用属性如下:

```
.clear{
height:1px;
font - size; 1px;
clear: both;
overflow: hidden
}
```

overflow: hidden 可以省略,它的意义是溢出部分隐藏。

在使用该方法 clear 时,可以把该类和具体的标签如 div 在一起使用,如下所示:

```
< div class = "clear"></div >
```

【注意事项】

- DIV 标签一定不要嵌套错误,如果是在 Dreamweaver 中做相关操作,建议切换到代码视图。
- 在布局的时候,需要考虑页面在多种浏览器中的显示效果,尽量让页面在多种浏览器中得到相近的视觉效果,需要考虑用户可能的分辨率和主流分辨率的显示效果。
- 在计算盒子和容器大小时,一定要区分框模型的宽度和框模型的 width 属性之间的区别,正确计算框模型的宽度和高度。

【实例 13-6】

【实例描述】

实例 13-6 显示效果如图 13-15 所示。该实例包括了使用浮动的方法布局的所有要素。在实现该实例时,首先要从总体上理解布局,可以看出,该实例分为上中下三部分,中间的部分分为左右两列,左边的列有 3 个盒子,右边的列有 4 个盒子。左边的 3 个盒子显示效果相同,在建立 CSS 样式的时候只需建立一个类选择器即可;同样,右边的 4 个盒子也只需要建立一个类选择器。完成该实例时一定要注意设计的规范性,这样就可以避免出现浏览器的兼容性问题。

【实例分析】

- 实例可以在 Dreamweaver 中完成,建立内部 CSS 和外部 CSS 均可。
- 在网页中插入多个盒子时,为了避免不必要的嵌套,推荐在代码视图中完成。

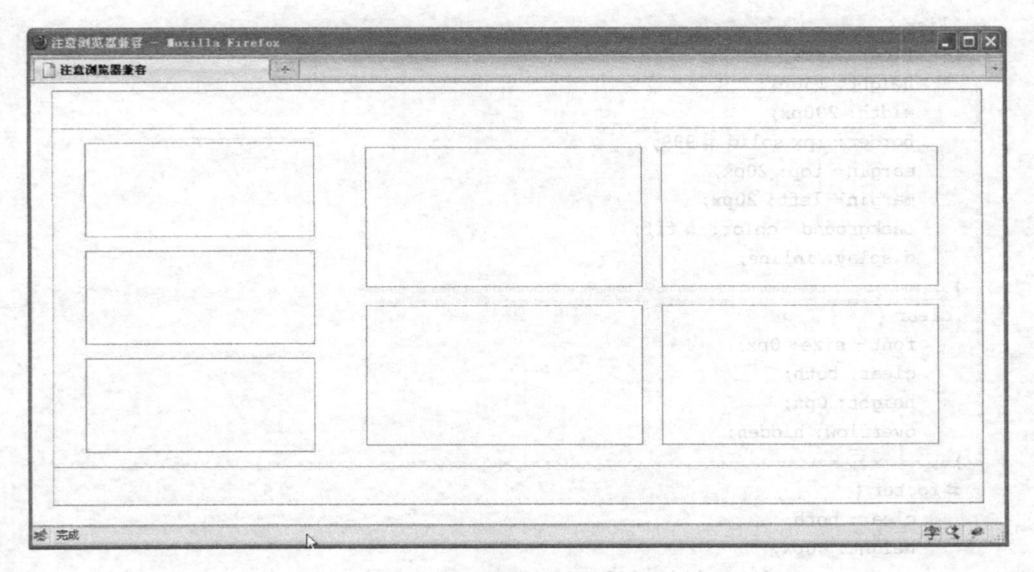

图 13-15　综合布局实例

- 参考代码如下。

```
<html>
<head>
<style type="text/css">
#main {
    width: 980px;
    border: 1px solid #999;
    margin: 0 auto;
    background-color: #eff;
}
#top {
    height: 40px;
    border-bottom: 1px solid #999;
}
#left {
    float: left;
    width: 250px;
    margin:0px 30px;
    display: inline;
}
#right {
    float: left;
    width: 650px;
}
.cat {
    height: 100px;
    width: 240px;
    border: 1px solid #999;
    background-color: #fff;
    margin: 15px auto;

}
```

```
.list {
    float: left;
    height: 150px;
    width: 290px;
    border: 1px solid #999;
    margin-top: 20px;
    margin-left: 20px;
    background-color: #fff;
    display: inline;
}
.clear {
    font-size: 0px;
    clear: both;
    height: 0px;
    overflow: hidden;
}
#footer {
    clear: both;
    height: 40px;
    border-top: 1px solid #999;
}
</style>
</head>

<body>
<div id="main">
  <div id="top"></div>
  <div id="left">
    <div class="cat"></div>
    <div class="cat"></div>
    <div class="cat"></div>
  </div>
  <div id="right">
    <div class="list"></div>
    <div class="list"></div>
    <div class="list"></div>
    <div class="list"></div>
   </div>
   <div class="clear"></div>
  <div id="footer"></div>
</div>
</body>
</html>
```

【实例说明】

- 在本实例中,容器#main包含了所有盒子。
- 布局是分层次的,首先完成整个网页的布局,即#top、#left、#right和#footer,然后分别完成#left和#right的布局。单独看#left的布局或#right的布局,非常简单,要学会化繁为简。
- #right中包括4个list,因为一行中要显示多个list,所以list需要设置float属性,float的对象在一行已经满了的情况下,会自动换到下一行。所以在#right中,4个list对象分两行显示。

- ＃left 中的 cat 的上 margin 和下 margin 都为 15px，但 cat 之间的距离却不是 30px，而是 15px。这是有名的 margin 的叠加。两个上下相邻的盒子的垂直距离不是上面盒子的下 margin 和下面盒子的上 margin 的和，而是两者之中的最大值。
- 浮动之后需要进行 clear。clear 可以单独进行，如本例；也可以加在布局的 CSS 样式上，如实例 13-5 中的 footer。当 clear 属性加在布局的样式上(如 footer)时，该标签的 margin 属性在绝大多数浏览器下不能正常起作用。
- 使用浮动的方法进行网页布局的三大要点：容器(多列需要容器)、浮动 float(一行显示多个盒子需要设置 float 属性)、清除 clear(浮动之后必须进行 clear，恢复正常的文档流)。
- CSS 如果没有给定 width 属性，则对应的 HTML 的元素的宽度为父对象的宽度；CSS 如果没有给定 height 属性，则对应的 HTML 元素的高度由其内容的高度决定；盒子高度为 0 或较小(小于默认字体大小)的盒子，需要进行浏览器兼容性处理(如设置 font-size 属性)。

【技巧】

浮动的盒子的左 margin 和右 margin 在 IE 6.0 下会加倍，为了避免这种现象，可以有下列几种解决方案：

- 正确理解 margin 的加倍，加倍的 margin 是最左边盒子的左 margin 和最右边盒子的右 margin，而不是所有浮动的盒子的左右 margin。
- 给需要设置左右 margin 的盒子设置子盒子，内容放在子盒子中，通过设置父盒子的左右 padding 达到和左右 margin 相同的显示效果。
- 给浮动的并且需要设置左右 margin 的盒子增加属性 display：inline，例如本实例的＃left。

13.3 绝对定位

绝对定位是一种常用的 CSS 定位方法，Dreamweaver 中的层布局(AP DIV)就是一种简单的绝对定位方法，绝对定位的基本思想和层布局基本相同，但是功能更加强大。

绝对定位在 CSS 中的写法是：position：absolute。它应用 top(上)、right(右)、bottom(下)、left(左)进行定位。默认的坐标是相对于整个网页(body 标签)的，如果其父容器定义了 position：relative，则相应的坐标就是相对于其父容器。

如果盒子的宽度和高度确定，那么给定 top(或 bottom)和 left(或 right)两个属性就可以确定盒子在网页中的位置。比如一个盒子的宽为 400px，高为 300px，top 为 20px，left 为 100px，那么这个盒子在网页中的位置就确定了。

如果在一个网页中包含多个盒子，需要根据盒子的位置要求及高度、宽度计算得出各个盒子的 top(或 bottom)和 left(或 right)，以达到用绝对定位进行网页布局的目的。

绝对定位已经脱离了文档流，因此不占据文档流的空间，可以通过设置 z-index 属性控制绝对定位的盒子和其他盒子的堆放次序。

绝对定位受客户显示器分辨率影响比较大；不适合自适应宽度或高度的内容；整个页面的布局紧密相连，修改一个，其他所有的布局元素可能都需要修改。

在布局设计方面，绝对定位可以用在一些中间自适应宽度的布局效果上，不适合完全用绝对定位完成网页的整体布局;在内容的设计方面,结合父元素的 position: relative,能够完成很多实用的效果。

【实例 13-7】

【实例描述】

实例 13-7 显示效果如图 13-16 所示。页面中包含 3 个盒子,3 个盒子的位置都由 top 和 left 属性决定,定位方式应用的是绝对定位(absolute)。

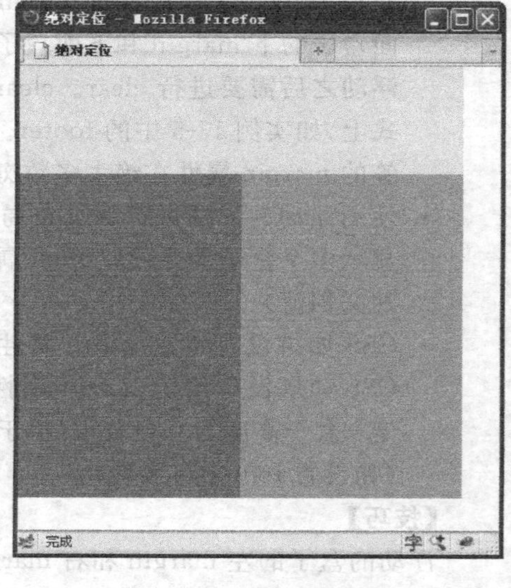

图 13-16　绝对定位布局

【实例分析】

- 实例可以在 Dreamweaver 中完成,建立内部 CSS 和外部 CSS 均可。
- 在网页中插入多个盒子时,为了避免不必要的嵌套,推荐在代码视图中完成。
- 参考代码如下。

```
<html>
<head>
<title>绝对定位</title>
<style type="text/css">
<!--
#top {
    height: 100px;
    width: 400px;
    position: absolute;
    left: 0px;
    top: 0px;
    background-color: #ffff00;
}
#left {
    background-color: #00ff00;
    height: 300px;
    width: 200px;
    left: 0px;
    top: 100px;
    position: absolute;
}
#right {
    background-color: #00ffff;
    height: 300px;
    width: 200px;
    left:200px;
    top: 100px;
    position: absolute;
}
-->
</style>
</head>
<body>
<div id="top"></div>
```

```
<div id="left"></div>
<div id="right"></div>
</body>
</html>
```

【实例说明】

在使用绝对定位时，盒子的 top 和 left 属性可以确定一个盒子在页面中的位置，表 13-1 给出了计算的过程。

表 13-1　top 和 left 的计算过程

盒子名称	宽度	高度	top	left
#top	400	100	0	0
#left	200	300	#top.top ＋ #top.height＝100	0
#right	200	100	#top.top ＋ #top.height＝100	#left.left ＋ #left.width＝200

图 13-17 给出了在 Dreamweaver 中设置定位类型、top、left 的窗口。

图 13-17　在 Dreamweaver 中定义绝对定位

需要注意的是，长度一定要有单位。

【实例 13-8】

【实例描述】

实例 13-8 显示效果如图 13-18 所示。该实例通过绝对定位的方式在商品图片右上角添加了一个“限时抢”的修饰图片。绝对定位在应用时大多是通过本实例的方式在网页的一部分中使用，而不是在网页的布局层次使用。

【实例分析】

- 实例可以在 Dreamweaver 中完成，建立内部 CSS 和外部 CSS 均可。
- 在网页中插入多个盒子时，为了避免不必要的嵌套，推荐在代码视图中完成。
- 参考代码如下。

图 13-18　绝对定位的应用

```
<html
<head>
<title>绝对定位</title>
<style type="text/css">
p {
    margin: 0px;
    font-size: 12px;
    padding: 0px;
    line-height: 160%;
}
.list {
    width: 130px;
    height: 198px;
}
.list em {
    color: #9c9c9c;
    text-decoration: line-through;
    font-weight: normal;
    margin-left: 9px;
}
.list strong {
    color: #cc3300;
    margin-left: 12px;
}
a {
    color: #666666;
    text-decoration: none;
}
.top {
    text-align: center;
    height: 120px;
    width: 120px;
    position: relative;
}
.icon {
    background-image: url(xsq.png);
    background-repeat: no-repeat;
    height: 54px;
    width: 54px;
    position: absolute;
    top: 5px;
    right: 5px;
}
</style>
</head>
<body>
<div class="list">
```

```
<p class="top">
<img src="21004738h.gif" width="120" height="120" /><span class="icon"></span>
</p>
<p class="name"><a href="#">经典幼儿教育丛书全集</a></p>
<p><strong>¥21.5</strong><em>¥29.5</em></p>
</div>
</body>
</html>
```

【实例说明】

- position: absolute 的 HTML 元素(本例中是 span)即为块元素(display: block),可以设置宽度、高度、背景图片和 padding。
- 绝对定位的父元素一定要设置 position: relative,在本例中 span 的父元素对应的 CSS 样式 top 设置了 position: relative,这样 top 的子元素(span)绝对定位的坐标原点就不是 body,而是 top。
- 绝对定位时用了 top 和 right 属性,使用 right 比使用 left 更适合设计要求。

13.4 相对定位

相对定位的 position 为 relative,上一节的实例 13-8 给就是相对定位的一个典型应用,position: relative 可以定义 HTML 元素的子元素的绝对定位的原点为该 HTML 元素,而不是默认的 body。

在该实例中,并没有设置 top、left、right 和 bottom 的值,很多时候,相对定位需要通过这些值来确定盒子的位置。如果 HTML 元素只是设置了 position 为 relative 而没有设置 top、left、right 和 bottom 的值,该 HTML 元素(如 div)和没有设置 position 为 relative 是一样的,只是会对该 HTML 元素中有绝对定位属性的子元素有影响。

相对定位的元素没有脱离文档流,如果一个网页中的一个 HTML 元素设置了相对定位并对 top、left、right 或 bottom 的值进行了设置,假设其子元素没有绝对定位的元素,那么该网页中所有其他部分的显示效果和位置都不变,只是设置了相对定位的元素位置发生了变化,并有可能和其他部分重叠。

position: relative 的坐标原点为其父元素,而不像 position:absolute 的默认坐标原点都是 body。

相对(relative)是相对于静止定位(position 为 static)时盒子的位置,也就是不设置 position 属性时的位置。

【实例 13-9】

【实例描述】

实例 13-9 显示效果如图 13-19 所示。页面中包含两个盒子,小盒子采用相对定位,图 13-20 和图 13-21 给出了改变相对定位坐标 top 和 left 时的显示效果,图 13-22 给出了添加 z-index 属性后的显示效果。

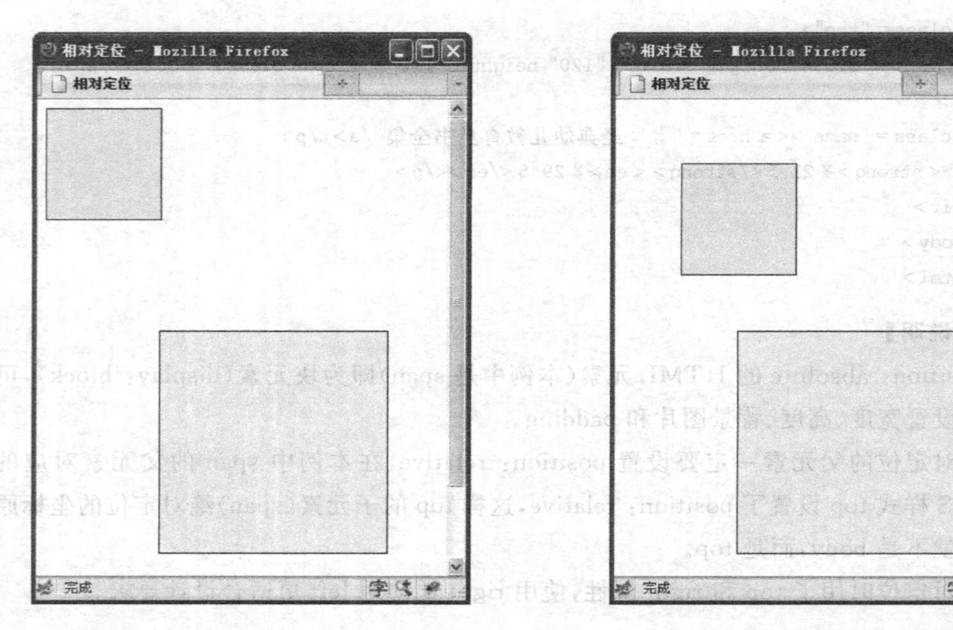

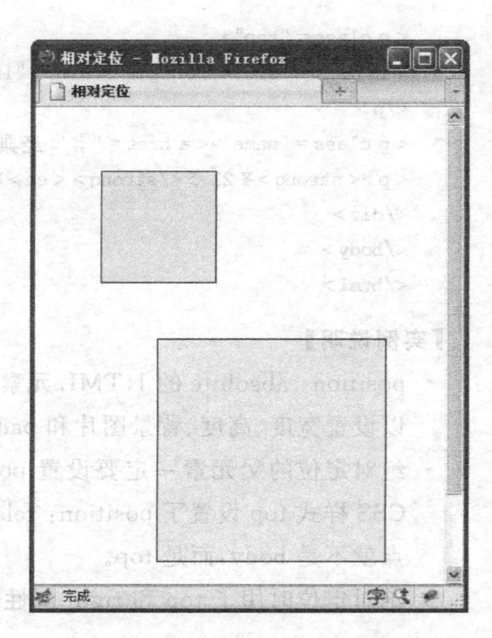

图 13-19　top 为 0px 且 left 为 0px　　　　图 13-20　top 为 50px 且 left 为 50px

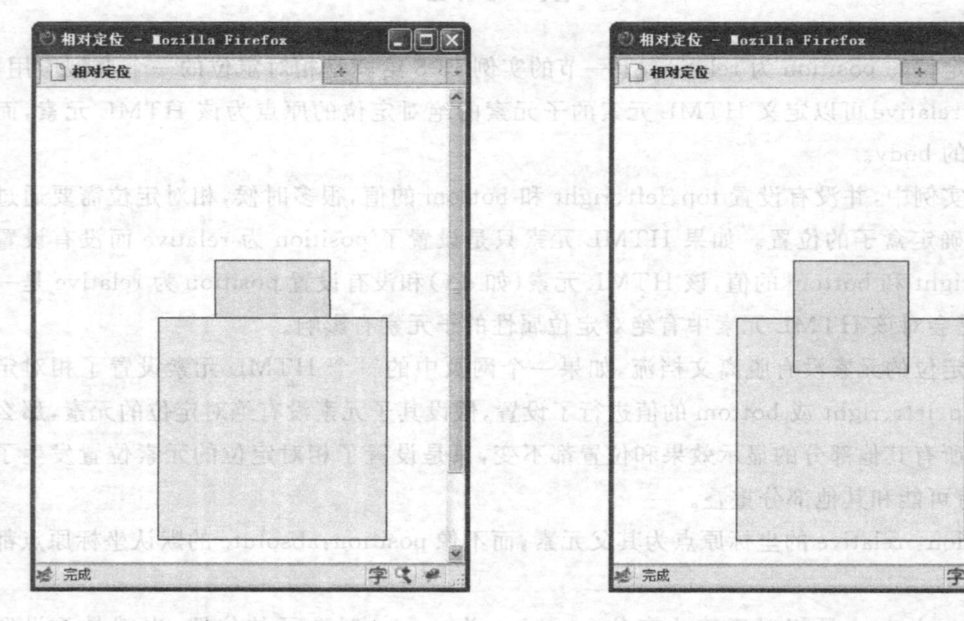

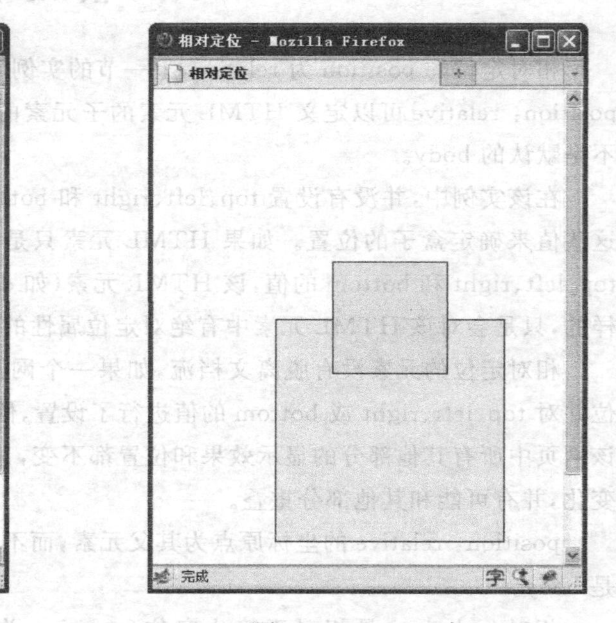

图 13-21　top 为 150px 且 left 为 150px　　　　图 13-22　z-index 为 2

【实例分析】

- 实例可以在 Dreamweaver 中完成,建立内部 CSS 和外部 CSS 均可。
- 参考代码如下。

```
<html>
<head>
<title>相对定位</title>
```

```
<style type="text/css">
.relative {
    height: 100px;
    width: 100px;
    border: 1px solid #006;
    background-color: #ff0;
    position: relative;
    left: 150px;
    top: 150px;
    z-index: 2;
}
.static {
    margin: 100px;
    height: 200px;
    width: 200px;
    border: 1px solid #003;
    background-color: #eee;
}
</style>
</head>
<body>
<div class=" relative"></div>
<div class=" static">
</div>
</body>
</html>
```

【实例说明】

- 图 13-19 相对定位坐标 top 为 0px，left 为 0px 时，相当于 position：static 时的位置，或者说不设置 position 属性时的位置。
- 相对定位坐标 top 和 left 改变时，其他盒子的位置不变，改变的只是相对定位的盒子。
- 如果说 top 和 left 相当于 x 轴和 y 轴，那么 z-index 属性就相当于 z 轴，决定了盒子之间的堆叠顺序，z-index 值大的在上面。
- Dreamweaver 里对相对定位和 z-index 的设置如图 13-23 所示。

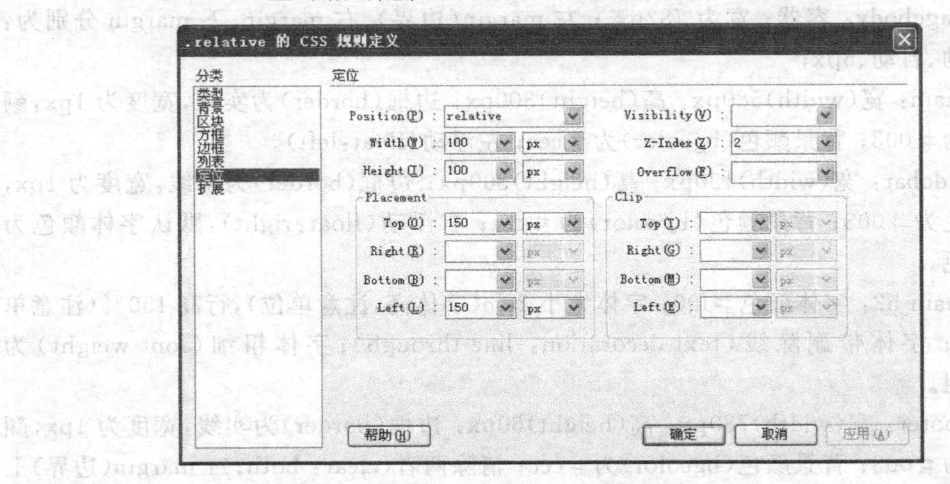

图 13-23　在 Dreamweaver 中设置相对定位和 z-index

13.5 习　题

1. 建立如图13-24所示的布局,可参考相关要求和提示。

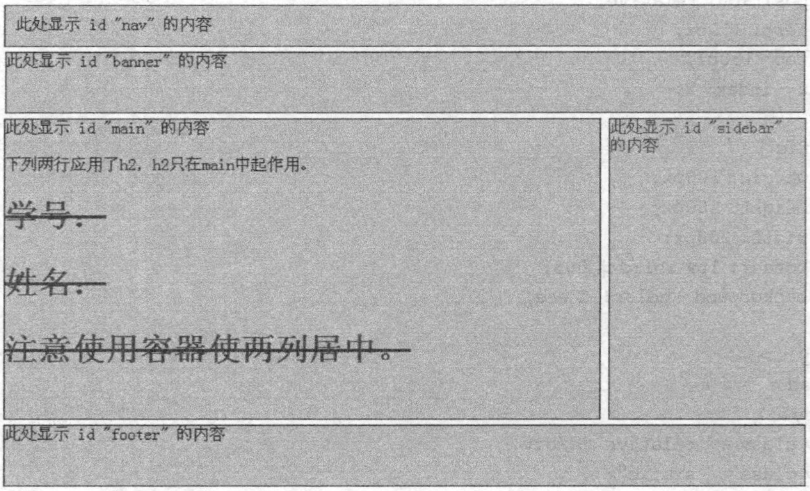

此处显示 id "nav" 的内容

此处显示 id "banner" 的内容

此处显示 id "main" 的内容

下列两行应用了h2, h2只在main中起作用。

~~学号:~~

~~姓名:~~

~~注意使用容器使两列居中。~~

此处显示 id "sidebar" 的内容

此处显示 id "footer" 的内容

图13-24　四行两列居中

相关CSS的样式名称及提示如下,建立下列CSS样式。

- #nav:宽(width)760px;高(height)20px;边框(border)为实线,边框宽度为1px,边框颜色为#003;margin(边界)上右下左分别为:5px、自动(auto)、5px、自动;背景颜色(bgcolor)为#ccc;padding(填充)为10px。
- #banner:宽(width)778px;高(height)60px;边框(border)为实线,宽度为1px,颜色为#003;左margin(边界)、右margin、下margin分别为:自动、自动、5px;背景颜色(bgcolor)为#ccc。
- #pagebody:容器;宽为782px;左margin(边界)、右margin、下margin分别为:自动、自动、5px;
- #main:宽(width)580px;高(height)300px;边框(border)为实线,宽度为1px,颜色为#003;背景颜色(bgcolor)为#ccc;左浮动(float:left)。
- #sidebar:宽(width)190px;高(height)300px;边框(border)为实线,宽度为1px,颜色为#003;背景颜色(bgcolor)为#ccc;右浮动(float:right),默认字体颜色为蓝色。
- #main h2:字体颜色#f00;字体大小2em(字体高,注意单位),行高150%(注意单位);字体带删除线(text-decoration:line-through);字体粗细(font-weight)为加粗。
- #footer:宽(width)780px;高(height)60px;边框(border)为实线,宽度为1px,颜色为#003;背景颜色(bgcolor)为#ccc;清除两者(clear:both;);margin(边界)上右下左分别为:5px、自动(auto)、5px、自动。

在网页中调用上述 CSS 样式，相关文字不要求完全和图片提示相同。

2. 分析并完成如图 13-25 和图 13-26 所示页面的布局。

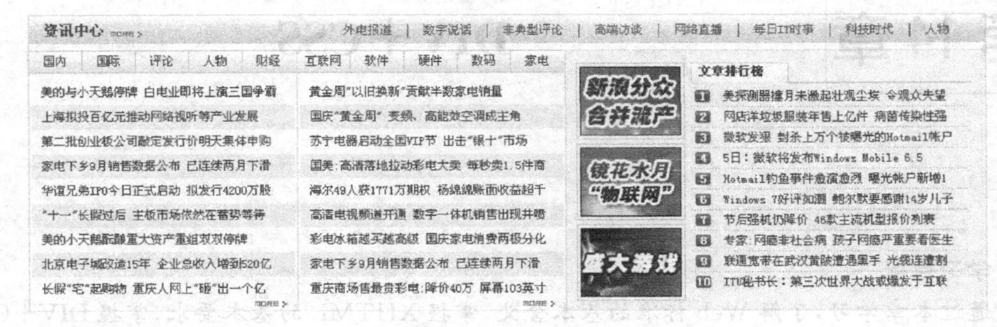

图 13-25　咨询中心页面

图 13-26　健康生活网

第14章　DIV+CSS

学习目标

通过本章学习，了解Web标准的基本含义，掌握XHTML的基本要求，掌握DIV+CSS的思想和基本技巧。

核心要点

- Web标准。
- XHTML。
- DIV+CSS思想。
- DIV+CSS实例。

随着网站建设技术的不断发展，基于Web标准的网站设计方法已经成为主流的网站设计方法，并且逐渐取代了传统的表格布局方法。目前，国内的各大网站都开始采用DIV+CSS的设计方法对网站进行重构。本书在编排上的最大目的就是希望以一种简单的方法让初学者能够在较短的时间内从零开始真正掌握网页设计的基本方法和高级技巧，并具备自我学习、自我提升的能力。

一个好的网页应该在不同的浏览器下都有良好的显示效果。由于不同浏览器对CSS的支持也不同，相同的网页在不同的浏览器中的显示效果可能存在差异，在实现中经常需要考虑不同浏览器下的显示效果，目前有很多相应的解决方法如CSS、Hack等，但最优秀的解决方案就是良好的编码习惯，良好的编码习惯可以杜绝绝大多数浏览器兼容性问题，这也是本书的实例中要努力实现的目标之一。

14.1　Web标准

基于Web标准的网站设计方法现在已经逐渐成为主流的网页设计方法。

到底什么是Web标准呢？Web标准，即网站标准，目前通常所说的Web标准一般指网站建设采用基于XHTML语言的网站设计语言，Web标准中典型的应用模式是DIV+CSS。实际上，Web标准并不是某一个标准，而是一系列标准的集合。

网页主要由三部分组成：结构(Structure)、表现(Presentation)和行为(Behavior)。对应的网站标准也分三方面：结构化标准，主要包括XHTML和XML；表现标准主要包括CSS；行为标准主要包括对象模型(如W3C DOM、ECMAScript等)。

在Web标准的三个部分中，XHTML和HTML 4.0非常相像，只要再熟悉一下XHTML的书写规范就可以了；CSS已经在前面的章节进行了比较深入的学习，DIV+CSS中的布局方法已经在上一章做了较深入的阐述，本章将对其内容的设计方法做一些探讨。

DIV＋CSS是Web标准的一种实现方式。实现完全符合Web标准的网站有一定难度，这是一个循序渐进的过程。

使用Web标准的主要好处如下：

- 使用Web标准可以使网页不必依赖于具体的浏览器，不至于因为浏览器的升级使以前设计的网页废弃；
- 使用Web标准让内容与表现相分离，CSS样式作为网页的表现形式可以在整个网站内的网页中应用，保证了网站风格的一致；
- Web标准可以减少网页的代码量，减轻Web服务器的负担，而表格布局有太多的冗余代码；
- 使用Web标准可以供更广泛的设备（包括屏幕阅读机、手持设备、搜索机器人、打印机和电冰箱等）阅读；
- 使用Web标准更容易被搜索引擎搜索，并可增加网站的易用性，提供适宜打印的版本，方便改版；
- 使用Web标准可以加快网站显示速度，传统的表格布局只有当整个table下载下来后才能在浏览器中显示，而应用了Web标准之后，可以下载一个DIV，显示一个DIV，让用户感觉速度更快。

Web标准还有很多其他的好处，可以在实践之中慢慢体会。

14.2 XHTML

XHTML（the Extensible HyperText Markup Language，可扩展超文本标识语言）是目前推荐使用的网页标记语言。HTML是一种基本的Web网页设计语言，XHTML是一种基于XML的标记语言，看起来与HTML有些相像，语法上更加严格。本质上说，XHTML是一个过渡技术，结合了部分XML的强大功能和大多数HTML的简单特性。

2000年底，国际W3C组织（World Wide Web Consortium）发布了XHTML 1.0版本。XHTML 1.0是一种在HTML 4.0基础上优化和改进的新语言，目的是基于XML的应用。XHTML是一种增强了的HTML，它的可扩展性和灵活性将适应未来网络应用更多的需求。XML虽然数据转换能力强大，完全可以替代HTML，但面对成千上万已有的基于HTML语言设计的网站，直接采用XML还为时过早。因此，在HTML 4.0的基础上，用XML的规则对其进行扩展，得到了XHTML。所以，建立XHTML的目的就是实现HTML向XML的过渡。目前国际上在网站设计中推崇的Web标准就是基于XHTML的应用的，即通常所说的DIV＋CSS。

XHTML现在已经停止更新，未来的发展趋势是HTML 5，两者之间很多东西都是相同的。

可以把XHTML看成是严谨而准确的HTML，下面说明XHTML的特性。

14.2.1 选择合适的DOCTYPE

仔细查看Dreamweaver自动生成的网页或现实中的任何网页，都会在HTML文件的第一行看到类似下面的代码：

```
<!DOCTYPE html PUBLIC "-//W3C//DTD XHTML 1.0 Transitional//EN"
"http://www.w3.org/TR/xhtml1/DTD/xhtml1-transitional.dtd">
```

上面这些代码称为 DOCTYPE 声明。DOCTYPE(Document Type，文档类型)用来说明网页使用的 XHTML 或者 HTML 版本。

其中 DTD(如 xhtml1-transitional.dtd)称为文档类型定义，它包含了文档的规则，浏览器根据定义的 DTD 来解释页面。

要建立符合标准的网页，必须声明 DOCTYPE。

XHTML 1.0 提供了三种 DTD 声明可供选择：

过渡的(Transitional)：要求非常宽松的 DTD，它允许继续使用 HTML 4.0 的标识(但是要符合 xhtml 的写法)，完整代码如下：

```
<!DOCTYPE html PUBLIC "-//W3C//DTD XHTML 1.0 Transitional//EN"
"http://www.w3.org/TR/xhtml1/DTD/xhtml1-transitional.dtd">
```

严格的(Strict)：要求严格的 DTD，不能使用任何表现层的标识和属性，如
，完整代码如下：

```
<!DOCTYPE html PUBLIC "-//W3C//DTD XHTML 1.0 Strict//EN"
"http://www.w3.org/TR/xhtml1/DTD/xhtml1-strict.dtd">
```

框架的(Frameset)：专门针对框架页面设计使用的 DTD，如果页面中包含有框架，需要采用这种 DTD，完整代码如下：

```
<!DOCTYPE html PUBLIC "-//W3C//DTD XHTML 1.0 Frameset//EN"
"http://www.w3.org/TR/xhtml1/DTD/xhtml1-frameset.dtd">
```

在网页设计的过程中该选择哪种 DTD 呢？理想情况当然是严格的 DTD，但对于大多数刚接触 Web 标准的设计师来说，过渡的 DTD(XHTML 1.0 Transitional)是目前的理想选择。因为这种 DTD 允许使用表现层的标识、元素和属性，也比较容易通过 W3C 的代码校验。

上面说的"表现层的标识、属性"是指那些纯粹用来控制表现的标签，例如用于排版的表格、背景颜色标识等。在 XHTML 中标记是用来表示结构的，而不是用来实现表现形式的，过渡的目的是最终实现数据和表现相分离。

DOCTYPE 声明必须放在每一个 XHTML 文档最顶部，在所有代码和标识之上。

如果应用 Dreamweaver 制作网页，Dreamweaver 会自动给每个网页添加 Transitional 的 DOCTYPE。

14.2.2 头文件

基于 XHTML 的网页设计除了需要指定 DOCTYPE，还需要进行一些其他的设置，所有的这些设置都在头文件中或者头文件之前。

下面是 Dreamweaver 新建一个 HTML 文件时自动生成的代码，这些代码中包含了符合规范的网页需要包含的三个要素，是一个网页必备的框架，相关代码如下：

```
<!DOCTYPE html PUBLIC "-//W3C//DTD XHTML 1.0 Transitional//EN" "http://www.w3.org/TR/
```

```
xhtml1/DTD/xhtml1-transitional.dtd">
<html xmlns="http://www.w3.org/1999/xhtml">
<head>
<meta http-equiv="Content-Type" content="text/html; charset=gb2312" />
<title>标题</title>
</head>
<body>
</body>
</html>
```

在上例中，首先定义了 DOCTYPE。

<html xmlns="http://www.w3.org/1599/xhtml">定义了网页的名字空间。

<meta http-equiv="Content-Type" content="text/html; charset=gb2312" />定义了网页的语言编码，以便被浏览器正确解释和通过标识检验，所有的 XHTML 文档都必须声明它们所使用的编码语言。GB2312 是中文国家标准，GBK 是较新的中文国家标准，可能用到的其他字符集有 Unicode、ISO-8859-1 等。

编写基于 XHTML 的网页必须基于上面的代码框架，下面代码给出了新浪 NBA 首页的 HTML 文件 head 中前面的部分，相关代码如下：

```
<! DOCTYPE html PUBLIC "-//W3C//DTD XHTML 1.0 Transitional//EN" "http://www.w3.org/TR/
xhtml1/DTD/xhtml1-transitional.dtd">
<html xmlns="http://www.w3.org/1999/xhtml">
<head>
<meta http-equiv="Content-type" content="text/html; charset=gb2312">
<title>NBA 专题_NIKE 新浪竞技风暴_新浪网</title>
<meta name="publishid" content="6,403,1">
<meta name="keywords" content="NBA 新闻,NBA,NBA 直播,直播,火箭队,火箭,姚明,麦蒂,雄鹿,
                               易建联,湖人,热火,科比,奥尼尔,王治郅,巴特尔,0708 赛季,常规赛,赛
                               季,季后赛,总冠军,技术统计,NBA 常规赛,NBA 季后赛,总决赛,NBA 总决
                               赛,季前赛,NBA 季前赛,赛程,NBA 排名,排名,NBA 赛程,转会,交易,签约,
                               球员交易" />
<meta name="description" content="新浪体育 NBA 专题是一个有关 NBA 新闻报道的专题,提供最
                               快速最全面最专业的 NBA 新闻,图片,实时直播,数据,姚明和火箭队报
                               道,易建联和雄鹿队报道,NBA 常规赛和 NBA 季后赛报道" />
```

可以看出，代码中除了有 DOCTYPE、名字空间和编码语言之外，在头文件中还有 Content－Type 之外的 meta 元素，最主要的就是 keywords 和 description。keywords 是网页的关键字，description 是网页的描述，恰当地设置 keywords 和 description 可以让搜索引擎更好地搜索该网页，获得更多的浏览者。

14.2.3 代码规范

XHTML 必须遵循一定的代码规范，这也是 XHTML 在形式上和 HTML 的最大不同；如果真正想成为一个好的网页设计师，从现在开始遵循下列的规范。

1. 所有的标记都必须要有一个相应的结束标记

在 HTML 中，可以打开许多标签不用关闭，如<p>和<li>不一定写对应的</p>和</li>来关闭它们，但在 XHTML 中这是不合法的。XHTML 要求有严谨的结构，所有标

签必须关闭。如果是单独不成对的标签,在标签最后加一个“/”来关闭它。例如:

```
<br /><img src="banner.jpg" />
```


2. 所有标签的元素和属性的名字都必须使用小写

与 HTML 不一样,XHTML 对大小写是敏感的,<title>和<TITLE>是不同的标签。XHTML 要求所有的标签和属性的名字都必须使用小写。例如:<BODY>必须写成<body>。大小写夹杂也是不被认可的,属性 onMouseOver 也需要修改成 onmouseover。

3. XHTML 元素必须合理嵌套

同样因为 XHTML 要求有严谨的结构,因此所有的嵌套都必须按顺序,下面的代码:

```
<p><b></p></b>
```

必须修改为:

```
<p><b></b></p>
```

4. 所有的属性必须用英文双引号括起来

在 HTML 中,可以不需要给属性值加引号,但是在 XHTML 中,它们必须加引号。例如:height=80 必须修改为 height="80"。

5. 把所有特殊字符用编码表示

任何小于号(<),不是标签的一部分的,都必须被编码为 <

任何大于号(>),不是标签的一部分的,都必须被编码为 >

任何“与”符号(&),不是实体的一部分的,都必须被编码为 &。

6. 属性的简写被禁止

XHTML 规定所有属性都必须有一个值,没有值的就重复本身。例如:

```
<input type="checkbox" name="male" value="m" checked>
```

必须修改为:

```
<input type="checkbox" name="male" value="m" checked="checked">
```

7. 用 id 代替 name 属性

在 HTML 中,a、frame、img、form 等标签都有 name 属性,在 XHTML 中,除了 form 外,不使用 name 属性,用 id 属性代替它。

8. 不要在注释内容中使用“--”

“--”只能发生在 XHTML 注释的开头和结束,也就是说,在内容中它们不再有效。

例如下面的代码是无效的:

```
<!--注释-----------注释-->
```

14.3 DIV+CSS 设计

DIV+CSS 是一种网页设计的思想,其最基本的思路就是实现网页的内容和表现相分离。

DIV 元素是用来为 HTML 文档内大块(block-level)的内容提供结构和背景的元素。DIV 的起始标签和结束标签之间的所有内容都是用来构成这个块的,其中所包含元素的特性由 DIV 标签的属性来控制。

DIV+CSS 的基本过程是先布局,对网页进行总体设计;再设计内容,对布局的每一部分进行设计。

DIV+CSS 应用框模型(BOX Model,盒模型)进行布局,布局的方法在上一章 CSS 布局中有较深入的阐述,在布局的时候需要考虑多种浏览器下的显示效果,在必要的时候需要使用 JavaScript 脚本配合完成比较复杂的布局要求。布局的过程也完全符合内容和表现相分离的思想,盒子在 CSS 中描述,然后把 CSS 样式应用在 DIV 标签上,完成布局的过程。

DIV+CSS 对内容的设计也体现内容和表现相分离的思想,对内容的表现的描述都在 CSS 中,内容可以应用 CSS 样式,不需要额外的 HTML 标签进行内容的修饰。

在 DIV+CSS 中和 CSS 配合使用的 HTML 块状元素主要有 h1、h2、h3、h4、h5、h6、ul、li、div、p、dl、dt、dd 等,内嵌元素主要有 span、a、img、strong、em 等。通过 CSS 样式对这些 HTML 元素进行重新定义,以内容和表现相分离的方法完成网页内容的设计。

本节的前半部分主要通过实例的方式实现列表的一些典型效果,后半部分是一些相对综合的实例。DIV+CSS 的很多知识点都很细微,在完成实例的时候重点关注其浏览器兼容性、语义化及 CSS 类型的选择。

【实例 14-1】

【实例描述】

实例 14-1 显示效果如图 14-1 所示。列表经常在一行中包含多个部分,该实例应用浮动的方法给出了将列表分为多个部分的方法。

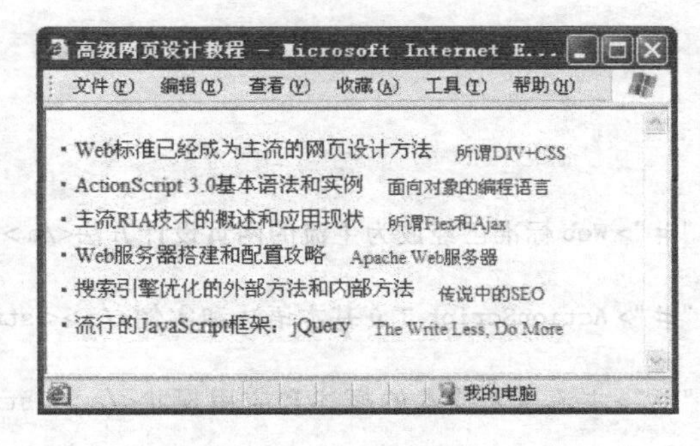

图 14-1 列表

【实例分析】

- 实例可以在 Dreamweaver 中完成,建立内部 CSS 和外部 CSS 均可。
- 首先选择合适的 HTML 标签,然后为每个 HTML 标签完成对应的 CSS 样式。
- 参考代码如下:

```
<html>
<head>
<title>高级网页设计教程</title>
<style type = "text/css">
ul {
```

```
        margin: 0px;
        padding: 0px;
        list-style-type: none;
    }
    li {
        background-image: url(dot_red.gif);
        background-repeat: no-repeat;
        background-position: 0px 10px;
        padding-left: 9px;
    }

    li a {
        font-size: 14px;
        line-height: 24px;
        display: block;
        float: left;
        padding-right: 12px;
        text-decoration: none;
        color: #000000;
    }
    li strong {
        font-size: 12px;
        line-height: 24px;
        font-weight: normal;
        color: #004378;
    }
    </style>
    </head>

    <body>
    <ul>
     <li><a href="#">Web标准已经成为主流的网页设计方法</a><strong>所谓 DIV + CSS</strong></li>
     <li><a href="#">ActionScript 3.0 基本语法和实例</a><strong>面向对象的编程语言</strong></li>
     <li><a href="#">主流 RIA 技术的概述和应用现状</a><strong>所谓 Flex 和 Ajax</strong></li>
     <li><a href="#">Web 服务器搭建和配置攻略</a><strong>Apache Web 服务器</strong></li>
     <li><a href="#">搜索引擎优化的外部方法和内部方法</a><strong>传说中的 SEO</strong></li>
     <li><a href="#">流行的 JavaScript 框架: jQuery</a><strong>The Write Less, Do More</strong></li>
    </ul>
    </body>
    </html>
```

【实例说明】

• 列表前面的圆点尽量用背景图片代替。

- 超链接 a 设置了 float 属性，后面的 strong 没有设置 float 属性，也没有 clear。这是使用 float 排版的一种简单用法，适用于后面的部分比较简单，不设置宽度、高度、背景图片、padding 时的情况。
- strong 标签可用 span、em 等标签代替。
- 注意常用标签 ul、li、a、strong 的使用方法。
- 定义标签选择器的时候尽量使用后代选择器的方式，避免影响网页的其他部分。
- 这种浮动(float)的使用方法大多适应于一行分为两个部分的情况，一个部分浮动，一个部分不浮动，浮动的元素在 html 代码中一定放在前面，不浮动的元素可以是 inline 也可以是 block。如果浮动的部分的高度大于不浮动部分的高度，后面需要进行 clear；如果两部分的高度相同或浮动的部分的高度小于不浮动部分的高度，则不需要进行 clear。

【实例 14-2】

【实例描述】

实例 14-2 显示效果如图 14-2 所示，该实例和实例 14-1 类似，重点是第一部分的图文混排的方法。

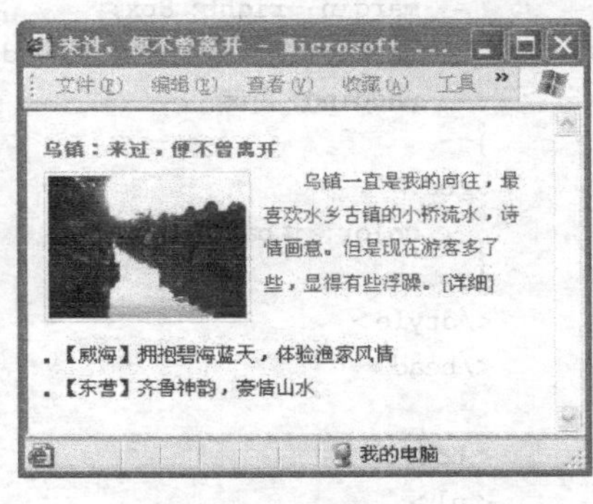

图 14-2 网站导航

【实例分析】

- 实例可以在 Dreamweaver 中完成，建立内部 CSS 和外部 CSS 均可。
- 首先选择合适的 HTML 标签，然后为每个 HTML 标签完成对应的 CSS 样式。
- 参考代码如下：

```
<html>
<head>
<title>来过,便不曾离开</title>
<style type = "text/css">
h4, p, ul {
    margin: 0px;
    padding: 0px;
}
li {
    font - size: 12px;
    background:transparent url(list.gif) no - repeat scroll left 12px;
    clear: both;
    line - height: 21px;
    padding - left: 9px;
    list - style - type: none;
    color: #2b2b2b;
    width: 290px;
}
.first p {
    line - height: 21px;
    color: #727171;
    text - indent: 2em;
}
```

```
    a {
        color: #2b2b2b;
        text-decoration: none;
    }
    .first {
        line-height: 0px;
        background-image: none;
        margin-bottom: 10px;
        padding-left: 0px;
    }
    .first h4 {
        font-size: 12px;
        line-height: 21px;
        color: #eb6101;
    }
    .first img {
        float: left;
        margin-top: 3px;
        margin-right: 8px;
        border: 1px solid #dcdddd;
        padding: 2px;
    }
    .red {
        color: #ba2636;
    }
    </style>
    </head>

    <body>
    <ul>
      <li class="first">
        <h4>乌镇：来过,便不曾离开</h4>
        <img src="1.jpg" width="120" height="90" />
        <p>乌镇一直是我的向往,最喜欢水乡古镇的小桥流水,诗情画意.但是现在游客多了些,显
得有些浮躁.<span class="red">[详细] </span></p>
      </li>
      <li><a href="#">【威海】拥抱碧海蓝天,体验渔家风情</a></li>
      <li><a href="#">【东营】齐鲁神韵,豪情山水</a></li>
    </ul>
    </body>
    </html>
```

【实例说明】

- 在设计完整的网页的时候,首先定义 p、h2、ul 等标签的 padding 和 margin 为 0px,避免受这些标签默认的 padding 和 margin 的影响。
- 背景图片的语法使用了简写。Dreamweaver 自动生成的背景图片、padding、margin 和 border 的语法比较冗余,可以进行手工优化。
- 设置了 float 属性的标签都为块状元素,可以设置 margin 和 padding 等,如本例的 img。

- 为网页的每一部分找一个合适的 HTML 标签,然后用 CSS 通过合适的选择器将其修饰成目标的样子。选择合适的 HTML 标签非常重要,这是进行 CSS 设计的基础。在进行 CSS 设计的时候,一定要先确定 HTML 标签;HTML 标签更多的只是内容之间的区分,具体的显示样式都由 CSS 来实现。
- 由于左边图片的高度大于右边文字的高度,需要在浮动后面进行 clear。float 浮动之后的 clear,可以选择合适的已有 HTML 标签,而不必添加专门的 HTML 标签进行 clear。在本实例中,clear 属性添加在了 li 上面。
- 本实例中有三个 li,但第一个 li 通过 CSS 样式 first 去掉了背景图片,即列表前面的点。

【实例 14-3】

【实例描述】

实例 14-3 显示效果如图 14-3 所示。本实例给出了列表中一行分为多个部分的设计方法,与之前的例子相比,本实例里的每一部分的要求更加复杂,但具有更强的适应性。

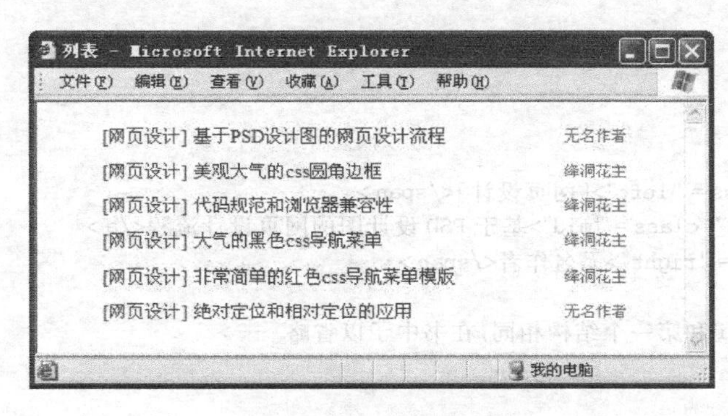

图 14-3　列表的设计

【实例分析】

- 实例可以在 Dreamweaver 中完成,建立内部 CSS 和外部 CSS 均可。
- 首先选择合适的 HTML 标签,然后为每个 HTML 标签完成对应的 CSS 样式。
- 参考代码如下:

```
<html>
<head>
<title>列表</title>
<style type="text/css">
li {
    font-size: 14px;
    line-height: 25px;
    width: 409px;
    clear: both;
    list-style-type: none;
}

.left {
```

```
        color: #274a78;
        float: left;
        margin-right: 5px;
    }
    .mid {
        color: #2b2b2b;
        text-decoration: none;
        float: left;
    }
    .right {
        font-size: 12px;
        color: #7b8d42;
        float: right;
        padding: 0px 5px;
    }
    </style>
    </head>

    <body>
    <ul>
      <li>
      <span class="left">[网页设计]</span>
    <a href="#" class="mid">基于 PSD 设计图的网页设计流程</a>
    <span class="right">无名作者</span>
      </li>
    <!-- 其余 li 和第一个结构相同,在书中予以省略 -->
    </ul>
    </body>
    </html>
```

【实例说明】

- 每个 li 里面分为三个部分,分别选用了 span、a、span 标签。
- li 里面的三个部分对应的 CSS 样式都需要设置 float 属性,float 之后在 li 上进行了 clear。一行中的多个部分都应用了浮动之后,必须进行 clear。
- 一行中分为多个部分有多种方法:display:inline-block 方法(如实例 13-2)、部分 float 方法(如实例 14-1 和实例 14-2)和所有部分都 float 方法。其中前两种方法适合比较简单的场合,多用于一行中分为两个部分的情况;第三种方法适合所有场合,但浮动之后必须进行 clear。
- 浮动的 HTML 元素的 display 都自动转为 block,即都变成了盒子,如本例中的 span、a 等都可以直接设置宽度、高度等属性。

【实例 14-4】

【实例描述】

实例 14-4 显示效果如图 14-4 所示。该实例的特点是作为连接线的虚线的长度可以根据每一行内容长度的不同而变化。该虚线在实现的时候是作为背景图片来实现的。在实现列表的时候,经常需要给 li 设置背景图片来代替列表前面默认的圆点,这就需要设置多重背景。本实例重点关注其 HTML 结构。

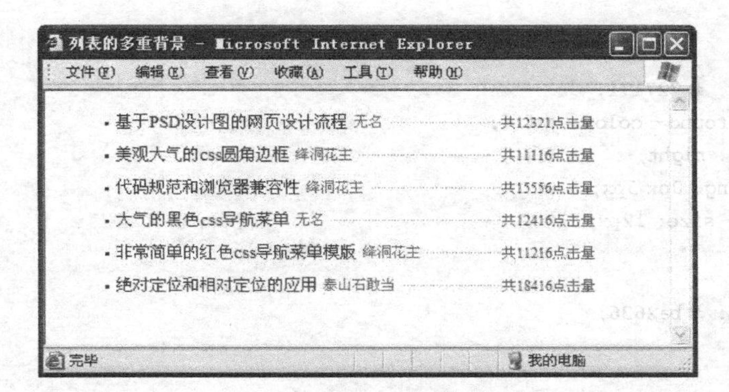

图 14-4 列表的多重背景

【实例分析】

- 实例可以在 Dreamweaver 中完成,建立内部 CSS 和外部 CSS 均可。
- 首先选择合适的 HTML 标签,然后为每个 HTML 标签完成对应的 CSS 样式。
- 参考代码如下:

```
<html>
<head>
<title>列表的多重背景</title>
<style type="text/css">
.left {
    color: #2b2b2b;
    float: left;
    background-color: #fff;
}
a {
    text-decoration: none;
}
li {
    font-size: 14px;
    line-height: 25px;
    clear: both;
    background:transparent url(list.gif) no-repeat scroll 0px 12px;
    width: 400px;
    padding-left: 9px;
    list-style-type: none;
}
.dot {
    background:transparent url(dot.gif) repeat-x scroll 0px -9px;
    height: 25px;
}
.mid {
    font-size: 12px;
    color: #7b8d42;
    float: left;
    padding:0px 5px;
    background-color: #fff;
```

```
}
.right {
    color: #727171;
    background - color: #fff;
    float: right;
    padding: 0px 5px;
    font - size: 12px;
}
.red {
    color: #ba2636;
}
</style>
</head>

<body>
<ul>
  <li>
  <div class = "dot">
  <a  href = "#"   class = "left">基于PSD设计图的网页设计流程</a>
<span class = "mid">无名</span>
<span class = "right">共<span class = "red">12321</span>点击量</span>
</div>
</li>
<! -- 其余 li 和第一个结构相同,在书中予以省略 -->
</ul>
</body>
</html>
```

【实例说明】

- li 的背景图片是列表前的点,dot 的背景图片是虚线。left、mid、right 的背景颜色设置为白色,这样就可以遮住 dot 的背景图片,实现不同长度的虚线的效果。
- Dreamweaver 自动生成背景图片的语法比较复杂,本例采用的是背景图片的精简写法。
- span 标签也可以换为 strong、em 等标签,不需要设置 display:block,浮动的对象都是块对象(display:block)。
- 注意实例中 HTML 标签的选择与 CSS 选择器类型的选择。

【实例 14-5】

【实例描述】

实例 14-5 显示效果如图 14-5 所示。本实例是 Tab 选项卡的一种常见实现方法,Tab 选项卡需要 JS 和 CSS 相结合实现具体的效果,本实例给出了其 CSS 实现。

图 14-5　导航条和 TAB 选项卡效果

【实例分析】

- 实例可以在 Dreamweaver 中完成,建立内部 CSS 和外部 CSS 均可。
- 首先选择合适的 HTML 标签,然后为每个 HTML 标签完成对应的 CSS 样式。

• 参考代码如下：

```
<html>
<head>
<title>导航条</title>
<style type="text/css">
ul {
    margin: 0px;
    padding: 0px;
    list-style-type: none;
    height: 26px;
    width: 389px;
    border-left: 1px solid #b1c8d7;
}
li {
    float: left;
}
a {
    display: block;
    font-size: 14px;
    line-height: 25px;
    text-align: center;
    text-decoration: none;
    color: #1e50a2;
    width: 96px;
    border-top: 1px solid #b1c8d7;
    border-right: 1px solid #b1c8d7;
    border-bottom: 1px solid #b1c8d7;
}
a:hover {
    font-weight: bold;
    background-color: #fff;
    width: 97px;
    border-bottom-style: none;
    }
</style>
</head>
<body>
<ul>
  <li><a href="#">体育 </a></li>
  <li><a href="#">财经</a></li>
  <li><a href="#">房产 </a></li>
  <li><a href="#">娱乐</a></li>
  </ul>
</body>
</html>
```

【实例说明】

宽度、背景图片等属性一般设置在专门的 div 标签上，在本例中，为了简化代码直接设置在 ul 上。

a:hover 的宽度比 a 多 1px,这样会使 a:hover 具有一点动态的视觉效果；a:hover 的下边框设置为 none。

在需要设计 a:hover 的效果时,一般会设置 a 的 display 为 block,这样可以给定超链接的宽度、高度、背景图片等属性,尽量不要把这些属性设置在超链接的父标签上(如 li)。

【实例 14-6】

【实例描述】

实例 14-6 显示效果如图 14-6 所示。这种图片和文字一上一下进行信息展示的效果非常典型,一般可以用列表或者类选择器实现。

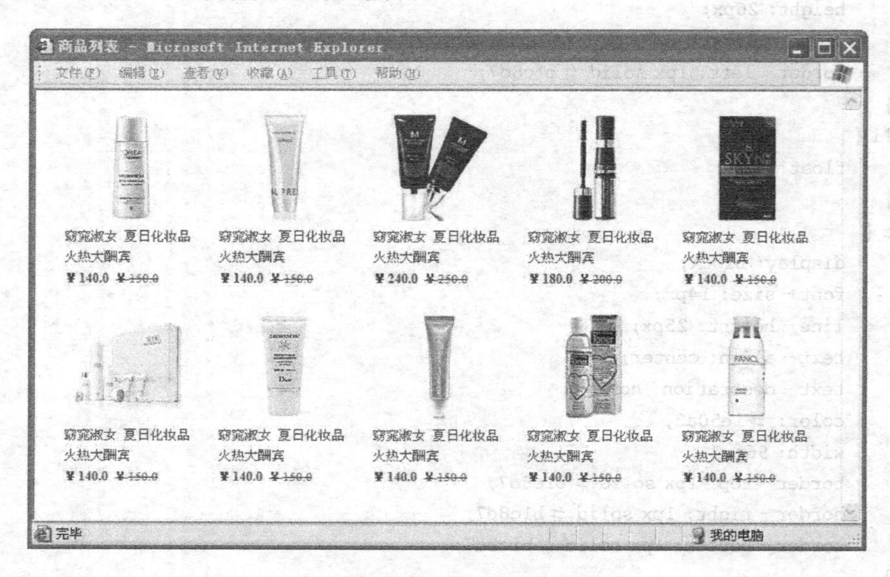

图 14-6 商品列表

【实例分析】

- 实例可以在 Dreamweaver 中完成,建立内部 CSS 和外部 CSS 均可。
- 首先选择合适的 HTML 标签,然后为每个 HTML 标签完成对应的 CSS 样式。
- 参考代码如下：

```
< html >
< head >
< title>商品列表</title >
< style type = "text/css">
.goods {
    height: 370px;
    width: 700px;
    margin: 0px auto;
}
ul,p {
    margin: 0px;
    padding: 0px;

}
```

```
.goods ul li {
    list - style - type: none;
    float: left;
    height: 185px;
    width: 140px;
}
.goods ul li img {
    display: block;
    margin: 6px auto;
}
.goods ul li p {
    font - size: 12px;
    color: #585858;
    line - height: 160 % ;
    padding: 0px 12px;

}
.goods ul li p strong {
    color: #c12d00;
    font - size: 12px;
}
.goods ul li p em {
    font - style: normal;
    text - decoration: line - through;
    font - size: 11px;
}
</style>
</head>
<body>
<div class = "goods">
  <ul>
      <li>
    <img src = "img/1.jpg" width = "100" height = "100" />
      <p>窈窕淑女 夏日化妆品 火热大酬宾</p>
      <p><strong>¥140.0 </strong>   <em>¥150.0 </em></p>
    </li>

   <!-- 其余 li 和第一个结构相同,在书中予以省略 -->
    </ul>
</div>
</body>
</html>
```

【实例说明】

总体思路是一个容器里包含多个 li 或 div,在本例里,是容器 goods 包含 10 个 li,每个 li 都设置 float 属性和固定的宽度,这样,当一行满了的时候会自动换到下一行。

文字选择合适的 HTML 标签修饰,尽量选择块元素(如 p、h2、display: block 的任何元素)。

图片可以直接在 img 标签上进行修饰,设置 padding、margin、border 等,但是需要设置图片 display:block。

定义标签选择器时,本实例采用了后代选择器;除了定义整个网页的 HTML 标签,如本实例的 ul,p,在定义标签选择器时大多采用后代选择器的形式,这样不影响网页其他部分使用该 HTML 标签。本实例中 stong、em、li、p、img 都采用了后代选择器的形式。在 Dreamweaver 新建 CSS 样式时,如果光标在某个标签上,Dreamweaver 建立的样式名称自动就是后代选择器的形式。

【实例 14-7】

【实例描述】

实例 14-7 显示效果如图 14-7 所示。该实例是一级页面或二级页面中展示栏目内容的常见形式。完成该网页时,需要给每一部分选择合适的 HTML 标签,注意 float,注意 ul、h2、p 等标签默认的 padding 和 margin 需要设置为 0px。

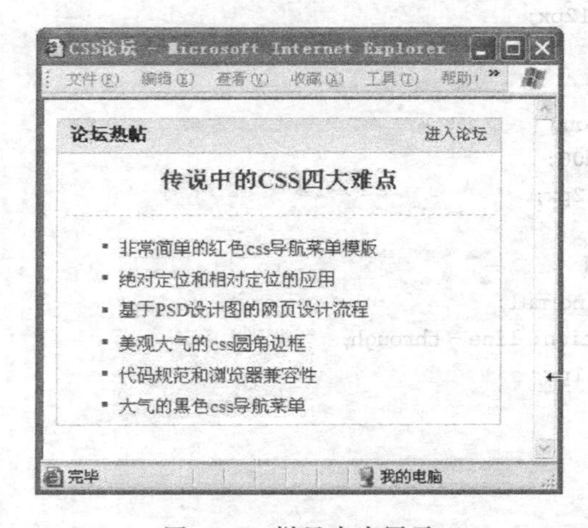

图 14-7 栏目内容展示

【实例分析】

- 实例可以在 Dreamweaver 中完成,建立内部 CSS 和外部 CSS 均可。
- 首先选择合适的 HTML 标签,然后为每个 HTML 标签完成对应的 CSS 样式。
- 参考代码如下:

```
<html>
<head>
<title>CSS 论坛</title>
<style type="text/css">
#main {
    height: 244px;
    width: 343px;
    border: 1px solid #c1d5e3;
}

#top {
    background-image: url(img/bg.jpg);
    background-repeat: repeat-x;
    height: 26px;
```

```
    width: 323px;
    padding: 0px 10px;
    border-bottom: 1px solid #c1d5e3;
    line-height: 26px;
}
#main h3 {
    font-size: 18px;
    line-height: 28px;
    color: #c00;
    text-align: center;
    margin: 0px 4px;
    padding: 9px 0px 12px;
    border-bottom: 1px dotted #ccc;
    clear: both;
}
#main ul {
    margin: 0px;
    padding: 10px 0px 0px 30px;
    list-style-type: none;
}
#main li {
    height: 25px;
    background-image: url(list.png);
    background-repeat: no-repeat;
    padding-left: 18px;
}
#main ul li a {
    text-decoration: none;
    font-size: 14px;
    color: #006699;
    line-height: 25px;
}
.left {
    font-size: 14px;
    font-weight: bold;
}
.right {
    font-size: 12px;
    color: #006699;
    float: right;
}
</style>
</head>
<body>
<div id="main">
  <div id="top">
  <span class="right">进入论坛</span>
  <span class="left">论坛热帖</span>
   </div>
  <h3>传说中的CSS四大难点</h3>
```

```
  <ul>
    <li><a href="#">非常简单的红色 css 导航菜单模版</a></li>
    <li><a href="#"> 绝对定位和相对定位的应用</a></li>
    <li><a href="#">基于 PSD 设计图的网页设计流程 </a></li>
    <li><a href="#">美观大气的 css 圆角边框</a></li>
    <li><a href="#">代码规范和浏览器兼容性</a></li>
    <li><a href="#">大气的黑色 css 导航菜单</a></li>
  </ul>
</div>
</body>
</html>
```

【实例说明】

首先完成页面的布局，为每一部分选用合适的 HTML 标签，通过合适的 CSS 修饰 HTML 标签，从而完成上面的显示效果。

如果能够得到给定网页对应的显示效果的图片，可以应用图形图像软件如 Photoshop、Fireworks 从图片中得到网页设计的相关信息，如盒子的宽度、高度、字体的颜色、边框的颜色等。左边“论坛热帖”和右边“进入论坛”是一种常见的一左一右的显示效果，常用的实现方法有四种。如果左边部分的 CSS 样式是 left，右边部分的 CSS 的样式是 right，则具体的四种方法是：

- left 左浮动，right 右浮动，后面 clear。
- left 不浮动，right 右浮动，right 在 html 中放在 left 之前。
- left 正常，right 设为绝对定位，为 right 设置坐标；right 父元素的 position 设为 relative。
- right 设置为 inline-block，同时设置 margin，left 有需求也可设为 inline-block。这种方法适应性相对差一些，margin 的值需要实际测量并且根据内容的变化而不同。

左边和右边的内容需要选择合适的 HTML 标签，需要保证在 IE 6、IE 7、IE 8、IE 9、Firefox、Opera、Chrome 等浏览器中都具有良好的显示效果。

【实例 14-8】

【实例描述】

实例 14-8 显示效果如图 14-8 所示。本实例没有使用任何图片，完全用 CSS 完成页面的设计。难点是左边下半部分的设计和浏览器兼容性的考虑。

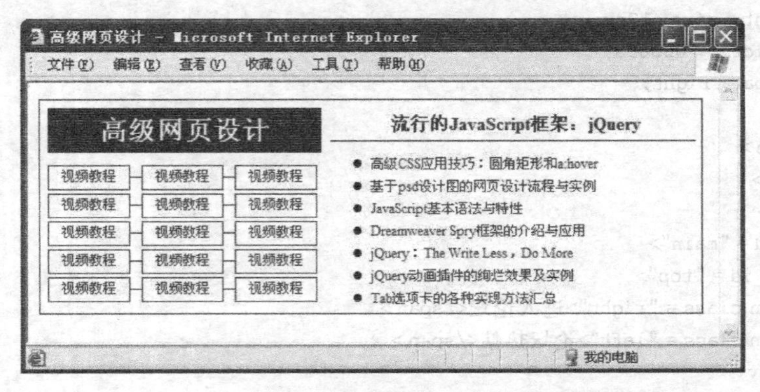

图 14-8　栏目内容展示

【实例分析】

- 实例可以在 Dreamweaver 中完成，建立内部 CSS 和外部 CSS 均可。
- 首先选择合适的 HTML 标签，然后为每个 HTML 标签完成对应的 CSS 样式。
- 参考代码如下：

```
<html>
<head>
<title>高级网页设计</title>
<style type="text/css">
#main {
    height: 190px;
    width: 580px;
    border: 1px solid #053f7f;
}
#left {
    float: left;
    height: 190px;
    width: 243px;
    padding-left: 7px;
}
#right {
    float: right;
    height: 190px;
    width: 330px;
}
#left  h1 {
    font-size: 24px;
    color: #fff;
    background-color: #053f7f;
    padding: 0px;
    height: 40px;
    width: 240px;
    text-align: center;
    line-height: 40px;
    margin: 7px 0px 8px;
}
#right  h2 {
    font-size: 16px;
    line-height: 22px;
    color: #053f7f;
    border-bottom:1px solid #053f7f;
    margin: 10px 5px 0px;
    padding: 0px 0px 4px 5px;
    text-align: center;
}
#right ul li {
    height: 20px;
}
#right ul li a {
    color: #053f7f;
```

```
        text-decoration: none;
        line-height: 20px;
        font-size: 12px;
    }
    #right ul {
        margin: 0px;
        padding-top: 8px;
        padding-right: 0px;
        padding-bottom: 0px;
        padding-left: 40px;
    }
    .squ {
        font-size: 12px;
        line-height: 20px;
        color: #0f3f7f;
        text-align: center;
        float: left;
        height: 20px;
        width: 70px;
        border: 1px solid #053f7f;
        margin-top: 3px;
    }
    .line {
        float: left;
        height: 10px;
        width: 10px;
        border-bottom:1px solid #053f7f;
        font-size: 1px;
        margin-top: 3px;
    } </style>
    </head>

    <body>
    <div id="main">
      <div id="left">
        <h1>高级网页设计 </h1>
        <div class="squ">视频教程</div>
        <div class="line"></div>
        <div class="squ">视频教程</div>
        <div class="line"></div>
    <div class="squ">视频教程</div>
    <!-- 其余三行 div 和第一行结构相同,在书中予以省略 -->
      </div>
      <div id="right">
        <h2>流行的 JavaScript 框架: jQuery</h2>
        <ul>
          <li><a href="#"> 高级 CSS 应用技巧: 圆角矩形和 a:hover</a></li>
          <li><a href="#"> 基于 psd 设计图的网页设计流程与实例</a></li>
          <li><a href="#"> JavaScript 基本语法与特性</a></li>
          <li><a href="#"> Dreamweaver Spry 框架的介绍与应用</a></li>
          <li><a href="#"> jQuery: The Write Less,Do More</a></li>
```

```
        <li><a href="#">jQuery动画插件的绚烂效果及实例</a></li>
        <li><a href="#">Tab选项卡的各种实现方法汇总</a></li>
      </ul>
    </div>
  </div>
</body>
</html>
```

【实例说明】

- 标题部分一般选用h1系列标签,h1等是块状标签,必须设置padding、margin。
- li需要设置height,前面的圆点尽量用背景图片代替,默认的圆点在不同浏览器下显示效果差别较大,一般不使用。
- 左半部分的下半部分的方框采用类选择器squ,连接线也采用类选择器line,类选择器可以多次应用,用列表的部分大多也可以采用类选择器。line需要设置font-size为小于高度的值,保证浏览器兼容性。
- 注意各个CSS样式的padding和margin的设置,这是控制网页各部分位置及距离的重要方法。
- padding、margin、border、背景图片等属性Dreamweaver自动生成的代码相对复杂,尽量理解或采用精简写法。
- 定义标签选择器的时候,尽量采用后代选择器的形式,并可以在保证整个网页没有歧义的情况下对后代选择器进行精简。如#main #left h1可精简为#left h1。

【技巧】

该实例的难点在于左半部分的下半部分,选择合适的标签至关重要,可以选用类选择器或者列表来实现。

本实例采用类选择器实现该部分,也可以用列表实现该部分, HTML结构如下:

```
<ul>
<li>软件应用</li>
<li class="line"></li>
<li>Photoshop</li>
<li class="line"></li>
<li>视频教程</li>
⋮
</ul>
```

其中,line样式设置只有下边框,其他边框的style的取值为none。因为IE 6下盒子的最小高度是默认字体大小,要设置高度小于默认字体大小的盒子,为了考虑在IE 6下的兼容性,需要设置font-size为1px。

【实例14-9】

【实例描述】

实例14-9显示效果如图14-9所示。完成本实例的关键是页面的布局。该实例的重点是左边的图片展示部分,如何控制图片和边框的距离、图片和文字的距离、盒子与盒子的距离,并且保证浏览器的兼容性与代码的简洁易读。

图 14-9　设计页面

【实例分析】

- 实例可以在 Dreamweaver 中完成，建立内部 CSS 和外部 CSS 均可。
- 首先选择合适的 HTML 标签，然后为每个 HTML 标签完成对应的 CSS 样式。
- 参考代码如下：

```
<html>
<head>
<title>网页设计</title>
<style type = "text/css">
ul, p {
    margin: 0px;
    padding: 0px;
}
.box {
    height: 274px;
    width: 440px;
    border: 1px solid #ffcd8a;
    margin-right: auto;
    margin-left: auto;
    padding-left: 8px;
    background-image: url(img/bj.jpg);
}
.big {
    padding: 5px;
    border: 1px solid #c7c8c3;
    margin-bottom: 6px;
    margin-top: 5px;
}

.small {
    height: 94px;
    width: 76px;
    border: 1px solid #cac5bf;
    float: left;
    display: inline;
    margin-right: 5px;
```

```
        padding: 5px 7px;
        }
    .clear {
        font-size: 1px;
        clear: both;
        height: 1px;
    }
    .small p {
        font-size: 12px;
        color: #666;
        line-height: 150%;
        text-align: center;
    }
    .left {
        float: left;
        height: 245px;
        width: 200px;
    }
    .right {
        float: right;
        height: 240px;
        width: 220px;
        padding-top: 5px;
        padding-left: 20px;
    }
    .orange {
        color: #e75b00;
    }
    .bottom {
        font-size: 12px;
        color: #e75b00;
        height: 22px;
        clear: both;
        line-height: 22px;
    }
    a {
        text-decoration: none;
        font-size: 12px;
        color: #34302f;
    }
    .box .right  li {
        background-image: url(img/dot_red.gif);
        background-position: 0px 10px;
        padding-left: 9px;
        background-repeat: no-repeat;
        list-style-type: none;
        line-height: 20px;
    }
    </style>
    </head>
```

```
<body>

<div class="box">
  <div class="left">
    <div class="big"><img src="img/1.jpg" width="185" height="111" /></div>
    <div class="small">
      <img src="img/dw.jpg" width="76" height="76" />
      <p>   DW CS 5 </p>
    </div>
     <div class="small">
      <img src="img/ps.jpg" width="76" height="76" />
      <p>PS CS 5 </p>
    </div>
    <div class="clear"></div>
  </div>
  <div class="right">
    <ul>
      <li><a href="#" class="orange">高级CSS应用技巧: 圆角矩形和a:hover</a></li>
      <li><a href="#">基于psd设计图的网页设计流程与实例</a></li>
      <li><a href="#">JavaScript基本语法与特性</a></li>
      <li><a href="#">Dreamweaver Spry框架的介绍与应用</a></li>
      <li><a href="#" class="orange">jQuery: The Write Less,Do More</a></li>
      <li><a href="#">jQuery动画插件的绚烂效果及实例</a></li>
      <li><a href="#">Tab选项卡的各种实现方法汇总</a></li>
      <li><a href="#">Web标准已经成为主流的网页设计方法</a></li>
      <li><a href="#">搜索引擎优化的外部方法和内部方法</a></li>
      <li><a href="#">主流RIA技术的概述和应用现状</a></li>
      <li><a href="#">Web服务器搭建和配置攻略</a></li>
      </ul>
  </div>
   <div class="bottom">说明: html、css、Javascript、jQuery、SEO都是前端开发的重要技术.</div>
</div>
</body>
</html>
```

【实例说明】

本实例是完整网页的一部分,做完整网页和本实例的过程基本相同。

首先,进行网页布局,把网页划分成很多个独立的部分(本实例可以看作其中的一个部分),重点给出每一部分的宽度、高度、边框、浮动、margin、padding等。

其次,根据每一部分的内容选择合适的HTML标签并定义其对应的CSS样式。定义时注意选择器类型的选择。注意样式的重用性,如本例的small和orange,定义为类选择器,在页面中都应用了多次。一定不要定义属性完全相同的CSS样式。

在定义CSS时,首先定义全局的CSS,主要是body、h1~h6、p、ul、form等。本实例中就定义了全局的CSS样式ul, p,定义其margin和padding都为0px,这样后面定义的CSS样式.small p就可以继承其margin和padding属性,而不必重复定义。

做网页追求的是目标显示效果、代码的规范性和可复用性。另外,要求目标代码尽可能少,这样可以大大减轻服务器的负担,这也是各大网站采用Web标准重构网站的重要原因。

【技巧】

- 在使用 margin 设置盒子之间的距离的时候，需要注意浏览器的兼容性。浮动的盒子的左右 margin 在 IE 6 下会加倍。本实例中 small 通过增加属性 display:inline 来避免 margin 的加倍。
- IE 6 下指定 li 的高度可能会出现浏览器兼容性问题，需要根据实际情况进行调整。

【实例 14-10】

【实例描述】

实例 14-10 显示效果如图 14-10 所示。在实现该实例时，HTML 和 CSS 的选择有很多种方法，本实例分别给出了两种有很大差别的实现方法。两种实现方法互相比较，可以进一步加深对 HTML 和 CSS 的细节的认识。

图 14-10 图书展示

【实例分析】

- 首先选择合适的 HTML 标签，然后为每个 HTML 标签完成对应的 CSS 样式。
- 第一种实现方法标题部分采用左右浮动的方法，图片部分采用类选择器的方法，下面给出参考代码：

```
<html>
<head>
<title>图书</title>
<style type="text/css">
body {
    font-size: 12px;
    color: #049;
}
ul, p, h3, h4, h5 {
    margin: 0px;
    padding: 0px;
}

.box {
    height: 315px;
    width: 300px;
    border: 1px solid #a5cbef;
}
.title {
    line-height: 25px;
    background-image: url(img/bg.jpg);
    height: 25px;
    border-bottom:solid 1px #a5cbef;
    padding:0px 8px;
}
.left {
    float: left;
}
```

```
.right {
    float: right;
}
.box p {
    line-height: 280%;
    text-indent: 2em;
    clear: both;
}
.list {
    padding: 0px 10px;

}
.pic {
    float: left;
    height: 100px;
    width: 70px;
    margin:0px 10px;
    display: inline;
}
.box li {
    width: 140px;
    float: left;
}
.clear {
    font-size: 1px;
    clear: both;
    height: 1px;
}
a {
    line-height: 20px;
    text-decoration: none;
    color: #049;
}
.pic img {
    padding: 1px;
    border: 1px solid #CCC;
}
.pic h4 {
    font-weight: normal;
    text-align: center;
    line-height: 25px;
}
.box h5 {
    line-height: 24px;
    width: 150px;
    text-indent: 1em;
    margin-top: 10px;
}
.book {
    padding-left: 20px;
}
```

```
.title h3 {
    font - size: 14px;
}

</style>
</head>

<body>
<div class = "box">
  <div class = "title">
    <h3 class = "left">图书 <img src = "img/hot.gif" width = "22" height = "11" /></h3>
    <span class = "right"> 人力资源总监手记</span></div>
  <p>图书频道  &#8226;  图书排行  &#8226;  完本图书 &#8226; vip 精品  </p>
  <div class = "list">
    <div class = "pic"><a href = "#"><img src = "img/1.jpg" width = "70" height = "70" />
      <h4>追球南非</h4>
      </a></div>
    <div class = "pic"><a href = "#"><img src = "img/4.jpg" width = "70" height = "70" />
      <h4>花开春暖</h4>
      </a></div>
    <div class = "pic"><a href = "#"><img src = "img/3.jpg" width = "70" height = "70" />
      <h4>城市杯具</h4>
      </a></div>
  </div>
  <h5 class = "left">最新推荐 </h5>
  <h5 class = "left"> 热门图书 </h5>
  <div class = "book">
<ul>
    <li><a href = "#">祁连山下: 末代枪王</a></li>
    <li><a href = "#">祁连山下: 末代枪王</a></li>
    <li><a href = "#">祁连山下: 末代枪王</a></li>
    <li><a href = "#">祁连山下: 末代枪王</a></li>
    <li><a href = "#">祁连山下: 末代枪王</a></li>
    <li><a href = "#">祁连山下: 末代枪王</a></li>
    <li><a href = "#">祁连山下: 末代枪王</a></li>
    <li><a href = "#">祁连山下: 末代枪王</a></li>
    <li><a href = "#">祁连山下: 末代枪王</a></li>
    <li><a href = "#">祁连山下: 末代枪王</a></li>
  </ul></div>
  <div class = "clear"></div>
</div>
</body>
</html>
```

【实例说明】

该实例完成的关键在于页面的布局以及浮动的清除。

罗列信息的部分可以选用无序列表 ul 或者类选择符来实现,标题类的内容可以选择 h1、h2 等标签。

选择正确的 html 标签并且能够运用合适的 CSS 样式来修饰这些标签是完成所有网页

的关键。

常用的 block 类型的标签有 div、h1、h2、p、ul、li。

常用的 inline 类型的标签有 strong、em、a、img、span。

如果不牵扯到表单的功能,上述的标签对绝大多数网页来说已经足够。

通过 CSS 可以使用标签选择符重新定义这些标签的显示样式,使用类选择符定义个别的标签的个别的显示样式或者是可以重复使用的显示样式。

在定义 CSS 的过程中,尽可能减少 CSS 样式的数量,尽量多地复用 CSS。

下面对本实例的 CSS 样式进行逐一说明:

- body:整个网页的默认字体大小等。
- ul、p、h3、h4、h5:从全局角度定义了 5 个 CSS 样式,建议设计每个网页时都先设计这些常用标签,避免受这些标签的默认 padding 和 margin 影响。
- .box:容器,设置了宽度、高度、边框。
- .title:行高和高度相同设置垂直居中,宽度和父对象 box 相同,注意 padding 的显示效果。
- .left 和.right:左浮动和右浮动,属性只有 float,主要是为了复用。浮动的对象都是块状元素,title 中分别在 h3 和 span 这两个标签上应用了浮动。
- .box p:定义了 p 标签,继承了上面定义的 p 的 margin 和 padding 属性,块状标签可定义 text-indent 属性,首行空两格,清除浮动。
- .list:图片的容器,宽度和父对象 box 的 width 相同。
- .pic:浮动,有左右 margin,所以增加 display:inline 保证浏览器兼容性。必须设置宽度,在页面中复用了三次。
- .box li:设置了宽度和浮动,保证在一行宽度满了的时候会自动换到下一行。
- .a:超链接,去除下划线,设置行高和字体大小。
- .pic img:设置图片的边框和 padding,如果设置 margin 或宽高需要设置 display:block;图片是常用 inline 元素中唯一可以设置 padding 属性的。
- .pic h4:继承了第二个样式中定义的 h4 的 padding 和 margin,图片下面的文字尽量使用块状元素定义(或设置该 HTML 元素的 display 为 block),这样可以自由控制图片和文字间的距离等。
- .box h5:采用了后代选择器的形式,定义了宽度和浮动,保证两个 h5 可以在同一行中显示。
- .book:图书列表的容器,其属性也可以定义在 ul 上。
- .title h3:采用了后代选择器的定义形式,继承了公用 CSS 的 padding 和 margin 属性,h1～h6 都有默认的字体大小,需要重新定义新的字体大小覆盖默认的字体大小。

【实例分析】

- 首先选择合适的 HTML 标签,然后为每个 HTML 标签完成对应的 CSS 样式。
- 第二种实现方法标题部分采用绝对定位的方法,图片部分采用列表的方法,下面给出参考代码:

```
<html>
```

```
<head>
<title>图书</title>
<style type="text/css">
 * {
    margin: 0px;
    padding: 0px;
    font-size: 12px;
    color: #049;
}

a {
    text-decoration: none;
    color: #049;
    line-height: 20px;
}
.box {
    height: 315px;
    width: 300px;
    border: 1px solid #a5cbef;
    margin: 10px;
}
.title {
    background-image: url(img/bg.jpg);
    height: 12px;
    border-bottom: solid 1px #a5cbef;
    position: relative;
    padding: 6px 8px;
}
.box h2 {
    line-height: 34px;
    text-align: center;
    font-weight: normal;
}
.more {
    position: absolute;
    top: 5px;
    right: 10px;
}
.list {
    padding: 0px 10px;
}
.list li {
    float: left;
    height: 100px;
    width: 70px;
    padding:0px 10px;
    list-style-type: none;
}
.list img {
    padding: 1px;
    border: 1px solid #CCC;
```

```
}
.list  p{
    text - align: center;
    line - height: 25px;
}
.book {
    padding - left: 20px;
    width: 130px;
    float: left;
    margin - top: 15px;
}
.box h5 {
    line - height: 24px;
}
</style>
</head>

<body>
<div class = "box">
  <div class = "title">
    <h3>图书 <img src = "img/hot.gif" width = "22" height = "11" /></h3>
      <span class = "more"> 人力资源总监手记</span>
  </div>
  <h2> 图书频道  &#8226;  图书排行  &#8226;  完本图书 &#8226; vip 精品  </h2>
  <div class = "list">
  <ul>
    <li><a href = "#"><img src = "img/1.jpg" width = "70" height = "70" />
      <p>追球南非</p></a> </li>
    <li><a href = "#"><img src = "img/4.jpg" width = "70" height = "70" />
      <p>花开春暖</p></a> </li>
      <li><a href = "#"><img src = "img/3.jpg" width = "70" height = "70" />
      <p>城市杯具</p></a> </li>
    </ul>
  </div>

  <h5 class = "left"> </h5>
    <div class = "book">
    <h5>最新推荐 </h5>
    <ul>
    <li><a href = "#">祁连山下: 末代枪王</a></li>
    <li><a href = "#">祁连山下: 末代枪王</a></li>
    <li><a href = "#">祁连山下: 末代枪王</a></li>
    <li><a href = "#">祁连山下: 末代枪王</a></li>
    <li><a href = "#">祁连山下: 末代枪王</a></li>
   </ul>
  </div>
  <div class = "book">
    <h5>热门图书  </h5>
    <ul>
```

```
            <li><a href="#">祁连山下：末代枪王</a></li>
            <li><a href="#">祁连山下：末代枪王</a></li>
            <li><a href="#">祁连山下：末代枪王</a></li>
            <li><a href="#">祁连山下：末代枪王</a></li>
            <li><a href="#">祁连山下：末代枪王</a></li>
            </ul>
        </div>
    </div>
    </body>
    </html>
```

【实例说明】

本实例的 HTML 结构及 CSS 实现都和第一种方法有着较大的不同。主要有以下几点：

- 全局 CSS 的设计，“*”表示所有 HTML 标签。
- 一左一右的效果的设计，本实例使用了绝对定位，即 more 绝对定位，more 的父元素的 position 设为 relative。
- 图书文字的垂直居中，没有使用行高属性，而是使用了上下 padding。避免了可能出现的浏览器兼容性问题。
- 上面图片、下面文字的效果使用了列表。在进行 CSS 设计的时候，需要区别和下面文字部分的列表。
- HTML 的结构和具体的标签选择与第一种方法有较大不同。

【实例 14-11】

【实例描述】

实例 14-11 显示效果如图 14-11 所示。该实例的很多部分效果在前面的章节已经实现过，在这里进行一下综合。学习该实例重点考察绝对定位和边框之间的距离。

图 14-11　商品展示页面

【实例分析】

- 实例可以在 Dreamweaver 中完成，建立内部 CSS 和外部 CSS 均可。
- 首先选择合适的 HTML 标签，然后为每个 HTML 标签完成对应的 CSS 样式。
- 参考代码如下：

```
<html>
<head>
```

```
<title>商品信息</title>
<style type="text/css">
ul ,h3{
    margin: 0px;
    padding: 0px;
    }
.goods {
    width: 740px;
    margin-right: auto;
    margin-left: auto;
}
.goods ul li img {
    display: block;
    padding: 1px;
    height: 141px;
    width: 206px;
    border: 1px solid #ccc;
}

li {
    border: 1px solid #ccc;
    float: left;
    height: 180px;
    margin-top: 12px;
    margin-left: 11px;
    padding: 10px 9px 0px;
    width: 209px;
    position: relative;
    list-style-type: none;
    display: inline;
}
h3 {
    font-size: 12px;
    line-height: 36px;
    color: #ff9900;
    text-align: center;
}
.zk,.qt {
    position: absolute;
    top: 0px;
    right: 0px;
    background-image: url(img/iconbg.gif);
    background-repeat: no-repeat;
    height: 42px;
    width: 42px;
}
.zk {
    background-position: 0px 0px;
}
.qt{
    background-position: -42px 0px;
    }
</style></head>
<body>
```

```
<div class="goods">
  <ul>
  <li>
  <span class="zk"></span>
  <img src="img/a.jpg" width="208" height="143" />
     <h3>5 折特惠 天然红玉髓手链</h3>
</li>
    <li>
  <span class="zk"></span><img src="img/b.jpg" width="208" height="143" />
     <h3>特价 可拆洗 USB 暖手鼠标垫</h3>
</li>
  <li>
  <span class="qt"></span><img src="img/e.jpg" width="208" height="143" />
  <h3>3.5 折特惠美观女生包包</h3>
</li>
</ul>
</div>
</body>
</html>
```

【实例说明】

用 zk 样式来修饰商品信息右上角的"折扣"，用 qt 样式来修饰商品信息右上角的"其他"。zk 和 qt 有很多共同属性，所以先定义了". zk，. qt"来定义这两个样式的共同属性，再单独定义其不同的属性。zk 和 qt 都应用了绝对定位，绝对定位的盒子已经脱离了文档流，不会对 li 里的其他元素产生影响。

li 是 zk 和 qt 的父元素，所以要设置 position: relative，保证绝对定位从 li 开始，而不是 body。li 有左右 margin，为保证浏览器兼容性需要设置 display: inline。

. goods ul li img 定义了 img 标签，由于 img 是 inline 元素，所以需要设置 display: block，将其变为块元素。使用一个图片中的一部分作为背景图片时，需要设置 background－position 为负值。

【实例 14-12】

【实例描述】

实例 14-12 显示效果如图 14-12 所示。该实例在前面章节圆角矩形的基础上，对内容进行了设计。

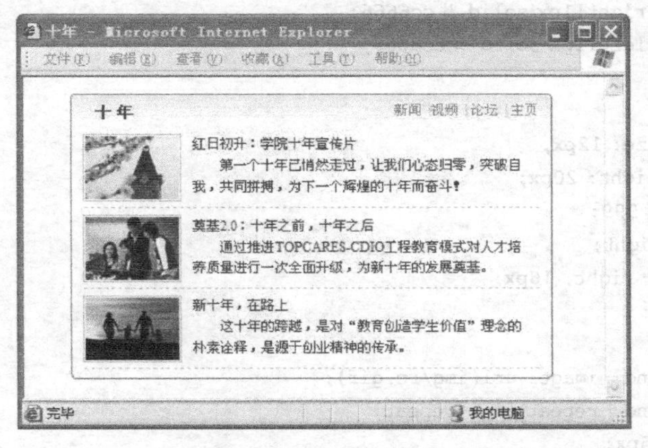

图 14-12　图文效果

【实例分析】

- 实例可以在 Dreamweaver 中完成，建立内部 CSS 和外部 CSS 均可。
- 首先选择合适的 HTML 标签，然后为每个 HTML 标签完成对应的 CSS 样式。
- 参考代码如下：

```
<html>
<head>
<title>十年</title>
<style type="text/css">
h2,h3 ,p{
    margin: 0px;
    padding: 0px;
}
.news {
    width: 426px;
    margin-right: auto;
    margin-left: auto;
}
.top {
    background-image: url(img/rc.gif);
    background-repeat: no-repeat;
    background-position: 0px -10px;
    height: 24px;
    padding-top: 5px;
    padding-left: 22px;
}
.top h2 {
    font-size: 14px;
    line-height: 25px;
    color: #990000;
    letter-spacing: 4px;
    float: left;
}
.center {
    width: 400px;
    padding: 2px 10px;
    border-right:1px solid #cc6666;
    border-left:1px solid #cc6666;
}
.top_right {
    font-size: 12px;
    line-height: 20px;
    color: #999;
    float: right;
    padding-right: 16px;
}
.bottom {
    background-image: url(img/rc.gif);
    background-repeat: no-repeat;
    height: 5px;
```

```
        font - size: 1px;
    }
    .set {
        margin - top: 3px;
        border - bottom: 1px dotted #ccc;
        margin - bottom: 2px;
        padding: 3px 0px 4px
        height: 61px;
        clear: both;
        }
    .news .center .set img {
        display: block;
        padding: 1px;
        float: left;
        margin - right: 10px;
        border: 1px solid #ccc;
    }
    .text_right {
        line - height: 19px;
        color: #f7f7f7;
        padding: 0px 5px;
        font - size: 12px;
    }
    .text_right h3 {
        font - weight: normal;
        color: #990000;
        font - size: 12px;
    }

    .text_right  p {
        line - height: 150 % ;
        color: #333;
        text - indent: 2em;
    }
    </style>
    </head>

    <body>
    <div class = "news">
      <div class = "top">
        <h2>十年</h2>
      <span class = "top_right"> 新闻 |视频  | 论坛 | 主页</span></div>
      <div class = "center">
        <div class = "set">
        <img src = "img/a.jpg" width = "82" height = "56" />
        <div class = "text_right">
        <h3>  红日初升：学院十年宣传片</h3>
          <p>第一个十年已悄然走过,让我们心态归零,突破自我,共同拼搏,为下一个辉煌的十年
而奋斗!</p>
        </div>
        </div>
```

```
<div class="set">
 <img src="img/b.jpg" width="82" height="56" />
 <div class="text_right">
 <h3> 奠基 2.0: 十年之前,十年之后</h3>
<p>通过推进 TOPCARES - CDIO 工程教育模式对人才培养质量进行一次全面升级,为新十年的发展奠基。</p>
 </div>
</div>
   <div class="set">
 <img src="img/e.jpg" width="82" height="56" />
 <div class="text_right">
 <h3> 新十年,在路上</h3>
  <p>这十年的跨越,是对 &ldquo;教育创造学生价值 &rdquo;理念的朴素诠释,是源于创业精神的传承。</p>
  </div>
   </div>
  </div>
  <div class="bottom"></div>
</div>
</body>
</html>
```

【实例说明】

news 里面包含三个盒子：top、center、bottom，这三部分的宽度都和 news 的 width 相同。

top 里面分为左右两部分,分别选择了 h2 和 span 标签,都设置了 float 属性。

center 里面包括了三个相同的部分,用 CSS 样式 set 来表示每一个部分,center 里面包含了三个 set。

每个 set 包括左右两部分,左边的图片和右边的 text_right 都设置了浮动,在 set 样式里清除浮动即可,不必单独清除浮动。

text_right 又分为上下两部分,分别使用 h3 和 p 标签。

bottom 里面不含有任何内容,只是显示圆角的背景图片。

【实例 14-13】

【实例描述】

实例 14-13 显示效果如图 14-13 所示。该实例是一个 Tab 选项卡和商品信息展示的典型实现。在实现该实例时,重点关注代码重用,用最少的 CSS 样式数量实现该实例。

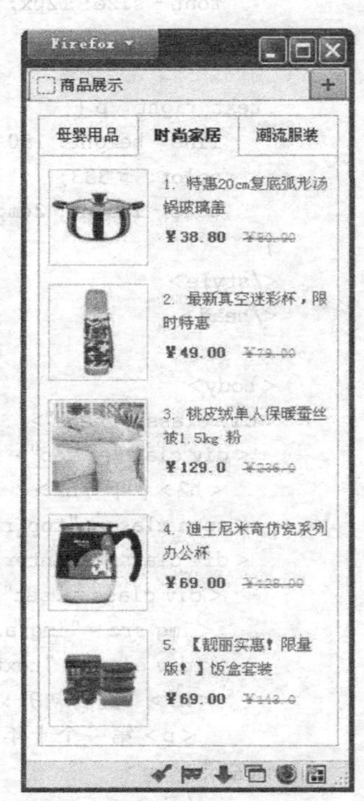

图 14-13 商品分类展示

【实例分析】

- 实例可以在 Dreamweaver 中完成,建立内部 CSS 和外部 CSS 均可。
- 首先选择合适的 HTML 标签,然后为每个 HTML 标签完成对应的 CSS 样式。

• 参考代码如下：

外部 CSS 代码：

```
*{
    padding:0px;
    margin:0px;
    }
ul{
    list-style-type:none;
    }
.main {
    width: 230px;
    padding: 1px;
    margin: 10px auto 0px;
}
.right_border {
    border-right-width: 1px;
    border-right-style: solid;
    border-right-color: #a9bbc7;
}

.goods {
    border-bottom: 1px solid #a9bbc7;
    border-right: 1px solid #a9bbc7;
    border-left: 1px solid #a9bbc7;
    clear: both;
    height: 460px;
}
.seleced {
    font-weight: bold;
    width: 76px;
    border-bottom-style: none;
}
li{
    font-size: 12px;
    line-height: 30px;
    text-align: center;
    float: left;
    height: 30px;
    width: 75px;
    border-bottom: 1px solid #a9bbc7;
    border-left: 1px solid #a9bbc7;
    border-top: 1px solid #a9bbc7;
}
.pic {
    float: left;
    border: 1px solid #ccf;
    margin: 10px 2px 0px 7px;
    display: inline;
    padding: 2px;
```

```
}
.list p {
    font-size: 12px;
    color: #6c6c6c;
    line-height: 160%;
    margin-top: 3px;
}
.list strong {
    color: #c93300;
    margin-right: 5px;
}
.list em {
    color: #999;
    text-decoration: line-through;
    font-style: normal;
    font-size: 11px;
}
.list {
    clear: both;
    margin-top: 10px;
}
.info {
    float: left;
    height: 80px;
    width: 130px;
    padding-top: 10px;
    padding-left: 10px;
}
```

HTML 代码如下：

```
<html>
<head>
<title>商品展示</title>
<link href="css.css" rel="stylesheet" type="text/css" />
</head>

<body>
<div class="main">
<ul>
  <li>母婴用品</li>
  <li class="selected">时尚家居</li>
 <li class="right_border">潮流服装</li>
 </ul>
 <div class="goods">
 <div class="list">
 <div class="pic"><img src="img/1.jpg" width="70" height="70" /></div>
 <div class="info">
   <p>1. 特惠 20cm 复底弧形汤锅玻璃盖</p>
     <p><strong>¥38.80</strong><em>¥80.00</em></p>
 </div>
```

```
        </div>

        <div class = "list">
         <div class = "pic"><img src = "img/2.jpg" width = "70" height = "70" /></div>
        <div class = "info">
          <p>2. 最新真空迷彩杯,限时特惠</p>
             <p><strong>￥49.00 </strong><em>￥79.00 </em></p>
        </div>
        </div>

      </div>
      </body>
      </html>
```

【实例说明】

网页的上面的部分是 Tab 选项卡的典型效果,在此只实现其 CSS 部分。Tab 选项卡分为三个部分,其中两个部分显示效果相同,一个部分显示效果不同,保证 selected 用在哪个部分都会有被选中的效果。

下面的商品信息部分共有五个商品,显示效果相同,建立一套 CSS 样式即可。list 样式里包含商品的信息,分为左边的图片和右边的文字,左边的图片 pic 和右边的文字 info 都需要浮动,在 list 里清除浮动。list 也可以清除 li 的浮动,简化代码。

商品文字信息 info 里面分为两行,用 p 标签换行和修饰,折扣后价格和原价分别用 strong 和 em 标签修饰。分为多行的文字信息一定要选用 p 或者 h1 等块状标签进行换行。

商品介绍部分采用了类选择器 list,也可以采用列表,这两种方法大部分情况下可以互换,列表的代码相对更加简洁易读一点。

本实例在实现时容易出现浏览器兼容性问题,采用类似于本实例的 HTML 结构可避免此类问题。

“*”表示所有的标签,该 CSS 样式一定要在所有 CSS 样式中的第一个定义。

li 只有上边框、左边框和下边框,selected 去掉下边框,right_border 只有右边框,通过这几个 CSS 样式的配合,就可以完成该实例中的 Tab 选项卡效果,selected 可以给任何一个 li 应用。

14.4 Web Developer

Web Developer 是 FireFox 的一个插件,是一款优秀的网页调试、开发工具,可以在建立符合 Web 标准的网站、应用 XHTML 构建网站的过程中,进行开发和调试;另外,利用 Web Developer 可以很好地学习和分析现有的网站,这也是提高基于 Web 标准的网页设计技术的重要手段。

Web Developer 可以对页面中的文本、图像、媒体文件进行控制,对网页所应用的 CSS 文件的 id 与 class 辅助查看、表格辅助查看等。Web Developer 能够帮助用户对 CSS 网站进行分析,使用 FireFox 对网页进行浏览,应用 Web Developer 插件不仅能看到网页的源代码,还能分析出页面的布局结构、CSS 书写方式、鼠标所在位置的 id 或 class 等,方便地理解、学习现实网页的设计方法和技巧,提高 DIV+CSS 的设计水平。

14.4.1 Web Developer 的安装

Web Developer 是 Firefox 浏览器的常用 Web 开发调试组件。组件是 Firefox 的附加功能,需要在安装完成 Firefox 之后,单独进行安装。

在 Firefox 中打开"工具"→"附加组件"(不同版本的 Firefox 略有不同),在"搜索所有附件组件"中输入要安装的 Firefox 组件的名称,安装搜索到的组件即可,如图 14-14 所示。如果搜索不到要安装的组件,可以将 Firefox 更新至最新版本。

图 14-14 附加组件

安装后就会在菜单的"工具"中看到如图 14-15 所示的 Web Developer 的菜单项,Web Developer 的各种功能都可以在其中进行选择。

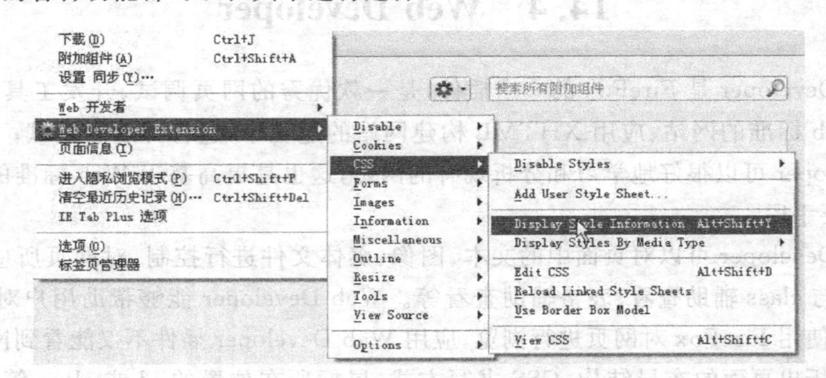

图 14-15 Web Developer 菜单项

14.4.2 Web Developer 主要功能

如图 14-15 所示，Web Developer 有很多功能，最常用的功能就是 CSS 和 Information 工具组。CSS 工具组提供了很多和 CSS 密切相关的功能，主要有下列工具：

- Disable Styles：禁用样式(可选定内部、外部和嵌入的 CSS 样式中的一种或多种)，只显示页面内容。
- Display Style Information：查看样式信息，如图 14-16 所示可以查看鼠标单击处的内容所对应的 CSS 样式，应用此功能可以非常清楚地看到 CSS 样式及它在网页中的显示效果，是学习所能看到的网页的设计方法的最佳工具之一。在学习阶段，在有前面章节理论基础的情况下，结合本功能学习现实中网页的设计方法，模仿现实中网页的设计，是提高 DIV+CSS 设计水平的很好的方法。
- Edit CSS：编辑 CSS，页面效果如图 14-17 所示，编辑后的 CSS 样式可以立即在 FireFox 中看到效果，不修改原文件，可修改网络上的网页(如新浪)。

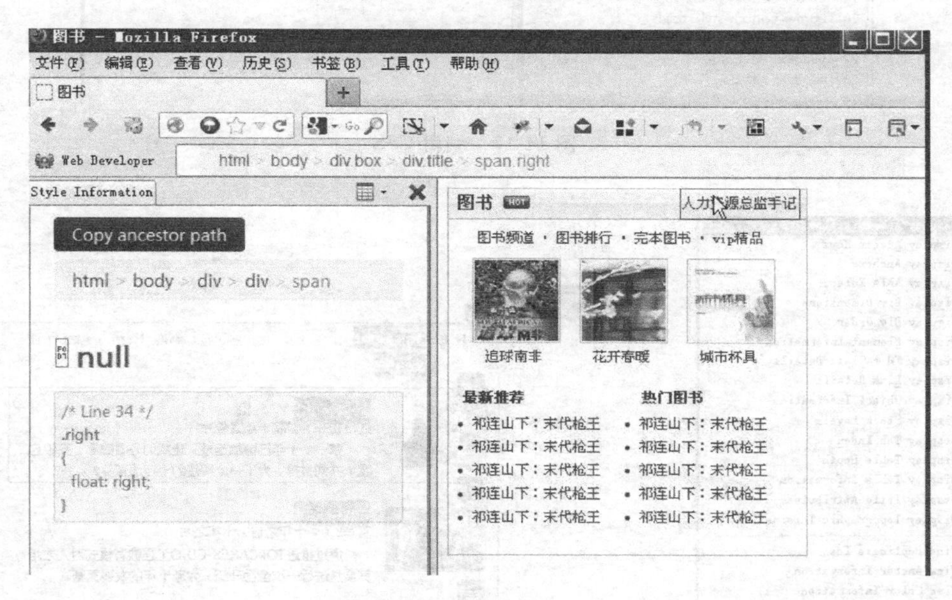

图 14-16 查看样式信息

Information 工具组提供网页的相关信息，方便学习、理解、开发和调试网页。Information 工具组的功能菜单如图 14-18 所示，其常用功能如下：

- Display DIV Dimensions：显示块状对象的宽度和高度。
- Display Div Order：显示在 HTML 中 div 的出现顺序。
- Display Element Information：显示所单击 HTML 元素的相关信息，如 DOM、Layout、Position、Text 等。
- Display Id & Class Details：直接在网页上显示 id 和 class 对应的位置，如图 14-19 所示。

Web Developer 还有很多其他非常实用的功能，可以在掌握上述基本功能之后进一步体会。

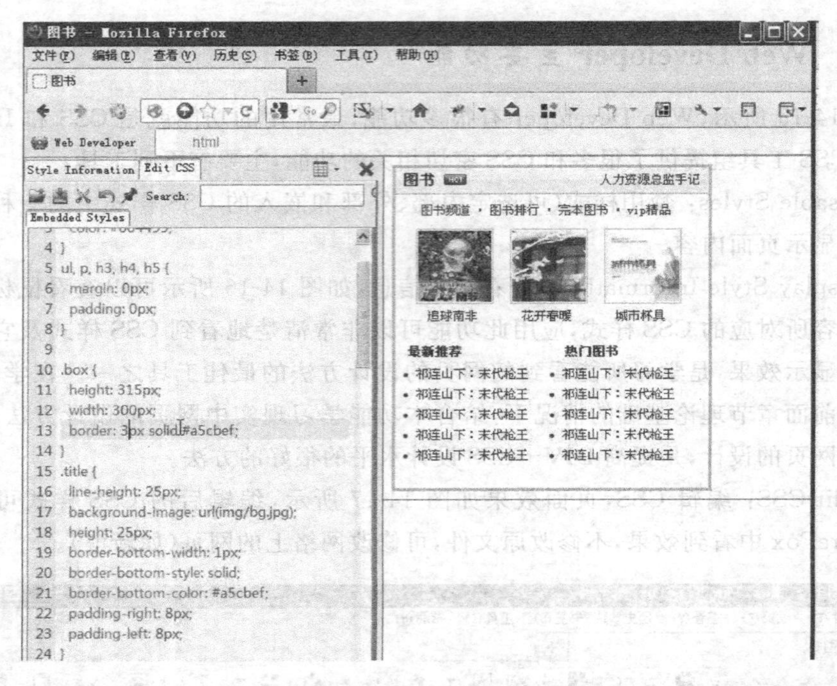

图 14-17　编辑 CSS

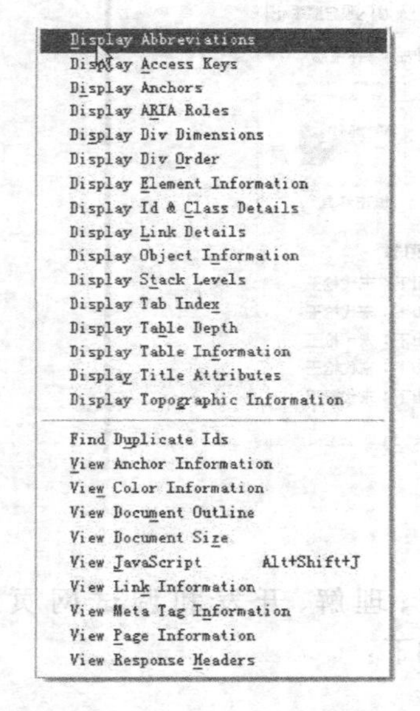

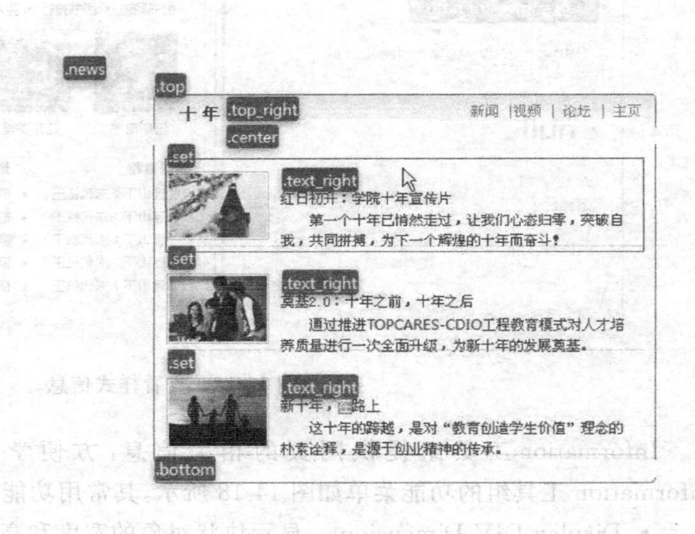

图 14-18　Information 工具组　　　　图 14-19　Display Id & Class Details

14.5　Firebug

Firebug 的中文是萤火虫,它是 Firefox 的一款开发类插件。应用 Firebug 可以非常方便地进行 HTML 查看、编辑、CSS 调试、Javascript 调试等,它可以从各个不同的角度剖析网页，给 Web 开发者带来很大的便利。

Firebug 的安装方法和 Web Developer 的安装方法相同，安装完成 Firebug 后，可在图 14-20 所示的页面中打开 Firebug。

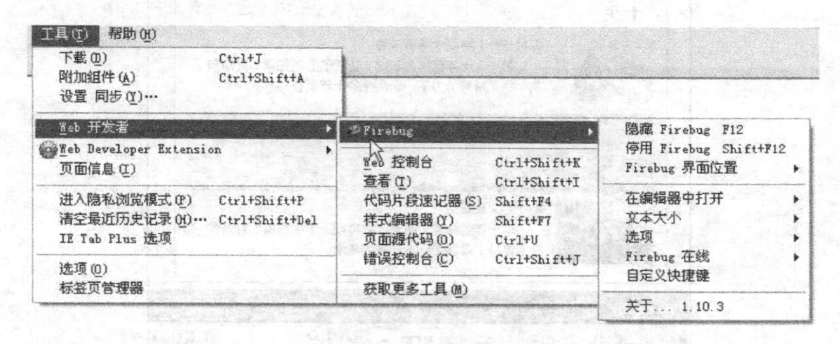

图 14-20 打开 Firebug

打开 Firebug 后 FireFox 浏览器的界面如图 14-21 所示，将鼠标移到具体的 HTML 标签上，网页中该 HTML 标签的作用范围就会高亮显示，可以很清楚地看到每个 HTML 标签(包括盒子)的作用范围。

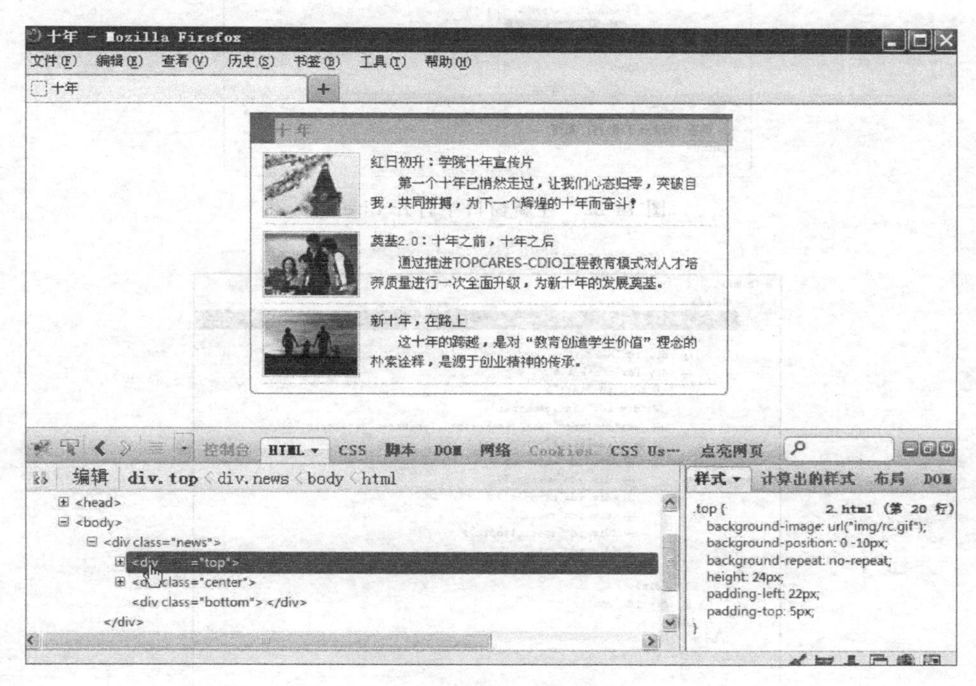

图 14-21 Firebug 运行界面

也可以在图 14-20 所示的页面中选择在新窗口中打开 Firebug，运行效果如图 14-22 所示。

应用 Firebug 可以很方便地查看网页的代码，图 14-23 是在 Firebug 中查看网页代码的例子，可以看到，HTML 代码的结构非常清晰，一目了然。HTML 标签采取折叠的方式，可以方便地扩展和收缩；当单击 HTML 标签时，该标签在网页中的对应部分就会加深显示，可以非常清楚地看到对应代码和显示效果。

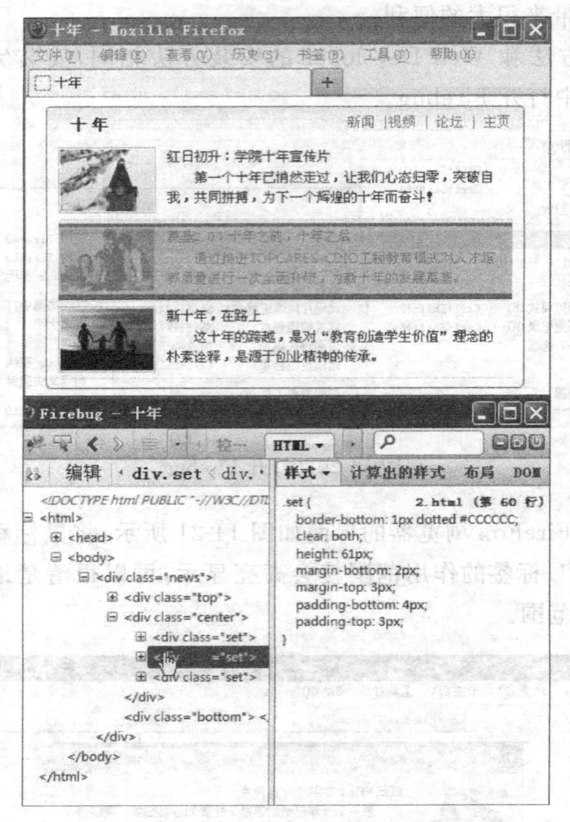

图 14-22　在新窗口中打开 Firebug

```
⊟ <html>
  ⊞ <head>
  ⊟ <body id="neunews">
    ⊟ <div id="container">
      ⊞ <div id="header">
      ⊟ <div id="content">
        ⊞ <div id="left">
        ⊞ <div id="middlewrapper">
        ⊞ <script type="text/javascript" language="javascript">
        ⊟ <div id="right">
          ⊞ <div id="calendar">
          ⊞ <div id="weather">
          ⊞ <div id="olympic">
          ⊞ <div id="search">
          ⊞ <div id="specialtopic">
          ⊞ <div id="vote">
          </div>
        </div>
      ⊞ <div id="footer">
      </div>
    </body>
</html>
```

图 14-23　在 Firebug 中查看网页

在 Firebug 的工具栏中的"单击查看页面中的元素"是 Firebug 新添加的功能，有了这个按钮，Firebug 也可以像 Web Developer 那样"点哪看哪"了。单击该按钮后如果单击网页中的部分，就可以在 Firebug 窗口中看到该部分对应的 HTML 和 CSS，而且看到的 HTML 是完整的 HTML 结构，比 Web Developer 更加直观。

另外，可以直接在 Firebug 中修改 HTML 代码，修改的效果会立即在浏览器中显示，代码的修改与调试非常方便。

在 Firebug 中可以方便地查看与修改 CSS。网页中的 CSS 可以方便地看到，并且能够在 Firebug 里直接修改 CSS，修改后的效果也会立即在浏览器中显示，对于 CSS 的调试非常方便。如图 14-24 所示，可以将 font-size 由图中的 14px 修改为 12px，FireFox 浏览器中相应的超链接的字体会立即由原来的 14px 变为修改后的 12px，便于用户察看修改后的显示效果。

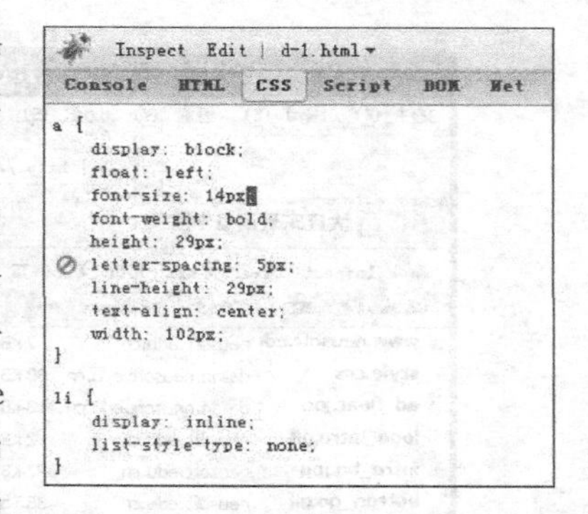

图 14-24　在 Firebug 中修改 CSS

在 Firebug 中可以清楚地查看盒子，选择图 14-25 右下方的 Layout，可以很清楚、精确、直观地看到盒子的相关信息，包括 padding、border、margin 等，并且对应的区域也会在网页中加上特殊的背景颜色。可以直接在可视化界面中修改盒子的各要素的值，修改后的效果会立即反映到网页上，便于用户查看。

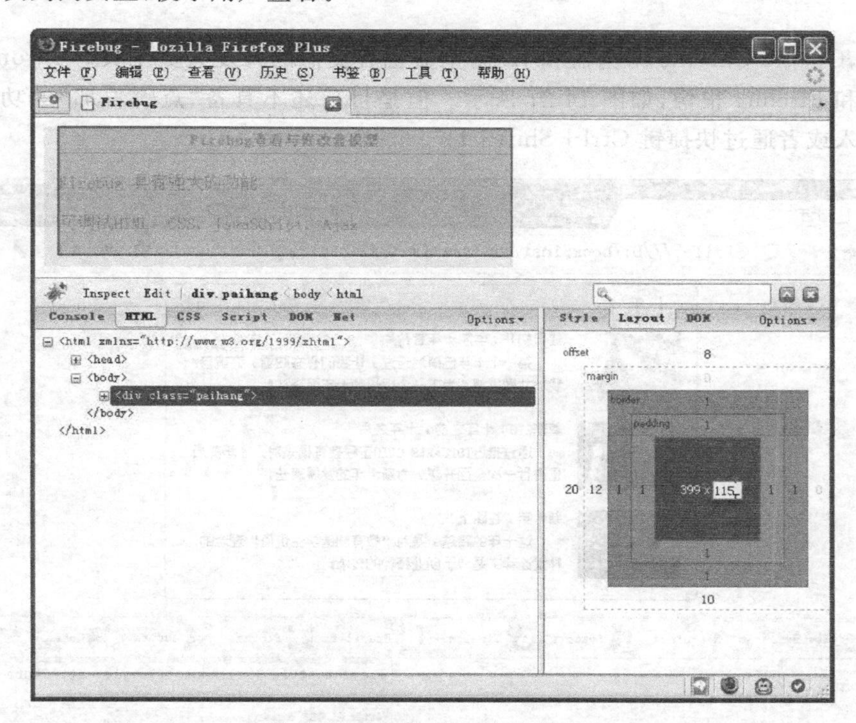

图 14-25　在 Firebug 中查看盒子

Firebug 还可以对网页相关文件的载入时间做出直观的统计，如图 14-26 所示。从图中可以看出，在访问 http://www.neusoft.edu.cn 时，需要下载多个文件，并可以清楚地看到各个文件的大小、下载起始时间、下载所消耗的时间等信息。通过类似这样的功能，可以很容易找出网页速度的瓶颈，提高网页浏览速度。

Firebug 还可以方便地调试 JavaScript，查看 DOM。JavaScript 和 DOM 也是高级网页设计师应该具备的技能。

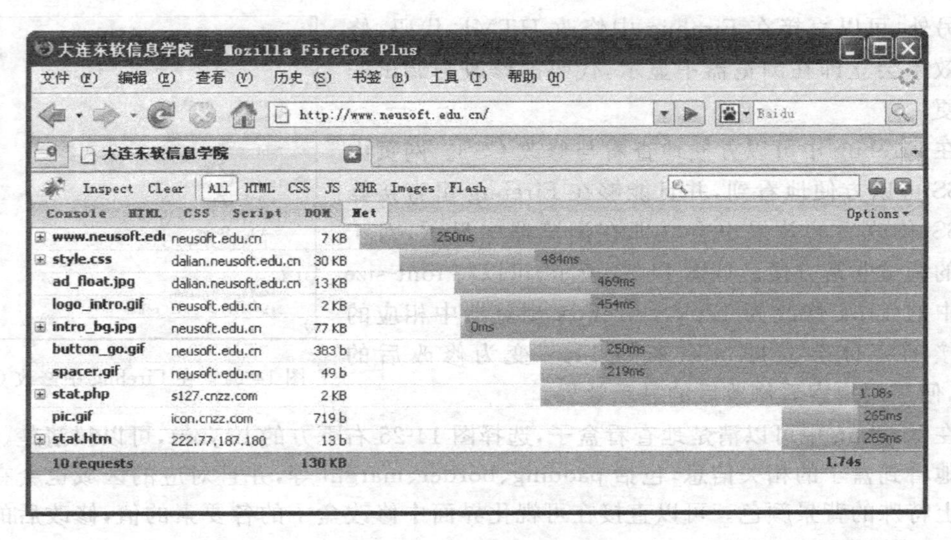

图 14-26 Firebug Net 窗口

另外,Google Chrome 浏览器和 IE 浏览器也有类似的开发人员工具。Chrome 的开发人员工具和 Firebug 很像,如图 14-27 所示。但是目前还不具备“点哪看那”的功能。可从菜单栏进入或者通过快捷键 Ctrl+Shift+I。

图 14-27 chrome 浏览器开发人员工具

工欲善其事，必先利其器。好的工具是学习、开发、调试网页的重要基础。本章介绍的相关工具可用以方便地设计网页，有效提高网页设计水平，并能够在开发过程中大大提高开发效率。

14.6 习 题

1. 完成下列 CSS 样式的定义并在网页中应用。内部 CSS 或外部 CSS 均可。

(1) #title：宽度为 950px，高度为 33px，背景图片为 bg.gif，背景不重复(background-repeat：no-repeat)，background-position 的 x 和 y 都为 0px；

(2) #container：宽为 932px，高为 300px，只有下边框、左边框和右边框，边框宽度为 1px，边框颜色为#bdcef3，实线，padding:5px 8px。

(3) .left：宽度 254px，高度 286px，左浮动(float:left)，边框宽度为 1px，边框为实线，边框颜色为#ccc，上 margin 为 7px，右 margin 为 10px，左 margin 为 5px，文字居中。

(4) .right：宽度为 650px，右浮动(float:right)。

(5) li：高度为 27px，行高为 27px，字体大小为 12px，字体颜色为#1a66b3，列表项前面的点去掉(list-style-type：none;)，背景图片为 book_dashed_l.gif。相关设置可参考图 14-28。

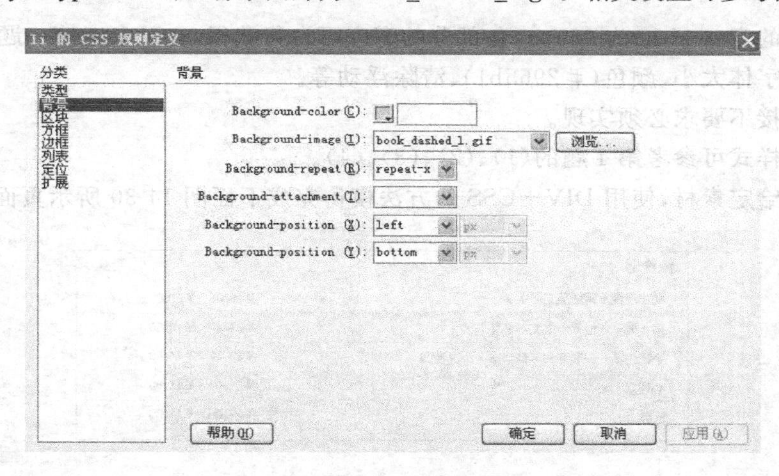

图 14-28 背景图片的设置

提示：

- 具体应用 HTML 结构可参考下面的代码。

```
<div id = "title"></div>
<div id = "container">
  <div class = "left"></div>
  <div class = "right">
    <ul>
      <li>动物庄园(赠送英文原版)¥</li>
      <li>简·爱——世界十大文学名著¥</li>
      <li>小镇生活——萌芽 50 年精华本·小说卷四¥</li>
      <li>心理罪¥</li>
      <li>医路¥</li>
```

```
      </ul>
    </div>
</div>
```


2. 根据给定素材,使用CSS的方法模仿完成下面图14-29所示页面。

图14-29 习题效果图

提示:

- 上图的宽(width)为950px,各部分的宽度可自行获得,也可参考第一题。
- 注意字体大小、颜色(#2965b1)、清除浮动等。
- 超链接不要求必须实现。
- 个别样式可参考第1题的(1)、(2)、(3)、(4)。

3. 根据给定素材,使用DIV+CSS的方法模仿完成下面图14-30所示页面。

特价书	更多>>
动物庄园(赠送英文原版)	~~¥16.00~~ ¥8.00
简·爱——世界十大文学名著	~~¥27.00~~ ¥13.50
小镇生活——萌芽50年精华本·小说卷四	~~¥29.80~~ ¥14.60
心理罪	~~¥24.00~~ ¥11.80
医路	~~¥29.00~~ ¥11.30

图14-30 习题效果图

提示:

- 重要的是表达出整个页面,不必过多追求细节,可以融合自己对页面的理解。
- 宽为558px(不含边框宽度)。
- 边框颜色#a1a1a1,最上面部分(特价书部分)的背景图片是main_box_t.gif。
- 超链接不要求必须实现。
- 实现过程中出现特殊情况注意查看是否需要清除浮动(clear)。
- 个别样式可参考第1题的(5)。

4. 根据给定素材,使用DIV+CSS的方法模仿完成下面图14-31所示页面。

提示:

- 相关宽度、高度、字体颜色、边框颜色请用相关软件自行从图片中获取。

大声

齐鲁银行出事不是孤例
这是过度扩张、有意在灰色地带游弋的必然结果，一点也不奇怪…[详情]

- [建言] 精确制导打击价格垄断
- [惊叹] 40亿元集资诈骗大案的警示

控烟关键是什么？
2011年1月9日，中国承诺在此之前公共场所100%禁烟注定无法兑现…[详情]

- [反对] 中石油“以投资抵赔偿”讲不通
- [疑惑] 补贴与红包是为打肿脸充胖子

财经会议

APEC中小企业峰会
本届峰会以“中小企业的创造力”为主题，一同探讨资金、创新、技术…

会议时间：2010年12月10-12日
近期其他会议：
第七届网商大会 发现中国 发现自己

图 14-31　习题效果图

- 不需要实现超链接。
- 重点是表达出整个页面，个别细节可忽略。
- 字体的颜色、大小等效果尽量实现。

5. 根据给定素材，使用 DIV＋CSS 的方法模仿完成下面图 14-32 所示页面。

一周新闻点击排行

标题	点击数
1 揭秘亚洲十大豪宅	8882
2 世茂大连御龙海湾即将面市 总投资500亿	3601
3 大连在建项目全部停工	3284
4 想象中的：2012	2611
5 大连楼市降温 家装市场萎缩	2455
6 大连下半年将出现区域性降价	2311
7 大连新体育场施工正酣 明年启用	1963
8 重庆人把大连“搬到”园博园	1871
9 大连五一广场的十年变迁史	1787
10 东北城市向“南”看 宜居大连做“概念”	1759

图 14-32　习题效果图

6. 安装 Web Developer 和 Firebug，并用它们来分析你经常浏览的网页。

7. 完成你经常浏览的一个网页或网页的一部分，要求将原作的显示效果截图，做网页过程中用到的素材可从原网页上获得；要求模仿完成的网页美观、典型、规范。

第 15 章　JavaScript

学习目标

通过本章学习，掌握 JavaScript 的基本编程思想，掌握基本的语法及应用，熟悉常用的变量定义、语法结构、事件以及在页面中的应用方式，掌握几种常用的技巧。

核心要点

■ 基本语法。

■ 表单校验。

■ 事件响应。

■ 使用技巧。

JavaScript 是以对象事件驱动为基础、运用于多种页面文件中的编程语言。JavaScript 的开发环境简单，不需要计算机语言编译器，可以直接运行在多种网页浏览器中。JavaScript 以其实时的、动态的、可交互式的能力，使 Web 界面操作起来更加灵活，从而超越了信息和用户之间的显示和浏览关系。

15.1　JavaScript 基础

JavaScript 是一种基于事件驱动(Event Driven)和对象(Object)的，并具有可靠安全性能的脚本语言。它可以与超文本标记语言(HTML)、Java 小程序或者 JSP、ASP、PHP 等 Web 开发语言一起实现在一个 Web 页面中与 Web 客户交互作用、处理多个对象，从而灵活开发客户端的各种应用程序。在实际应用中，JavaScript 分为嵌入和外部调入两种使用方式，具有以下几个基本特点：

1. 脚本编写语言

JavaScript 作为一种脚本语言，它采用特殊的程序片段实现编程。如同其他脚本语言一样，JavaScript 也是一种解释性语言，通过客户端浏览器解释，同时提供了一个简单的开发过程。

2. 基于对象的语言

JavaScript 是一种基于对象的语言，也可以看做是一种类似面向对象的语言，这意味着该脚本语言中能运用已有或已经创建的对象。因此，通常运用脚本环境中自带的对象调用相关方法和脚本语言协作来完成许多功能。

3. 简单性

JavaScript 的简单性主要体现在以下两个方面：首先它是一种类似于 Java 基本语句和

基本控制流的简单紧凑的设计语言；其次它是采用弱类型的变量类型，并未使用严格的数据类型。

4. 安全性

JavaScript 是一种安全性较强的语言，它不允许访问本地的磁盘，不允许将数据存入到服务器上，不允许操作网络文档(如进行修改和删除)，只能通过各种浏览器进行信息浏览或动态交互的实现，从而有效地防止数据的丢失。

5. 动态性

JavaScript 是动态的，它可以直接对用户或客户输入做出响应，无须经过 Web 服务程序。它对用户的响应，是采用以事件驱动的方式进行的。

6. 跨平台性

JavaScript 依赖于浏览器本身，与操作系统无关，只要能运行浏览器的计算机和支持 JavaScript 的浏览器就可正确执行。

15.1.1 语法

JavaScript 脚本语言同其他语言一样，有它自身的基本数据类型、表达式和算术运算符以及程序的基本框架结构。JavaScript 提供了 4 种基本的数据类型用来处理数字和文字，变量提供存放信息的地方，表达式可以完成较复杂的信息处理。

1. 基本数据类型

在 JavaScript 中有 4 种基本的数据类型：数值(整数和实数)、字符串型、布尔型(True 或 False)和空值。在 JavaScript 的基本类型中，数据可以是常量，也可以变量。由于 JavaScript 采用弱类型的形式，因而一个数据的变量或常量不必首先声明，而是在使用或赋值时确定其数据的类型。当然也可以先声明该数据的类型。

2. 变量的命名

变量的主要作用是存取数据、提供存放信息的容器。对于变量必须明确变量的命名、变量的类型、变量的声明及其变量的作用域。

JavaScript 中的变量命名同其他计算机语言非常相似，这里要注意以下几点：

- 必须是一个有效的变量，即变量以字母开头，中间可以出现数字如 test1、text2 等。除下划线"_"作为连字符外，变量名称不能有特殊字符。
- 不能使用 JavaScript 中的关键字作为变量。在 JavaScript 中定义了 40 多个关键字，这些关键字是 JavaScript 内部使用的，不能作为变量的名称，如 Var、int、double、true。
- 在对变量命名时，最好把变量的意义与其代表的意思对应起来，以免出现错误。

3. 变量的类型

定义一个 mytest 变量：var mytest。

定义一个 mytest 变量，同时赋予了它的值：Var mytest="This is a book";。

在 JavaScript 中，变量可以不做声明，而在使用时再根据数据的类型来确定其变量的类型，例子如下：

```
x = 100
y = "125"
```

```
xy = true
cost = 19.5
```

其中 x 为整数,y 为字符串,xy 为布尔型,cost 为数值型。

在 JavaScript 中有全局变量和局部变量两类变量。全局变量是定义在所有函数体之外,其作用范围是整个程序;局部变量是定义在函数体之内,只对该函数是可见的,对其他函数则是不可见的。

4. 常量

常量是在程序执行过程中值保持不变的变量。

5. 表达式

在定义完变量后,就可以对它们进行赋值、改变、计算等一系列操作,一般通过表达式来完成,可以说表达式是变量、常量、布尔及运算符的集合,因此表达式可以分为算术表述式、字符串表达式、赋值表达式及布尔表达式等。

6. 注释

注释是指在程序编译和运行时被忽略的部分。在 JavaScript 中的注释有两种,单行注释和多行注释。其中,单行注释用双反斜杠"//"表示,如果一行代码出现"//",则"//"后面的部分将被忽略;多行注释是用"/*"和"*/"来把一行到多行文字括起来,程序执行到"/*"处,将会忽略后面出现的所有文字,直到出现"*/"为止。

【实例 15-1】

【实例描述】

完成第一个 JavaScript 网页,观察代码并理解其含义。本章在内容安排上,假定读者已经有了一定语言基础(如 Java、C、C++、C#或 ActionScript)。

【实例实现】

```
<html>
<head>
<title>第一个 JavaScript</title>
<script type = "text/javascript">
    document.write("first javascript");
    alert("This is a alert From JavaScript");
    document.write("<h1>Hello World</h1>");
</script>
</head>
<body>
</body>
</html>
```

【实例说明】

- document.write 用于在网页中输出。
- alert 是一个警告窗口函数,是 JavaScript 自带的函数。
- document.write 输出的内容可添加 HTML 标签。
- JavaScript 代码的位置可放在 head 中,也可以放在 body 中,都会在网页打开时被自动执行一次。也可以定义在单独的 JavaScript 文件中,在 head 中链接。
- 使用 IE 浏览器在本地预览该网页时需要"允许阻止的内容",IE 浏览器在本地浏览时不允许 JavaScript 代码自动运行。

15.1.2 运算符

运算符是完成操作的一系列符号。JavaScript 中的算术运算符有+、-、*、/等；比较运算符有!=、==等；逻辑布尔运算符有!（取反）、|、||；字串运算符有+、+=等。

1. 算术运算符

双目运算符：+（加）、-（减）、*（乘）、/（除）、%（取模）、|（按位或）、&（按位与）、<<（左移）、>>（右移）、>>>（右移,零填充）。

单目运算符：!（取反）、~（取补）、++（递加 1）、--（递减 1）。

2. 比较运算符

有 8 个比较运算符：<（小于）、>（大于）、<=（小于等于）、>=（大于等于）、==（等于）、!=（不等于）。

3. 布尔逻辑运算符

!（取反）、&=（与之后赋值）、&（逻辑与）、|=（或之后赋值）、|（逻辑或）、^=（异或之后赋值）、^（逻辑异或）、?:（三目操作符）、||（或）、==（等于）、!=（不等于）。

其中三目操作符主要格式为：操作数？结果 1：结果 2。

若操作数的结果为真,则表述式的结果为结果 1,否则为结果 2。

15.1.3 控制和循环语句

在任何一种语言中,程序控制流是必须的,它能使得整个程序减少混乱,增强程序功能。下面是 JavaScript 常用的程序控制流结构及语句。

1. if 条件语句

```
if(表述式)
    语句段 1;
    ……
Else
    语句段 2;
    ……
```

功能：若表达式为 true,则执行语句段 1；否则执行语句段 2。

2. for 循环语句

```
for(初始化; 条件; 增量)
语句集;
```

功能：实现条件循环,当条件成立时,执行语句集,否则跳出循环体。

3. while 循环

```
while(条件)
语句集;
```

功能：该语句与 for 语句一样,当条件为真时,重复循环,否则退出循环。

4. break 和 continue 语句

与 C++语言相同,使用 break 语句可以使循环从 for 或 while 中跳出,continue 可以跳过循环内剩余的语句而进入下一次循环。

【实例 15-2】

【实例描述】

求1到100的和,在网页中输出结果。该实例的代码结构和Java、C、C++、C#、ActionScript等基本相同,在变量定义和内容输出方面有一定差别。实例扩展的内容是本项目的重点,能够把自己的思想用代码表达出来,是计算机语言学习的重要的方法。

【实例实现】

```
<html>
<head>
<title>1~100的和</title>
<script type="text/javascript">
var iSum=0;
for(i=0;i<=100;i++)
{
    iSum+=i;
}
alert(iSum);
</script>
</head>
<body>
</body>
</html>
```

【实例说明】

- var是JavaScipt定义变量的关键字,JavaScipt不明确指明变量的类型,变量的类型通过所赋值的类型来决定。
- 定义变量时,var关键字尽量不要省略。

【实例扩展】

- 使用while循环完成本项目。
- 求1~n的和,n在代码里给定。
- 求1~100的偶数的和。

【实例 15-3】

【实例描述】

在网页中输出1到100,每行5个。本实例主要对基本语句进行练习,重点在于实例扩展,在完成本实例的基础上,根据自己的理解,尝试表达出自己的思想。本实例主要对JavaScript基本语句进行练习。

【实例实现】

```
<html>
<head>
<title>数7游戏</title>
<script type="text/javascript">
var j=0;
```

```
for(i = 0;i < 100;i++)
{
    document.write(i + " ");
    j++;

    if(j == 5)
    {
    document.write("<br/>");
    j = 0;

    }
}
</script>
</head>
<body>
</body>
</html>
```

【实例说明】

- 独立的变量 j 控制换行,而不是通过对变量 i 的判断(i%5==0)进行换行,这样更具有可扩展性。
- 网页中输出的内容可以通过 CSS 控制显示样式。

【实例扩展】

- 所有 7 的倍数不输出。
- 所有 7 的倍数和个位数是 7 的数都不输出。
- 个位数和十位数占的宽度相同。
- 每 7 个数一行。

15.2 函数和事件

15.2.1 JavaScript 函数

通常在进行一个复杂的程序设计时,总是将所要完成的复杂功能划分为一些相对独立的部分,每个部分编写一个函数,使它们充分独立、任务单一、程序清晰、易懂易读易维护。然后根据需要来组合这些函数完成最终的功能。函数的定义形式如下:

```
Function 函数名 (参数,变元){
    函数体;
    Return 表达式;
}
```

函数首先需要定义,然后才能再使用函数。函数必须被调用才能在网页中被使用,函数的调用可以通过代码的方式或事件的方式。表 15-1 给出了函数调用和定义的常见情况。

表 15-1 函数的定义和调用

函数种类	定　义	事件方式调用	代码方式调用
不带参数的函数	function clickme(){ alert("你单击了我，我一笑而过!");　}	<div onclick = "clickme()">单击我吧</div>	<script type="text/javascript"> clickme(); </script>

带参数的函数	function clickme(txt)
	{
	alert(txt)
	}
		<div onclick = "clickme('Thank you for clicking me.')">单击我吧</div>	<script type="text/javascript">
			clickme("Thank you for clicking me.") ;
			</script>

带返回值的函数	function getSum(a,b) {
	return (a+b)
	}
			<script type="text/javascript">
			document.write(getSum(6,1))
			</script>

15.2.2 JavaScript 事件

用户与网页交互时产生的操作，称为事件。绝大部分事件都由用户的动作所引发，如：用户按鼠标的按键，就产生 onclick 事件，若鼠标的指针在链接上移动，就产生 onmouseover 事件等。在 Javascript 中，事件往往与事件处理程序一起使用。

事件是浏览器响应用户交互操作的一种机制，JavaScript 的事件处理机制可以改变浏览器响应用户操作的方式，这样就开发出具有交互性，并易于使用的网页。

浏览器为了响应某个事件而进行的处理过程，称为事件处理。事件定义了用户与页面交互时产生的各种操作，如单击超链接或按钮时，就会产生一个单击(onclick)操作事件。浏览器在程序运行的大部分时间都在等待交互事件的发生，并在事件发生时，自动调用事件处理函数，完成事件处理过程。

事件不仅可以在用户交互过程中产生，浏览器自己的一些动作也可以产生事件，如载入一个页面时，发生 onload 事件。归纳起来，必需使用的事件有三大类：

- 引起页面之间跳转的事件，主要是超链接事件。
- 事件浏览器自己引起的事件。
- 事件在表单内部与界面对象的交互。

常用事件如下：

- onclick：鼠标单击 HTML 元素。
- onmouseover：鼠标经过 HTML 元素。
- onmouseout：鼠标离开 HTML 元素。
- onmousemove：鼠标在 HTML 元素上移动。
- ondbclick：鼠标在 HTML 元素上双击。
- onfocus：表单控件获得焦点。
- onblur：表单控件失去焦点。
- onload：网页加载完成。
- onChange：表单控件中的内容改变。

值得注意的是，事件是应用于某个或某些 HTML 元素上的，必须谨慎选择 HTML 元素。事件处理程序一般的形式为函数。当一个 HTML 元素及其子元素都需要响应同一事件时，会需要特殊的处理方法；一般在网页设计过程中可以避免这种情况。

事件的常用场景如下：

1. onblur 事件

当一个对象失去焦点时，blur 事件被触发。

```
< input type = text name = username onblur = "if(this.value == ''){
alert('you must input a value!');this.focus();}">
```

2. onchange 事件

发生在文本输入区的内容被更改，然后焦点从文本输入区移走之后。捕捉此事件主要用于实时检测输入的有效性，或者立刻改变文档内容。

```
< input type = text name = username onChange = "if(this.value == ''){
alert('you must input a value!');this.focus();}">
```

3. onclick 事件

发生在对象被单击的时候。单击是指鼠标停留在对象上，按下鼠标键，没有移动鼠标而放开鼠标键这一个完整的过程。

```
< input type = button name = trying onclick = "alert('hello word!')">
```

4. onfocus 事件

发生在一个对象得到焦点的时候。

```
< textarea name = lookfor rows = 3 cols = 36
onfocus = "alert('haha,It is me!')">
```

5. onload 事件

发生在文档全部下载完毕的时候。全部下载完毕是指 HTML 文件及所包含的图片、插件、控件、小程序等全部内容都下载完毕。本事件是 window 事件，但在 HTML 中指定事件处理程序时，需要将它写在< body >标记中。

```
< body onload = "checkUserID() :>
```

6. onmouseover 事件和 onmouseout 事件

发生在鼠标进入对象范围的时候。这个事件和 onmouseout 事件，再加上图片的预读，就可以实现当鼠标移到图像链接上，图像更改效果了。有时鼠标指向一个链接时，状态栏上不显示地址，而显示其他的文字，看起来这些文字是可以随时更改的，可以通过以下的语句来实现。

```
< a href = "..." onmouseover = "window.status = 'Click Me Please!';
return true;" onmouseout = "window.status = ''; return true;">
```

15.2.3 修改 HTML 和 CSS

用 JavaScript 可以修改网页的 HTML 和 CSS。首先通过得到要操作的 HTML 元素，然后可以对得到 HTML 元素的 CSS 或内部的 HTML 内容进行修改。

得到要操作的HTML元素,可以根据HTML元素的ID、标签名称、类名称等获得,如document. getElementById("ID")就可以根据ID获得对应的HTML元素。

ID在网页中是唯一的,所以操作起来比较简单;另外可以通过标签名称获得HTML元素的集合,这样得到的是一个数组,相对复杂一些。

首先通过ID得到节点myID=document. getElementById("ID");

修改节点内部的HTML:myID. innerHTML;

修改节点的CSS属性:myID. style. property;

innerHTML是该节点的内部的HTML,可以使用HTML的标签。

property和标准CSS相同,如修改宽度的代码:myID. style. width="300px";但对于带有连接符的CSS属性,需要改变为驼峰式写法,如font-size需要写为fontSize,background-color需要写为backgroundColor

【实例15-4】

【实例描述】

如图15-1所示,单击文字click me,下面的盒子宽度就会变大。该实例综合了函数、事件、对CSS的修改,包括了现在实际网页中主流效果所需要的技术要素。

图15-1 事件

【实例实现】

```
<html>
<head>
<style type="text/css">
<!--
#box {
    height: 300px;
    width: 300px;
    border: 1px solid #006;
}
-->
</style>

<script type="text/javascript">
function changeBox(){
```

```
var  myBox = document.getElementById("box");
myBox.style.width = "500px"
}
</script>
</head>
<body>
        <strong onclick = "changeBox()">click me</strong>
        <div id = "box"></div>
</body>
</html>
```

【实例说明】

- 单击 strong 元素会触发 click 事件，事件必须属于某个 HTML 元素。
- 元素对应的事件处理程序是 changeBox()。
- 首先通过 getElementById 获得唯一的节点，并将结果存在变量 myBox 中，然后修改获得节点的宽度。

【实例扩展】

修改盒子的高度。

- 给 strong 增加 onmouseover 和 onmouseout 事件，onmouseover 时显示盒子，onmouseout 时隐藏盒子。
- 将盒子的宽度在盒子中显示。

15.3 对　象

JavaScript 中的对象是由属性（properties）和方法（methods）两个基本的元素构成的。前者是对象在实施其所需行为的过程中，实现信息的装载单位，从而与变量相关联；后者是指对象能够按照设计者的意图而被执行，从而与特定的函数相连。

属性是与对象有关的值，示例如下：

```
<script type = "text/javascript">
        var txt = "Hello World! "
        document.write(txt.length)
</script>
```

在上面的例子中，txt 是一个字符串对象，length 是 txt 对象的属性，具体的意思是对象的长度。

方法指对象可以执行的行为（或者可以完成的功能）。

```
<script type = "text/javascript">
    var str = "Hello world! "
    document.write(str.toUpperCase())
</script>
```

在上面的例子中，str 是一个字符串对象，toUpperCase()是 str 对象的方法，具体的意思是将对象对应的文字变成大写；另外，document 也是一个 BOM（浏览器对象模型）对象，

wirte 是 document 对象的一个方法,该方法的参数是 str. toUpperCase()。

JavaScipt 对象主要分为自定义对象、JavaScript 内置对象和浏览器对象。

浏览器对象模型 BOM 主要包括 window、document、location、history、navigator 和 screen 等对象,主要封装了一些和浏览器相关的功能。

JavaScript 内置对象主要有 Math、Date 等,内置对象不需要定义或实例化,直接使用。

Math 对象是常用的 JavaScript 内置对象,常用方法如下:

- random()　生成 0～1 之间的随机数
- floor()　取整数部分
- round()　四舍五入

Math. floor(Math. random() * 101)使用 Math 对象的 floor() 方法和 random() 来返回一个介于 0 和 100 之间的随机数。

【实例 15-5】

【实例描述】

如图 15-2 所示,单击文字 click me,下面的盒子宽度和高度就会随机变化,同时盒子的宽度和高度就会出现在盒子中。该项目综合了函数、事件、对象、对 CSS 和 HTML 的修改,包括了现在实际网页中主流效果所需要的技术要素。

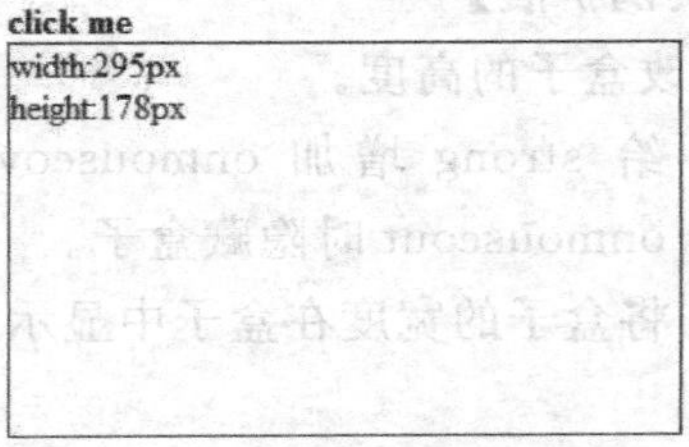

click me
width:295px
height:178px

图 15-2　随机大小的盒子

【实例实现】

```
<html>
<head>
<title>随机大小的盒子</title>
<style type="text/css">
<!--
 #box {
   height: 300px;
   width: 300px;
   border: 1px solid #006;
 }
 -->
</style>

<script type="text/javascript">
function changeBox(){
  var iw=Math.floor(Math.random() * 201)+100;
  var ih=Math.floor(Math.random() * 201)+100
  myBox=document.getElementById("box");
    myBox.style.width=iw+"px";
  myBox.style.height=ih+"px";
  myBox.innerHTML="width:"+iw+"px<br/>height:"+ih+"px"
}
</script>
</head>

<body>
<strong onclick="changeBox()">click me</strong>
```

```
<div id = "box"></div>
</body>
</html>
```

【实例说明】

- iw 和 ih 是 100 到 300 之间的随机数，它们的取值代码虽然相同，但是它们的值大多数情况下并不相同。
- myBox. innerHTML 修改内部 HTML，等号后面是动态字符串，分为 5 部分，其中三部分为固定的字符串，两部分为动态变化的变量(宽度和高度)。
- 宽度和高度必须要有长度单位。

【实例扩展】

- 每次单击盒子的左 margin 和上 margin 都是随机的值，相关文字显示在盒子中。
- 盒子的背景颜色每次都是随机颜色。

【实例 15-6】

【实例描述】

如图 15-3 所示，鼠标在右边的文字上时，左边就会出现不同的图片。该实例采用了带参数的事件响应函数。

图 15-3　图片变换效果

【实例实现】

```
<html>
<head>
<meta http-equiv = "Content-Type" content = "text/html; charset = utf-8" />
<title>基本 js 效果</title>
<style type = "text/css">
<!--
 #left {
     float: left;
     height: 155px;
     width: 215px;
     padding-top: 10px;
     padding-right: 5px;
     padding-bottom: 10px;
     padding-left: 5px;
 }
 #cont #left img {
     display: block;
     padding: 6px;
```

```
        border: 1px solid #999;
    }
    #right {
        height: 160px;
        width: 75px;
        float: right;
        margin-top: 10px;
        margin-right: 5px;
    }
    #cont #right ul li a{
        text-decoration: none;
        display: block;
        font-size: 14px;
        line-height: 180%;
        color: #00f;
        text-align: center;
        border-bottom 1px dashed #999;
    }
    #cont #right ul li a:hover {
        color: #f00;
        background-color: #9ff;
        font-weight: bold;
    }
    #cont {
        width: 320px;
        border: 1px solid #999;
        height: 180px;
    }
    #cont #right ul {
        margin: 0px;
        list-style-type: none;
        padding-top: 0px;
        padding-right: 0px;
        padding-bottom: 0px;
        padding-left: 0px;
    }
    #cont #right ul li {
        display: inline;
    }
    -->
    </style>
    <script type="text/javascript">
                function changepic(n){
                            var pic = document.getElementById("left");
                            pic.innerHTML = "<img src='img/" + n + ".jpg' />"
                }
    </script>
    </head>

    <body>
```

```
< div id = "cont">
   < div id = "left">< img src = "img/1. jpg"/></div >
   < div id = "right">
         < ul >
            < li >< a href = " # " onmouseover = "changepic(1)">繁花似锦</a></li >
            < li >< a href = " # " onmouseover = "changepic(2)">锦绣山河</a></li >
            < li >< a href = " # " onmouseover = "changepic(4)">北国风光</a></li >
            < li >< a href = " # " onmouseover = "changepic(4)">原驰蜡象</a></li >
            < li >< a href = " # " onmouseover = "changepic(5)">橘子洲头</a></li >
            < li >< a href = " # " onmouseover = "changepic(6)">万山红遍</a></li >
              </ul >
   </div >
</div >
</body >
</html >
```

【实例说明】

- 给每个标签 a 添加 onmouseover 事件；也可以给 li 添加，在本项目中效果相同。
- 每个标签 a 的事件响应函数的参数不同，该参数对应着图片的名称，即需要代码和图片名称有一定的对应。这种技巧可扩展性比较差。
- innerHTML 对应的动态字符创分为 3 部分，2 个字符串和 1 个变量。
- HTML、CSS、Javascript 协同工作，互相联系。

【实例 15-7】

【实例描述】

如图 15-4 所示，鼠标在右边的文字上时，左边就会出现不同的图片。该实例采用了带参数的事件响应函数。

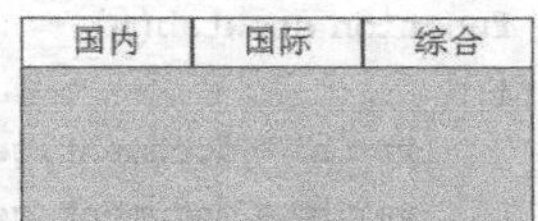

图 15-4 Tab 选项卡

【实例实现】

```
< html >
  < head >
    < title>无标题文档</title>
  < style type = "text/css">
<! --
li {
    line - height: 30px;
    text - align: center;
    float: left;
    height: 30px;
    width: 100px;
    list - style - type: none;
    border - top: 1px solid ＃036;
    border - right: 1px solid ＃036;
    border - left: 1px solid ＃036;
}
＃box1 {
    height: 100px;
    width: 304px;
    border: 1px solid ＃006;
```

```
        background-color: #9f6;
        clear: both;
    }
    #box2 {
        height: 100px;
        width: 304px;
        border: 1px solid #006;
        background-color: #ff0;
        clear: both;
        display: none;
    }
    #box3 {
        height: 100px;
        width: 304px;
        border: 1px solid #006;
        background-color: #f0f;
        clear: both;
        display: none;
    }
    ul {
        margin: 0px;
        padding: 0px;
    }
    -->
      </style>

<script type="text/javascript">
function showtab(n)
{
    var b1 = document.getElementById("box1");
    var b2 = document.getElementById("box2");
    var b3 = document.getElementById("box3");
    b1.style.display = "none";
    b2.style.display = "none";
    b3.style.display = "none";
    if(n == 1)b1.style.display = "block";
    if(n == 2)b2.style.display = "block";
    if(n == 3)b3.style.display = "block";

}
</script>
</head>
<body>
<ul>
   <li onmouseover = "showtab(1)">国内</li>
   <li onmouseover = "showtab(2)">国际</li>
   <li onmouseover = "showtab(3)">综合</li>
</ul>
<div id = "box1"></div>
<div id = "box2">此处显示   id "box2" 的内容</div>
```

```
<div id="box3">此处显示  id "box3" 的内容</div>
</body>
</html>
```

【实例说明】

- 给每个标签 li 添加 onmouseover 事件。
- 三个盒子,后两个默认隐藏;隐藏的 CSS 设置为 display:none。
- 为了避免代码太复杂,逻辑简化为:首先找到 3 个盒子,然后全部隐藏,最后根据参数的不同显示对应的盒子。
- 盒子的隐藏和显示采用 display 属性。
- 代码不具备扩展性,如果有多个盒子或者盒子名称改变都需要改变代码。

数组:

```
<html>
<body>
<script type="text/javascript">
var mycars = new Array()
mycars[0] = "Saab"
mycars[1] = "Volvo"
mycars[2] = "BMW"

for (i=0;i<mycars.length;i++)
{
document.write(mycars[i] + "<br />")
}
</script>

</body>
</html>
```

15.4 使用已有代码

能看到网页的 JavaScript 代码都是可以获得的,网络上也提供了很多 JavaScript 效果的代码,并且有很多开源的 JavaScript 库(如 jQuery)。

对于不想让别人使用的 JavaScript 代码,可以采用加密或压缩的方式增加别人查看代码的难度;但是大多数 JavaScript 代码都是可以在自己网页中使用的。

在网页中使用已有的代码,必须对 HTML、CSS、JavaScript 代码有着系统的认识,这三者是密切结合的。

很多已有的 JavaScript 文件都是在单独的 JS 文件中保存的,使用时可以在网页的 head 或 body 中加入下列语句导入:

```
< script src = "t1. js"></script >
```

已有代码比较正规和大型、功能强大的叫做 javaScript 库，即专门供人使用的 JavaScript 代码，有专门的组织维护并有文档说明，使用过程相对复杂，需要进行比较深入的学习才能使用。

一般的功能比较单一的 JavaScript 代码通过类或函数的形式提供用户接口，需要有用户接口说明文档或者示例代码。

善于利用已有的资源，也是 JS 学习的过程中的重要方面，大多数人都需要团队协作或者站在巨人的肩膀上。

【实例 15-8】

【实例描述】

该实例显示效果如图 15-5 所示，这是一个扩展性很强的 Tab 选项卡，采用已有代码完成，重点考察已有代码的使用方法。已有代码的使用建立在对 HTML 和 CSS 理解的基础上。

今日导读 财经副刊

图 15-5　Tab 选项卡

【实例实现】

```
< html >
< head >
< title > subshow by yuanlei </title >
< script src = "t1. js"></script >
< style type = "text/css">
<! --
img {
    margin: 0px;
    padding: 0px;
    border - top - width: 0px;
    border - right - width: 0px;
    border - bottom - width: 0px;
    border - left - width: 0px;
}
. tName_01{width:58px;height:20px;background:url(00. png) no - repeat  - 299px 1px;margin -
top:5px}
a:hover . tName_01{background:url(00.png ) no - repeat  - 300px  - 400px}

. tName_05{width:58px;height:20px;background:url(00. png) no - repeat  - 400px  - 1px;margin -
top:5px}
a:hover . tName_05{background:url(00.png ) no - repeat  - 400px  - 401px}

. aa {
     background - color: #06c;
     height: 100px;
     width: 130px;
}
```

```
.bb {
    background-color: #0f0;
    height: 100px;
    width: 130px;
}
-->
</style>
</head>
<body>
<DIV  id=SubShow>
<LABEL class=selected id=s1><A href="#"><IMG class=tName_01></A></LABEL>
<LABEL id=s2><A href="#"><IMG class=tName_05></A></LABEL>
</DIV>
<DIV class=aa id=t1>
第一个标签的内容,可包括盒子
</DIV>
<DIV class=bb id=t2>
第二个标签的内容,可包括盒子
</DIV>
<SCRIPT type=text/javascript>
var ss= new SubShowClass("SubShow","onmouseover");
ss.addLabel("s1","t1");
ss.addLabel("s2","t2");
</SCRIPT>
</body>
</html>
```

【实例说明】

- 需要通过 HTML 代码和 JavaScript 代码的配合来完成 Tab 选项卡功能,在本实例中通过 label 标签的 id 属性和 div 标签的 id 属性。
- 已有代码通过 SubShowClass 类的方法 addLabel 提供功能支持。
- 该 Tab 选项卡扩展性好,可在不改变代码的基础上自由增减 Tab 的数量。
- 不需要理解或查看 t1.js 里的具体代码,只需要通过类的名称调用 t1 中的相应方法即可。

【实例扩展】

- 给 label 标签增加鼠标滑过变色的功能。
- 扩展为 4 个 Tab 的 Tab 选项卡,同时注意容器的宽度的变化。

【实例 15-9】

【实例描述】

该实例显示效果如图 15-6 所示,是一个兼容性很好的多图片连放效果,该效果在很多网站上都有应用,有完全基于 JS 的做法和基于 flash 的做法。本实例采用后一种做法。采用已有代码完成,重点考察已有代码的使用方法。已有代码的使用建立在对 HTML 和

CSS 理解的基础上。

图 15-6 多图连放

【实例实现】

```
<html>
<head>
<title>多图连放</title>
</head>
<body>
<script type="text/javascript">
  <!-- 动态切页图
  var focus_width = 295
  var focus_height = 280
  var text_height = 20
  var swf_height = focus_height + text_height
  var pics = ""
  var links = ""
  var texts = ""

  pics += 'pic/1.jpg';
links += 'http://192.169.102.42';
texts += '北海道印象';
pics += '|';
links += '|';
texts += '|';
pics += 'pic/2.jpg';
links += 'http://192.169.102.42';
texts += '帅哥小小熊';
pics += '|';
links += '|';
texts += '|';
pics += 'pic/3.jpg';
links += 'http://192.169.102.42';
texts += '绝美大王莲';
```

```
pics += '|';
links += '|';
texts += '|';
pics += 'pic/4.jpg';
links += 'http://192.169.102.42';
texts += '群星演唱会';
pics += '|';
links += '|';
texts += '|';

if (pics.length > 0) {
                    pics = pics.substring(0,pics.length - 1);
                    links = links.substring(0,links.length - 1);
                    texts = texts.substring(0,texts.length - 1);
            }

  document.write('<object classid = "clsid:d27cdb6e - ae6d - 11cf - 96b8 - 444553540000"
codebase = "http://fpdownload.macromedia.com/pub/shockwave/cabs/flash/swflash.cab # version =
6,0,0,0" width = "'+ focus_width +'" height = "'+ swf_height +'">');
  document.write('<param name = "allowScriptAccess" value = "sameDomain"><param name = "
movie" value = "focus.swf"><param name = "quality" value = "high"><param name = "bgcolor" value =
"#f5f5f5">');
  document.write('<param name = "menu" value = "false"><param name = wmode value = "opaque">');
  document.write('<param name = "FlashVars" value = "pics = '+ pics + '&links = '+ links + '&texts
= '+ texts + '&borderwidth = '+ focus_width + '&borderheight = '+ focus_height + '&textheight = '
+ text_height + '">');
  document.write('<embed src = "focus.swf" wmode = "opaque" FlashVars = "pics = '+ pics + '
&links = '+ links + '&texts = '+ texts + '&borderwidth = '+ focus_width + '&borderheight = '+ focus
_height + '&textheight = '+ text_height + '" menu = "false" bgcolor = "#dadada" quality = "high"
width = "'+ focus_width +'" height = "'+ swf_height +'" allowScriptAccess = "sameDomain" type
= "application/x - shockwave - flash" pluginspage = "http://www.macromedia.com/go/
getflashplayer" />');  document.write('</object>');
  //-->
</script>
</body>
</html>
```

【实例说明】

- 代码本质就是多参数的 Flash 在网页中的应用,参数由 JavaScript 代码指定。
- 需要用到一个 swf 文件 focus.swf,swf 文件必须和网页放在同一文件夹下(或在代码中改变路径)。
- 图片的路径、大小、对应的文字和超链接都可以在代码中改变。
- 每次变换效果都是随机的。
- 后半部分代码不需要改变或看懂。

【实例扩展】

- 扩展为 3 张图片连放或者 5 张图片连放。

15.5 表单校验

表单的有效性检验是 JavaScript 一个很有用的方面。它可以用于检查一个给定的表单以及发现表单中的任何问题,比如一个空白的输入框或者一个无效的 E-mail(电子邮件)地址,然后它可以将错误通知用户,这些检查是由客户端浏览器完成的,不需要与服务器交互,大大节省了用户响应时间。除此以外,对表单标签的一些修改跟其他类型的脚本是类似的。

【实例 15-10】

【实例描述】

表单的校验首先要通过客户端的 JavaScript 代码来进行有效性检查,JavaScript 代码需要获得表单控件的值,并根据响应规则进行检查。如果输入的内容符合规则,将网页提交到 action 对应的服务器端页面;如果输入的内容不符合规则,将错误提示反馈给用户。该实例要完成的用户注册对用户名的位数、密码的位数以及密码的正确性都有要求,JavaScript 书写的校验代码一般通过函数和表单联系在一起,图 15-7 是一个表单校验的实例。

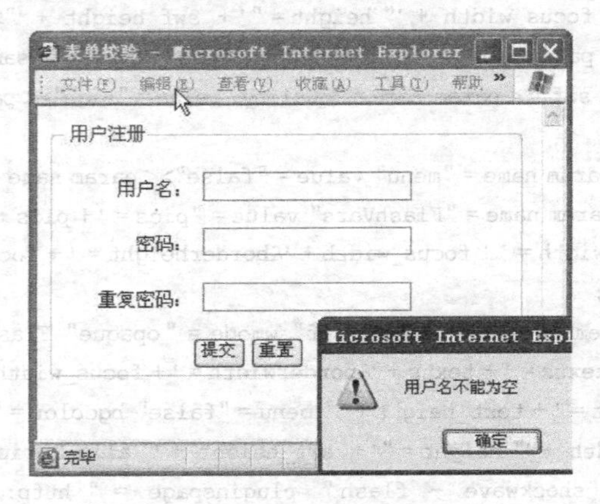

图 15-7 表单校验

【实例分析】

```
<html>
<head>
<title>表单校验</title>
<script type="text/javascript">
function checkForm(){
   var sUser = document.form1.user.value;
   var sPwd = document.form1.pwd.value;
   var sPwd2 = document.form1.pwd2.value;
if(sUser == "")
   {
         alert("用户名不能为空");
         return false;
   }
```

```
if(sUser.length < 4||sUser.length > 10)
  {
      alert("输入内容长度 4～8 位");
      return false;
  }
if(sPwd = ""||sPwd! = sPwd2||sPwd.length < 4||sPwd.length > 15)
{
   alert("密码不能为空,长度应为 5～14 位,两次输入密码应一致.");
}

}
</script>
<style type = "text/css">
<! --

 #form1 {
    width: 350px;
    font - size: 14px;
 }
 #form1 label {
    width: 100px;
    display: inline - block;
    text - align: right;
 }
 -->
</style>
</head>

<body>
<form id = "form1" name = "form1" method = "post" action = "" onsubmit = "return checkForm()">
<fieldset>
<legend>用户注册</legend>
<p>
  <label for = "user">用户名: </label>
  <input type = "text" name = "user" id = "user" /></p>
  <p><label for = "pwd">密码: </label>
  <input type = "text" name = "pwd" id = "pwd" />
</p>
<p>
  <label for = "pwd2">重复密码: </label>
  <input type = "text" name = "pwd2" id = "pwd2" />
</p>
<p>
  <label for = "button"></label>
  <input type = "submit" name = "button" id = "button" value = "提交" />
   <input type = "reset" name = "button2" id = "button2" value = "重置" />
</p>
</fieldset>
</form>
</body>
```

```
</html>
```

【实例说明】

- action：是 form 表单的属性，主要负责表单提交后的页面去向。
- fieldset：表单专用 HTML 标签，对表单进行分组，一个表单可以有多个 fieldset。
- legend：表单专用 HTML 标签，说明每组的内容描述。
- onSubmit：作为 form 表单的属性，主要用于表单的提交中所涉及的相关处理。
- checkForm()：是用于检查表单中是否有错误的函数。
- 在 JavaScript 里通过表单控件的 name 属性获得表单控件的值，如 document.form1.user.value，就获得了 name 为 user 的控件中输入的值。
- Label 用于表单元素（input，textarea or select），和 for 属性一起使用增加用户的可用性，即单击 Label 标签对应的文字即可选中 for 属性对应的控件。

【注意事项】

- 必须通过表单控件的 name 属性，而不是 id 属性获得表单控件的值。
- 本实例通过表单的 onsubmit 事件提交表单，即单击提交按钮后即可提交，这种提交方法的缺点是用户直到提交后才知道自己的输入错误，而不能够边输入边校验。如果想边输入边校验，可通过 onblur 或者 onchange 事件触发校验代码。
- 通过任意标签的任意事件提交：＜标签 onclick= "return checkForm() "＞，在 checkForm 函数中对表单进行校验，如果要提交表单可在校验通过后添加 form1.submit()。

【小技巧】

在表单校验时经常用到正则表达式 RegExp，相关校验代码的参考如下：

1. 检查输入字符串是否为空或者是否全部都是空格

```
function isNull( str ){// 输入 str
    if ( str == "" ) return true;
    var regu = "^[ ]+$";
    var re = new RegExp(regu);
    return re.test(str);// 返回：如果全是空返回 true,否则返回 false
}
```

2. 检查输入对象的值是否符合整数格式

```
function isInteger( str ){ // str 输入的字符串
    var regu = /^[-]{0,1}[0-9]{1,}$/;
    return regu.test(str);// 如果通过验证返回 true,否则返回 false
}
```

3. 检查输入手机号码是否正确

```
function checkMobile( s ){ //输入 s 字符串
    var regu = /^[1][3][0-9]{9}$/;
    var re = new RegExp(regu);
    if (re.test(s)) {
    return true;
    }else{
```

```
    return false;
}//如果通过验证返回 true,否则返回 false
}
```

4. 检查输入对象的值是否符合 E-mail 格式

```
function isEmail( str ){ //输入 str 的字符串
    var myReg = /^[ - _A - Za - z0 - 9] + @([_A - Za - z0 - 9] + .) + [A - Za - z0 - 9]{2,3} $ /;
    if(myReg.test(str)) return true;
    return false;
}//返回: 如果通过验证返回 true,否则返回 false
```

5. 检查输入字符串是否只由英文字母、数字或下划线组成

```
function isNumberOr_Letter( s ){// 输入 s 字符串
    var regu = "^[0 - 9a - zA - Z—] + $";
    var re = new RegExp(regu);
    if (re.test(s)) {
    return true;
    }else{
    return false;
    }//如果通过验证返回 true,否则返回 false
}
```

第 16 章　网站综合设计和发布

学习目标

本章主要介绍网站的目录结构、综合设计、切片、Web 服务器、FTP 等。

核心要点

- 网站设计。
- 切片的概念。
- 网站设计流程。
- 网站的发布。

16.1　网 站 设 计

网页主要包括的要素有网站标志(Logo)、Banner、导航条、版权信息等。网页经常采用两列或三列布局,其中一列为整个页面的主要内容,其他列为辅助内容,如相关网页、导航、广告、辅助功能等。

在进行网站设计的时候,首先明确网站的内容、目的、风格、访问对象和维护策略等,在此基础上进行网站栏目划分,明确一级页面、二级页面、三级页面的内容与风格,设计出网站设计图,进行网站中具体网页的设计与制作。

进行网页设计时,首先要设计网站的目录结构,为网页设计中用到的各种资源设计好存储的目录,图 16-1 给出了一个简单的目录结构的例子。首先需要建立一个新的文件夹(D:/site)用来存储整个网站的内容,这个文件夹对应着 Dreamweaver 的站点。

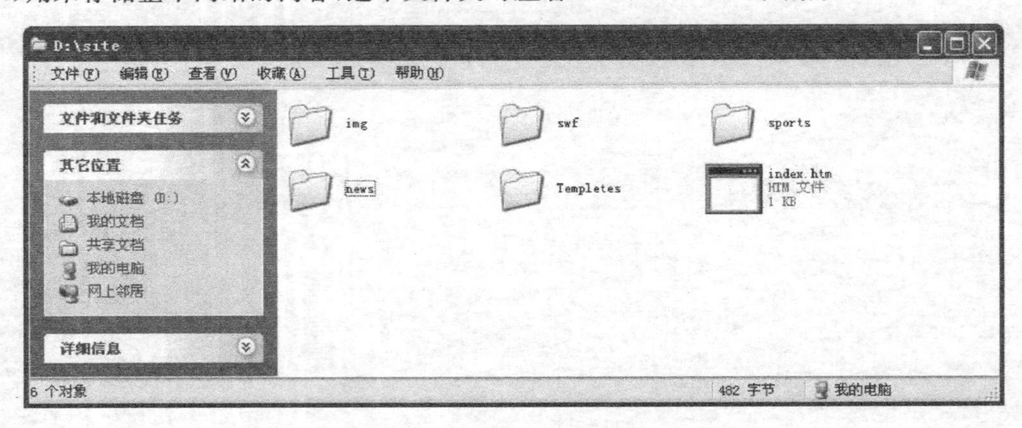

图 16-1　网站的目录结构

在图 16-1 中，建立了 img 文件夹用来存储图片，swf 文件夹用来存储 Flash，sports 文件夹用来存储关于运动的网页，news 文件夹用来存储关于新闻的网页，Templetes 用来存储模板。建立了 index. htm 作为网站的首页。读者可以借鉴这种思想，为自己的网站建立合适的目录结构。大型网站的目录结构更加复杂，多数可以通过网站中网页的 URL 清楚地看到。

网站首页的文件名必须为 index，扩展名可以是 htm、html、jsp、asp 等。当用户访问 http://www. neusoft. edu. cn 时，其实就是访问 http://www. neusoft. edu. cn/ index. html，浏览器的地址栏中可以只显示 http://www. neusoft. edu. cn。

网站通常可以划分为多级页面，如一个小型网站可以将整个网站划分为三级，分别为一级页面(网站首页)、二级页面(子栏目首页)和三级页面(具体内容)；多个三级页面中，只有内容部分不同，其他部分如导航栏、Logo、版权信息、广告、侧栏等一般都是相同的，这样可以保持网站的一致风格。

16.2 切　　片

切片是把网页设计图或较大的图片切割成较小的、在网页中可用的图片。切片可以在 Fireworks 或 Photoshop 中完成，并且切片后的图片可以导出为 HTML，作为页面设计的设计基础。Fireworks 和 Photoshop 导出的 HTML 代码，只能是表格布局，如果要使用 CSS 的布局方法，需要按照前面章节介绍的过程进行网页的设计。

狭义的切片是从设计图中获得很多小图片的过程，通过 Fireworks 或 Photoshop 的切片工具可以从图片上获得一个矩形区域，切片就是使用工具从一张大图片中获得很多小图片。

广义的切片就是为网页设计获得所有完成各个部分所需要的素材，包括背景图片、图片、布局每一部分的宽度和高度、padding、maring、字体颜色、字体大小等，从而能根据这些信息、素材设计和完成显示效果相同的网页。

切片的基本原则如下：

- 在完成网页布局基本设计的基础上进行切片。
- 纯色不切，用背景颜色代替。
- 能平铺得到的效果切一细长条即可，不必全切。
- 利用好 PSD 设计图中的分层，尽量不破坏原有的分层，通过对相关层的复制而不是切片来获得相应图片，切片是最后的选择。
- 为了避免误差，尽量通过计算的方式来获得切片区域的宽度、高度和坐标。
- 如果一个设计图的某个部分是通过切片获得的，和它有联系的部分的宽度、高度、坐标尽量通过计算获得。
- 如需提升服务器性能可以通过 CSS 精灵的方法将辅助图片合并成大图片。

16.3 网站综合设计

【实例 16-1】

【实例描述】

在给出网页素材或网页设计图的基础上,应用 DIV+CSS 方法完成给定网页的设计与制作,完成的网页不局限于个别具体的网页,而是现实中任何没应用动态效果(JavaScript)的静态网页,重点考察网页的显示效果和规范性。网站要求基于设计图完成。

【实例分析】

- 注意网页设计流程。
- 设计图如图 16-2 所示。
- 实例实现过程如下:

图 16-2 网页设计与制作课程网站设计图

(1) 页面的布局与规划

根据网页设计图中的内容及背景图的特点完成网页的布局设计,这是后续步骤的基础。

本页面大概分为三部分:头部分,主体部分和页尾部分。其中头部分包括一个导航。主题部分又分为两部分,mainbody 和 sidebar,如图 16-3 所示。

页面的布局草图如图 16-4 所示。所获得的背景图片应能满足该布局划分的要求。

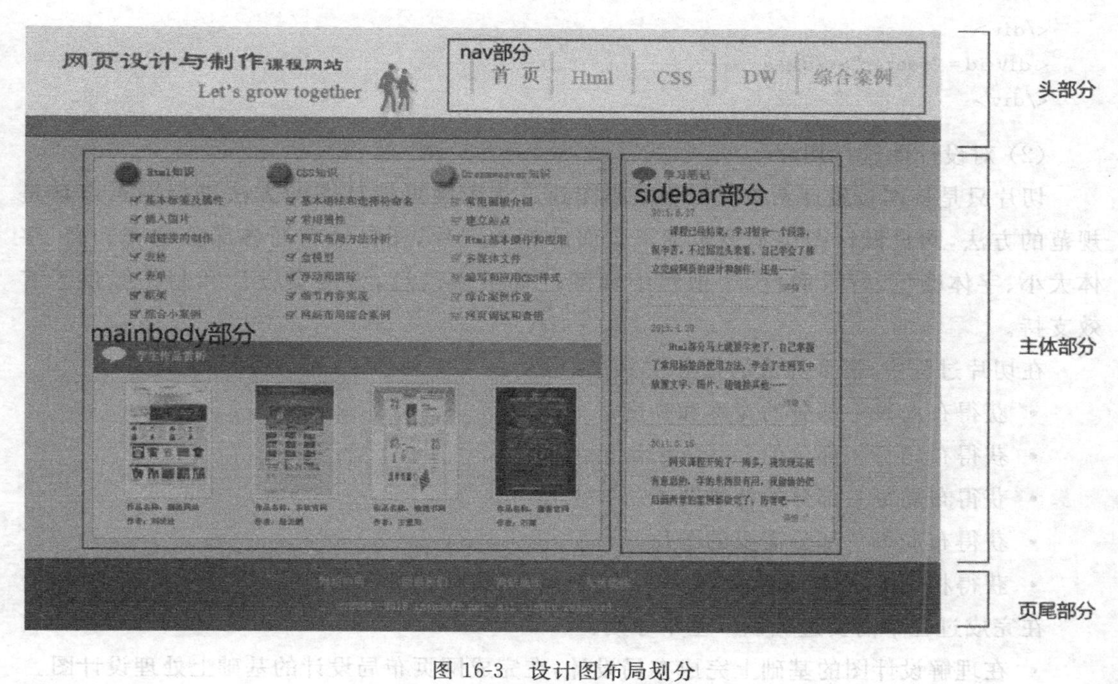

图 16-3　设计图布局划分

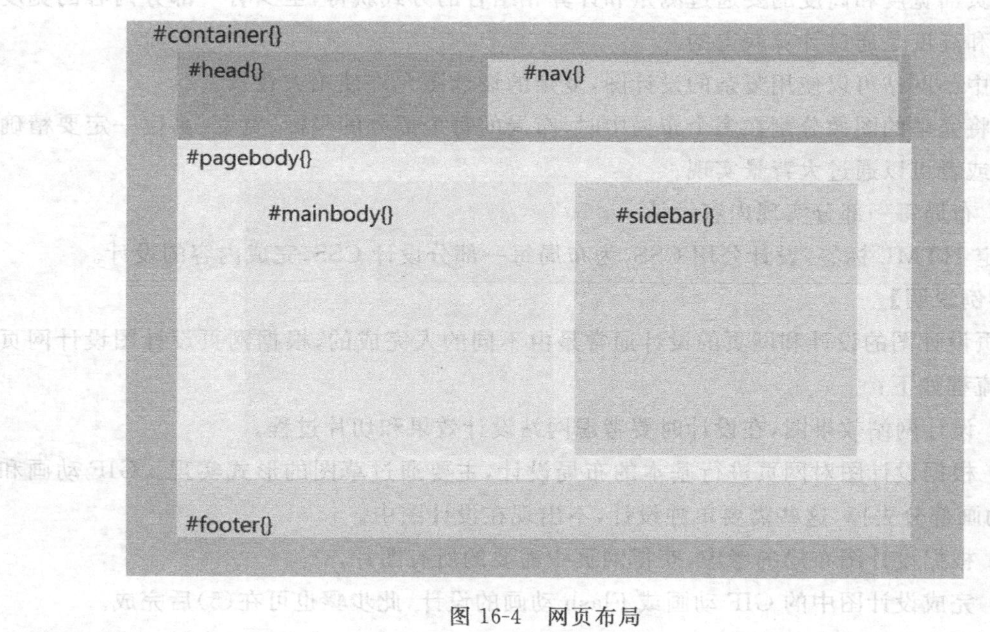

图 16-4　网页布局

页面整体的 DIV 结构如下：

```
<div id="container">
    <div id="nav"></div>
  <div id="pagebody">
  <div id="mainbody"></div>
    <div id="sidebar"></div>
```

```
</div>
<div id="footer"></div>
</div>
```


(2) 对设计图进行切片

切片只是从网页设计图中获得相关小图片。使用网页设计图的方法进行网页设计是规范的方法,网页设计图中不但包括了页面的相关图片,还包括布局各部分的宽和高、字体大小、字体颜色、背景颜色、边框粗细和颜色等很多信息,为网页设计和制作提供了有效支持。

在切片过程中,需要完成的任务主要有:

- 获得布局每一部分的宽度和高度。
- 获得布局每一部分的 padding 和 margin。
- 获得布局每一部分的背景图片。
- 获得布局每一部分需要的图片。
- 获得相关的字体颜色、字体大小、边框颜色、边框粗细等信息。

在完成过程中需要遵循以下基本原则:

- 在理解设计图的基础上完成布局设计,在完成网页布局设计的基础上处理设计图。
- 页面宽度和高度的要通过测量和计算相结合的方式获得,至少有一部分内容的宽度和高度是通过计算获得的。
- 中小网站可以使用复杂的设计图,复杂的设计图允许使用大背景。
- 将完整的图像分割在多个布局中时,布局的每个部分的坐标、宽度、高度一定要精确或者可以通过大背景实现。

(3) 布局每一部分实现内容设计

选定 HTML 标签,设计公用 CSS,为布局每一部分设计 CSS,完成内容的设计。

【实例说明】

网页设计图的设计和网页的设计通常是由不同的人完成的,根据网页设计图设计网页的具体流程如下:

(1) 设计网站效果图,在设计时要考虑网站设计效果和切片过程。

(2) 根据设计图对网页进行基本的布局设计,主要通过草图的形式实现。GIF 动画和 Flash 动画部分去掉,这些需要单独设计,不出现在设计图中。

(3) 根据设计图布局的考虑,获得网页中需要的所有图片。

(4) 完成设计图中的 GIF 动画或 Flash 动画的设计,此步骤也可在(5)后完成。

(5) 完成网页的布局设计。

(6) 完成公用的 CSS 的设计。

(7) 为网页的每一个布局部分选择合适的 HTML 标签,结合 CSS 完成内容的设计。

(8) 网站的测试与发布。

【注意事项】

常见的公用 CSS 如下:

```
* {
    margin: 0px;
    padding: 0px;
}
ul {
    list-style-type: none;
}
img {
    border-style: none;
}
a {
    font-size: 14px;
    color: #000;
    text-decoration: none;
}
```

在定义标签选择器的时候，除了公用 CSS，都要用父子选择器的方式，如 #box h2；定义 id 选择器和类选择器的时候，一般不用父子选择器的方式。

16.4 网站的发布

网站需要发布在服务器上，服务器主要包括服务器端软件、硬件和网络环境。

在软件方面，服务器端需要安装 WWW 服务器软件和 FTP 服务器软件来运行网站，客户端需要通过浏览器浏览网页和 FTP 客户端软件上传资源到网站。

在硬件和网络环境方面，可以根据网站具体情况选择虚拟主机、服务器托管、独立服务器等具体形式。

16.4.1 WWW 服务器

用户通过浏览器访问 WWW 服务器上的网页，用户对 WWW 服务器发起访问请求，WWW 服务器将用户请求访问的网页发送给用户。

网页或网站设计者如果要将网页在 Internet 或 Intranet 范围内发布，必须将网页或网站相关的文件传送到 WWW 服务器上。

WWW 服务器是一台或多台对外提供 WWW 服务的计算机，它是软件和硬件的集合，常用的 WWW 服务器软件有 Apache 开源组织的 Apache 和微软的 IIS（Internet Information Services，互联网信息服务）。

IIS 是微软公司开发的 Web 服务器产品，作为当今流行的 Web 服务器之一，提供了强大的 Web 服务功能。IIS 需要运行在 Windows Server 或者 Windows XP 等平台上。

Apache 是一种开放源码的 Web 服务器，由于 Apache 服务器拥有牢靠、可信的美誉，已有超过半数的网站，特别是几乎所有最热门和访问量最大的网站都运行在 Apache 服务器上，从而使 Apache 成为目前最流行的 Web 服务器端软件之一。Apache 服务器主要运行在 Linux 操作系统上。

16.4.2 FTP

文件传输是实现信息共享非常重要的一个内容。FTP（File Transfer Protocol，文件传输协议)的作用正如其名,就是让用户连接上一个远程计算机(这些计算机上运行着FTP服务器程序)查看远程计算机有哪些文件,然后把文件从远程计算机上下载到本地计算机,或把本地计算机的文件传送到远程计算机上去。

在FTP的使用当中,用户经常遇到两个概念:下载(Download)和上载(Upload)或上传。下载文件就是从远程主机复制文件至自己的计算机上;上传文件就是将文件从自己的计算机中复制至远程主机上。

将网页上传到服务器的最常用的方式就是FTP,这要求WWW服务器同时具有FTP服务器的功能,FTP服务通常有用户名和密码,网页或网站设计者通过FTP方式上传网页到服务器上,用户通过HTTP的方式浏览网页。

就FTP服务器端而言,Linux和UNIX系统都支持FTP服务,IIS也有FTP服务器的功能,Server-U也常被用来作为Windows下的FTP服务器端软件;就FTP客户端软件而言,常用的软件种类很多如CuteFTP、FlashFXP和LeapFTP等,可以方便地让用户连接到FTP服务器,将文件上传到服务器上。图16-5给出了CuteFTP软件的主界面。

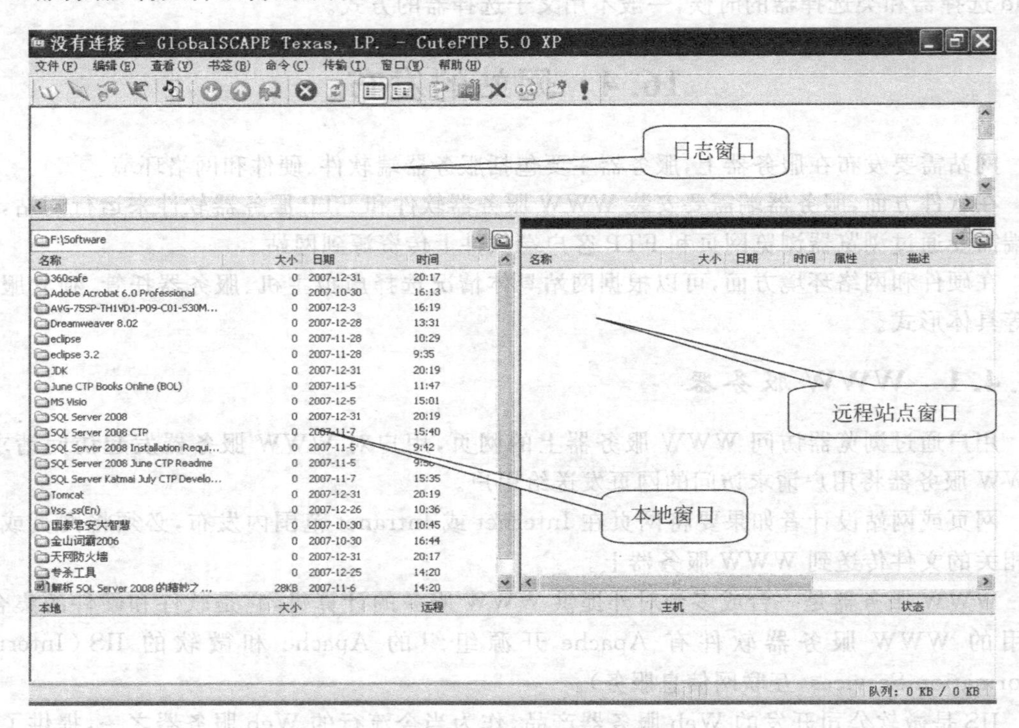

图16-5 CuteFTP主界面

16.5 习　　题

1. 找一个已有的网页设计图,在Fireworks或Photoshop中进行切片,并完成该网页。
2. 根据图16-6的设计图,完成网页的设计。

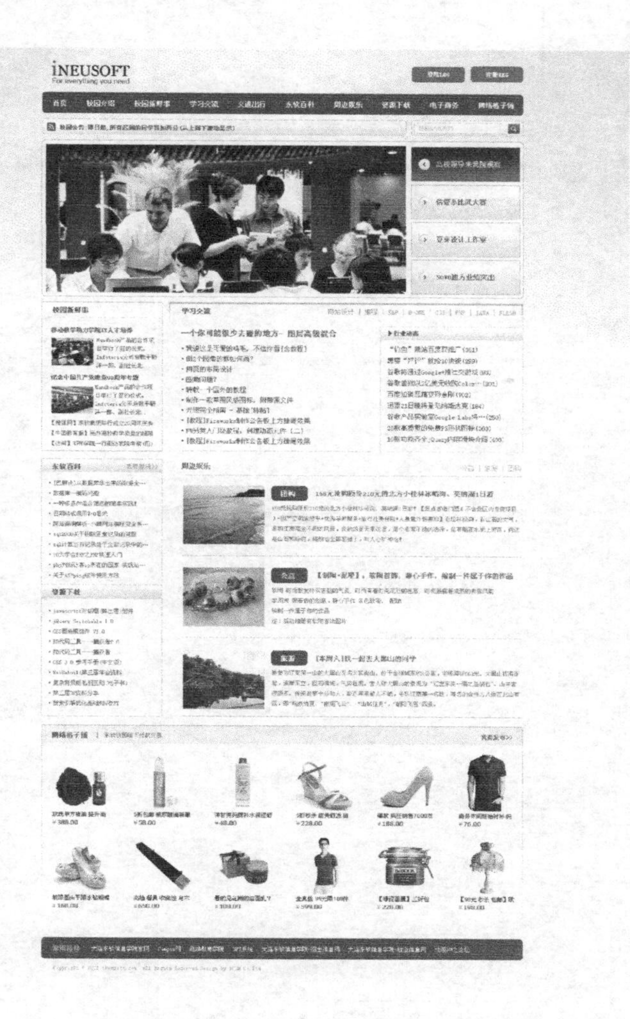

图 16-6　ineusoft 网站首页